彩图 1　完全变态昆虫（小菜蛾）的四个不同虫态

（卵、幼虫、蛹、成虫）

彩图 2　甘蓝夜蛾幼虫的气门（红色圆圈中的白色位置）

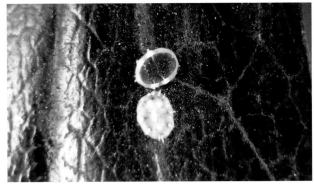

彩图 3　日本龟蜡蚧（上：紫色的虫体；下：虫体上覆盖的蜡质分泌物）

彩图 4　粘 虫

彩图 5　韭 蛆

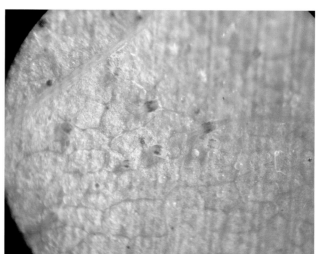

彩图 6　朱砂叶螨为害花生

彩图 7　灰巴蜗牛为害白菜

彩图 8　蛞 蝓

彩图 9 黄瓜白粉病菌丝体和分生孢子
（白色亮点）

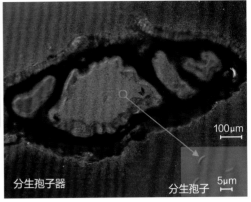

彩图 10 苹果腐烂病分生孢子器及
分生孢子

彩图 11 梨锈病侵染循环图（a冬孢子角　b担孢子　c性孢子器　d锈孢子器）

彩图 12 马 唐

彩图 13 莎 草

彩图 14 苣荬菜

彩图 15 嘧霉胺在茄子上的药害

彩图 16 高温型药害

（2014年5月下旬果园施药后，遭遇了从26日至31日连续6天的30~37℃极端高温，胶东多数苹果园和梨园发生严重的高温型药害）

覆膜花生田播后苗前喷洒乙草胺产生飘移药害，造成临近苹果树（左）、地边灌木（右上）、
果园中套种的茄子（右下）叶片卷曲甚至枯焦、死亡。

彩图 17　乙草胺飘移对周边作物造成的药害

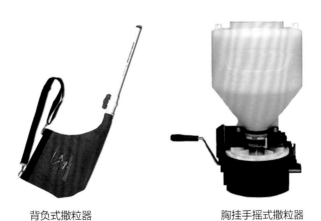

背负式撒粒器　　　　　　　　　胸挂手摇式撒粒器

彩图 18　颗粒剂撒粒器

彩图 19　注射法

手持式涂抹器　　　　手推式涂抹器

彩图 20　除草剂涂抹器

农民自行组装的三轮车或手扶拖拉机载便携式喷雾器，上图为手扶拖拉机上的药泵、药管和药桶；下图为操作人员手持喷杆喷雾

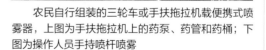

彩图 21　三轮车组装的喷雾器

农药
科学使用技术

第二版

董向丽　王思芳　孙家隆　主编

化学工业出版社

·北京·

本书在简述农药合理、安全、科学使用等方面知识的基础上，详细介绍了有害生物的生物学基本知识，农药的分类，农药基本特点特性，农药剂型和喷雾助剂的选择，常见便携式喷雾器的购买、保养，农药购买、运输、贮存过程中应注意的问题等内容。另外，还有针对性地介绍了近年来逐渐兴起的农药喷雾机械的种类和特点，精心收集整理了目前农业生产上常用的农药新品种。本书还阐述了农药相关从业者的职责和法律责任。

本书适合生产第一线的农民朋友、植保工作者阅读，也可作为植保专业、农药学专业学生及企业基层技术人员的参考用书。

图书在版编目（CIP）数据

农药科学使用技术/董向丽，王思芳，孙家隆主编. —2版. —北京：化学工业出版社，2019.4（2022.11重印）
ISBN 978-7-122-33957-7

Ⅰ.①农…　Ⅱ.①董…　②王…　③孙…　Ⅲ.①农药施用　Ⅳ.①S48

中国版本图书馆 CIP 数据核字（2019）第 033218 号

责任编辑：刘　军　张　艳　冉海滢　　　　　文字编辑：焦欣渝
责任校对：宋　玮　　　　　　　　　　　　　装帧设计：关　飞

出版发行：化学工业出版社（北京市东城区青年湖南街 13 号　邮政编码 100011）
印　　装：北京天宇星印刷厂
710mm×1000mm　1/16　印张 16¾　彩插 3　字数 365 千字　2022 年 11 月北京第 2 版第 2 次印刷

购书咨询：010-64518888　　售后服务：010-64518899
网　　址：http://www.cip.com.cn
凡购买本书，如有缺损质量问题，本社销售中心负责调换。

定　　价：48.00 元　　　　　　　　　　　　　　　　　　版权所有　违者必究

前　言

　　2013 年 8 月化学工业出版社出版了《农药科学使用技术》第一版，作为一本理论与实践紧密结合、实用性较强的书籍，为生产第一线的农民朋友、农药销售者、植保工作者以及大专院校植保相关专业师生、科研人员学习农药科学使用知识，发挥了积极作用。

　　近几年，随着社会的发展和人民生活水平的提高，大众对食品安全和生存环境的要求也越来越高，国家对农药的管控力度不断加强。从 2014 年至今，政府相关部门连发多个公告，对一些高毒、高残留农药进行禁限使用，特别是 2017 年 6 月 1 日起实施的新的《农药管理条例》，更是对农药登记、农药管理、农药生产、农药销售和农药使用等提出了更高的要求。随着政府相关部门提出的减肥减药以保护农产品安全和生态安全的倡议，以及集约化种植模式下农药精准安全、省力化使用的发展，大型植保机械、植保无人机、果园风送喷雾机成为了生产上的生力军。

　　近年来中国在农药及其相关产业上发生了巨大变化，为了及时反映这些进展，使本书更好地发挥作用，应出版社的要求，编者对第一版进行了认真修订。删去了过时的内容，增补了新的定义以及先进的理论和实践材料。

　　(1) 对农药的定义进行了修正，采用了新版《农药管理条例》中的定义。

　　(2) 将上一版"第四章 便携式喷雾器使用技术"修订为"第四章 植保喷雾器械"，补充介绍了近年来发展迅速的果园风送式喷雾机、喷杆喷雾机和植保无人机的内容。

　　(3) "第五章 农药主要品种使用技术"一章，删除了第一版出版后被禁用的种类，对限用种类的使用范围进行了修改，指出了未来一段时间内将被禁用、限用的种类；添加了新上市的种类，如杀虫剂溴氰虫酰胺、噻虫胺、氟啶虫胺腈、联苯肼酯、乙螨唑、吡丙醚等。

　　添加了生物及生物源农药的介绍，如核型多角体病毒、赤眼蜂、性信息素引诱剂等。

　　(4) 增加了第七章内容，即与农药相关的各个职能部门的职责及法律责任。

　　此外，其他方面也做了一些修订，在此就不一一列举。

　　由于编者水平和时间有限，仍难免有一些遗漏，请广大读者批评指正。

董向丽

2019 年 3 月

第一版前言

中国虽然地大物博，但可用耕地面积仅占国土面积的 12%。随着城镇化进程和城乡公路建设，有限的耕地面积还在逐年缩小。2011 年全国耕地面积为 18.26 亿亩，比 1997 年的 19.49 亿亩减少了 1.23 亿亩。要在这么少的土地上生产出满足 13 亿人口的粮食需要是一个巨大的挑战。耕地面积减少需要提高单产来弥补，这就要求尽可能降低粮食生产过程各环节的损失。而病虫草等有害生物造成的减产约占 30%，蔬菜、水果等经济作物损失更大。如何减少病虫草造成的损失，农药起到了不可或缺的作用。

随着社会的发展、物质文化水平的提高，社会的食品安全意识、环境意识也逐渐提高，"吃得安全比吃得饱、吃得好更重要"成为共识，因此人们对农产品生产过程中所使用的农药性能也有了新的要求。"超高效、低毒、低残留、环境相容性好"这一现代农药理念应运而生。当前新的农药品种、新的剂型、新的农药器械、使用手段等，都是围绕这一理念展开的。农药使用环节也应跟上时代的步伐，把这一理念融于其中，做到高效、安全、低量、环保地使用农药。在美国，农药操作人员和技术指导人员必须经过严格的培训、考试，获得相应的资格证书才能上岗，进行农药操作或进行技术指导。

但是，中国目前还没有实行持证上岗，农药使用过程中尚存在许多问题。有些人长期从事农事操作，却对农药缺乏认识，甚至一无所知，多数农民购药用药只听从农药零售商的建议或参照其他人的做法。另外，购药用药时安全意识差，农药操作者大多没有自我防护设备和措施，操作时暴露在农药中，缺乏安全性，易中毒。农药的滥用、滥混、过量使用、过频使用、连续使用等不良行为随处可见，造成农药中毒事件、农产品农药残留超标等屡屡发生，抗药性问题和环境问题也日益严重。

要克服这些问题，农药操作者首先要认识有害生物，了解农药品种、农药剂型的特点，在有害生物防治中"有的放矢"，选择合适的农药、合适的剂型有目的地进行防治，而不是盲目滥用；要认识农药器械的构造、原理，充分发挥药械的性能，做到高效、准确地使用农药；要了解农药的各种使用方法及其操作技巧，针对有害生物发生特点和发生场所选择适宜的方法使用农药，正确操作；要有高度的安全防护意识、环境意识和社会责任感，在购药、用药、储药过程中，要为自己、他人和环境的安全负责。

本书从对操作者和环境安全的角度出发，以保证农药高效利用、农产品安全为前提，针对当前农药使用过程中存在的问题，阐述了如何做到科学使用农药，以期对农药操作者和技术指导人员有一定的帮助。考虑到中国农民习惯以及农村耕地面积的大小，书中（特别是第三章"农药用量的计算"方面）仍然以"亩"作为面积单位来举例说明。书后，附加了对常用农药易发生药害的敏感作物一览表及我国关于禁限用农药的政策法规。

本书在编写过程中得到了"山东省应用型人才培养特色名校建设项目"、"山东省泰山学者建设工程"、"山东省植物病虫害综合防控重点实验室"以及农业部行业项目"我国良好农业规范认证中主要投入物质评价及非法添加物质控制技术研究（课题号：2012BAK26B003－05）"的支持。得到了化学工业出版社的理解和支持。青岛农业大学顾松东副教授通审了全部书稿，并提出了很多建设性意见。书中的部分插图由中国矿业大学景观设计专业大四学生李心怡绘制。在此一并表示真诚感谢。

由于作者水平所限，书中疏漏与不妥之处在所难免，欢迎读者批评指正。

董向丽

2013 年 1 月于青岛

目录

第一章 有害生物治理的基础知识

第二章 农药剂型及农药喷雾助剂

第三章 农药施用方法

第四章　植保喷雾器械

第五章　农药主要品种使用技术

第六章　农药购买、运输和贮藏

第七章　农药管理及农药相关从业人员的法律职责

附录

第一章
有害生物治理的基础知识

要做到安全、经济使用农药，充分发挥农药药效，用最低剂量取得最大防效，必须对农药性能、有害生物、被保护的作物等有充分了解，掌握农药的理化性质、生物活性等对药效的影响，掌握安全用药知识。

第一节　正确认识有害生物

全球约有 600 种害虫、1800 种杂草和数不清的真菌、细菌、线虫及病毒能够对农业生产造成严重危害。正确区分不同的有害生物及其特点、习性、发生规律，有助于科学合理地使用农药。

一、农业害虫

在农业生产上，害虫主要为植食性的昆虫。它们在分类上属于节肢动物门六足总纲的昆虫纲，其基本特征是身体分节，成虫具有 2 对翅、3 对足，整个体躯分为头部、胸部和腹部三部分。昆虫的体壁就是其外骨骼，所以通俗地讲昆虫是"骨头包肉"型的小动物。昆虫在生长过程中，外骨骼不生长，所以昆虫的一生需要蜕几次皮才能长大、繁殖后代。昆虫的形态在一生中不是"从一而终"，而是要经过几次变化，如完全变态的昆虫一生中有 4 个形态完全不同的阶段：卵、幼虫、蛹和成虫（彩图 1）。人们所熟知的一个词语"化蝶"，其过程为：一粒小小的卵，孵化后变成毛毛虫，毛毛虫长大、蜕皮再长大、多次蜕皮后化蛹，蛹羽化而成为美丽的花蝴蝶。从卵里刚孵出的小幼虫是初龄幼虫，要经过几次蜕皮长大才能成为老熟幼虫，老熟幼虫再蜕皮就变成蛹，蛹蜕皮羽化为成虫。

植食性昆虫的一生并不总是取食为害，一般昆虫只是在幼虫阶段取食，为害农作物，卵和蛹不取食为害。某些昆虫的成虫有取食补充营养的习性，但并不都构成危害，如鳞翅目成虫蛾、蝶等其口器是虹吸式口器，只吸食花蜜，不但对植物无害，还可起到传粉的作用；但有些种类特别是鞘翅目昆虫的成虫，如金龟甲、二十八星瓢虫等，其口器为咀嚼式口器，直接取食植物叶片，造成危害。根据昆虫的为害虫态和为害特点、规律，制订相应的化学防治策略，是成功防治害虫的关键。

1. 杀虫剂进入昆虫体内的途径

杀虫剂进入昆虫体内的途径有三条：经口进入、经体壁进入、经气门进入。

（1）体壁与杀虫剂的关系　坚硬的体壁对虫体具有非常重要的保护作用，使昆虫可以免受外来微生物和其他物质的侵入，并且保持体内的水分不外散和外部的水分不进入。体壁也成了阻止触杀性的杀虫剂进入到虫体内的天然屏障，而触杀性杀虫剂被喷洒到虫体表面后，只有通过体壁才能进入体内起杀虫作用。体壁这种保护作用的强弱与昆虫的发育阶段密切相关，幼虫的体壁比成虫的体壁柔软，低龄幼虫的体壁比高龄幼虫的体壁柔软。柔软的体壁更有利于杀虫剂的进入，这也是强调在低龄期甚至是卵孵化盛期施药的原因。昆虫的体壁也并不是铁板一块，体壁在某些部位是膜质的，杀虫剂容易从这些膜质的部位进入虫体，如足的基部、翅的基部、触角的基部、体节与体节间的节间膜部位等，是触杀性杀虫剂进入虫体内的重要部位。

昆虫的体壁具有分层现象，表皮层是其最重要的一层。表皮层中含有几丁质，幼虫每次蜕皮前都需要重新合成几丁质。如果几丁质合成受阻，昆虫就不能形成新表皮，幼虫将因为不能正常蜕皮而死亡。灭幼脲类杀虫剂就是通过抑制几丁质的合成，使昆虫不能形成新体壁而死亡。人等高等动物是不需要蜕皮的，也不需要合成几丁质，因而灭幼脲类杀虫剂对人都是低毒的。

昆虫的体壁表面有蜡质物质，水滴落到上面就像落到荷叶上一样，很容易滑落下来。粉虱、介壳虫等昆虫的体表蜡层较厚，喷雾法防治这类害虫时，如在药液中添加适宜的喷雾助剂，使药液更好地在虫体上展布开来，增加药液与虫体的接触面积，可以提高防治效果。

（2）昆虫的口器　昆虫的取食器官称为口器，常见的类型有咀嚼式口器和刺吸式口器。咀嚼式口器的昆虫有强大的上颚，能取食固体食物，咬碎植物叶片、果实、茎秆、根部等，植物被害处呈现孔洞、缺刻等，如蝗虫、蝼蛄、蟛蟓、棉铃虫和小菜蛾幼虫等。胃毒性杀虫剂是通过咀嚼式口器随食物一同进入消化道而起毒杀作用的。防治咀嚼式口器害虫时，可以将胃毒性杀虫剂喷洒到作物的表面或饵料上。刺吸式口器昆虫具有像针一样的口器，口针可以刺入叶片、果实、茎秆、根部等部位，通过口针里面的管道将植物组织中的汁液吸入到体内。刺吸式口器害虫常见的有蚜虫、粉虱、飞虱、介壳虫等，植物被害后有形成褪绿斑点、卷叶、皱缩、产生蜜露、生长不良等症状。内吸性杀虫剂被植物吸收，害虫刺吸寄主汁液时随汁液一起进入虫体而起到杀虫作用。防治刺吸式口器的害虫，可选用内吸性杀虫剂、触杀剂和熏蒸剂。

（3）昆虫的气门　昆虫通过位于体躯两侧的气门从外界获取氧气，同时排出体内代谢产生的二氧化碳（彩图2）。昆虫的气门在多数时间内是关闭的，以防止体内水分通过气门丧失。熏蒸性杀虫剂需通过气门进入虫体而起毒杀作用，如磷化铝产生的磷化氢气体、敌敌畏等。气门开放时间的长短受周围环境中二氧化碳浓度的影响，环境中二氧化碳浓度越高，气门开放时间越长，有毒气体进入的概率越高。使用熏蒸性杀虫剂防治害虫时，在密闭的环境中同时释放二氧化碳，可以提高防治效果。

2. 昆虫的虫期、虫龄及幼虫习性与杀虫剂的防效

（1）昆虫的虫期、虫龄　昆虫不同的发育阶段对杀虫剂的敏感性不同，一般来说幼虫期对杀虫剂最敏感，其次是成虫期，而卵和蛹期对杀虫剂的抗性很强，目前具有杀卵作用的杀虫剂并不多。幼虫的不同龄期对杀虫剂的药效也有很大的影响。虫龄越低，体壁越柔软，抵抗杀虫剂的能力越差，触杀性的杀虫剂对低龄幼虫的杀虫效果好于高龄幼虫。有研究表明，抗性棉铃虫的耐药性这一性状，在3龄幼虫前不表达，即3龄前的幼虫都是敏感虫态，使用杀虫剂防治可以取得很好的防效。

（2）幼虫的习性　不同昆虫的幼虫，生活习性变化多端，这些习性对杀虫剂的使用效果具有很大的影响。有些昆虫的幼虫具有钻蛀习性，如桃小食心虫，幼虫孵化后就钻蛀到果实内。防治具有钻蛀习性的害虫，用药时间应掌握在幼虫钻蛀之前，即在卵孵化盛期。有些昆虫具有潜叶为害的习性，如潜叶蝇、苹果金纹细蛾等，幼虫潜入叶片表皮下取食叶肉部分，而残留上下表皮，在叶面表面出现半透明的孔道或虫斑。在这种情况下，叶面喷洒的杀虫剂一般都不容易发挥作用。又如，玉米螟幼虫在植株的顶部叶片所卷成的喇叭口内活动，喷洒的药剂接触不到虫体，撒施颗粒剂才能取得好的防效。介壳虫若虫能分泌蜡质物质覆盖在虫体表面（彩图3），这些蜡质物质使得杀虫剂不能够在虫体表面很好地展布，也阻碍了杀虫剂进入虫体。所以，了解昆虫的活动、为害习性，在适宜的时间选用适宜的剂型和施药方法，对提高杀虫剂的使用效果具有重要意义。

3. 常见的害虫类群

常见的农业害虫在分类上属于鳞翅目、半翅目、鞘翅目、双翅目、缨翅目等。

（1）鳞翅目害虫　鳞翅目的成虫就是蛾类、蝶类，幼虫是毛毛虫。成虫翅膀和躯体上覆盖有鳞片，所以称为鳞翅目。农业上为害严重的有棉铃虫、黏虫（彩图4）、甜菜夜蛾、小菜蛾、菜青虫、各种螟虫、果树上的各种食心虫和卷叶蛾、林业上的美国白蛾、为害大豆的豆虫（豆天蛾）等，种类多，数量大，危害重，有时候能造成毁灭性的危害。这类害虫由于都是常发性害虫，连年需要化学防治，有的耐药性非常严重，给防治带来很大困难。鳞翅目害虫主要以幼虫为害，幼虫是咀嚼式口器，啃食叶片、嫩梢，蛀果甚至蛀树干（木蠹蛾）。一些触杀型、胃毒型的杀虫

剂可以有效地防治为害叶面的幼虫；对于隐蔽的蛀食性害虫，可以使用熏蒸剂熏杀。防治鳞翅目幼虫的最佳时期是3龄前，钻蛀型种类的最佳时期是卵孵化盛期。少数鳞翅目害虫在成虫期也能造成危害，如蛀果夜蛾的成虫（蛾子），于苹果果实成熟期，在夜间钻蛀果实吸食果汁，使果品质量下降，甚至失去食用价值。对于蛀果夜蛾成虫的防治，可以用一些具有芳香气味的毒饵进行诱杀。

（2）半翅目害虫　包括蝉、蚜虫、粉虱、木虱、介壳虫、叶蝉、飞虱、蟪等，口器都是刺吸式口器。半翅目昆虫刺吸叶片、果实、茎秆、根部的汁液为害。半翅目属于不完全变态昆虫，幼虫和成虫外形相似，为害相同。半翅目害虫个体小，繁殖快，发生量大。蚜虫、粉虱、介壳虫等在危害的同时还排泄蜜露到叶片和果实上，使霉菌滋生，诱发煤污病。多种蚜虫、飞虱、粉虱等还能传播病毒病，造成更大的损失。如近几年在保护地发生严重的番茄黄化曲叶病毒病，就是由烟粉虱传播的；玉米粗缩病是由灰飞虱传播的。所以及时有效地防治这些害虫，是预防虫媒病毒病的重要措施。

半翅目害虫中的很多种类能分泌一些黏液或其他分泌物于体表上。如苹果绵蚜分泌棉絮状物覆盖在身体表面；介壳虫分泌厚厚的蜡壳将自己"囚"在其中；木虱则分泌一些黏稠透明状的物质；沫蝉涎沫状的分泌物（因此而得名）将自己淹没。这些分泌物给害虫提供了很好的保护。对于具有保护性分泌物的半翅目害虫来说，触杀型杀虫剂难于接触到害虫表皮，药效不好。由于这类害虫不能咀嚼吞食，所以喷洒于植物表面的胃毒剂没有作用。内吸性的杀虫剂是防治半翅目害虫最为有效的药剂；具有熏蒸作用的杀虫剂也可以在密闭的场所用于这类害虫的防治。

（3）鞘翅目害虫　完全变态昆虫，主要是幼虫期造成危害，有些种类成虫期也能造成一定危害。成虫和幼虫的口器都是咀嚼式口器。成虫体壁坚硬，前翅是鞘质翅，后翅是膜质翅。成虫有大多数人所熟悉的金龟甲、天牛、瓢虫、叩头甲（磕头虫）、叶甲、跳甲等。幼虫有蛴螬（金龟甲的幼虫）、金针虫（叩头甲的幼虫），二者都是地下害虫，啃食花生、甘薯、马铃薯等作物的地下果实、块根、块茎等。鞘翅目有些种类的成虫、幼虫均为害严重，如跳甲是十字花科蔬菜的重要害虫，成虫食叶，而幼虫为害菜根，蛀食根皮，咬断须根，使叶片萎蔫枯死。对于地下为害的害虫可选择在土壤中稳定的杀虫剂进行防治，使用方法可以是撒粒法、撒毒土法、浇灌法等；对于叶面上的鞘翅目害虫，则可选择具有触杀、胃毒作用的杀虫剂进行喷雾处理。

（4）双翅目害虫　顾名思义，这类害虫成虫只有2个翅，其后翅退化为平衡棒，包括人们非常熟悉的蝇类、蚊类。双翅目昆虫的幼虫都没有足。农业上常见的双翅目害虫有葱蝇、韭蛆、潜叶蝇等，均为蔬菜上的常见害虫。值得一提的是韭蛆（彩图5），每年因化学防治不当，造成"毒韭菜"上市，许多消费者食用后中毒。

（5）缨翅目害虫　缨翅目昆虫统称为蓟马，个体微小，口器是锉吸式（即变异的刺吸式）口器，锉吸植物汁液，可为害叶片、花、果实等。近些年一个外来物种——西花蓟马给农业和城市绿化造成了很大的困扰，值得注意。

二、农业害螨

螨在分类上属于节肢动物门蛛形纲蜱螨目。农业害螨个体微小（小于1mm），其体形通常是圆形或卵圆形，没有翅，具有4对足（彩图6）。农业害螨的口器是刺吸式口器，为害方式与刺吸式口器的昆虫类似，吸食植物的汁液，使被害部位失绿、枯死或畸形，有些还有吐丝拉网的习性。但与刺吸式口器昆虫不同的是螨类不分泌蜜露。螨在个体发育过程中，经过卵、幼螨、若螨和成螨4个阶段。有些种类的杀螨剂对卵有较好的杀灭效果，这点与杀虫剂不同。农业害螨主要有叶螨、锈螨、跗线螨等。

（1）叶螨　是农业上最常见的害螨，常见的有山楂叶螨、朱砂叶螨、二斑叶螨等，发生量大，为害重，发生重的年份可造成严重经济损失。

（2）锈螨（瘿螨）　因常在植物上作瘿而得名。只有2对足，所以又称四足螨。农业上常见的有柑橘锈壁虱、荔枝瘿螨等。

（3）跗线螨　跗线螨体型微小，肉眼难于观察，生产上常根据危害状判断。常见的有侧多食跗线螨、乱跗线螨等。侧多食跗线螨又称茶黄螨，雌螨体长只有0.2mm左右。跗线螨为害辣椒、茄子、黄瓜等，主要以成螨、若螨聚集在幼嫩部位及生长点周围，刺吸为害，使叶片变厚、皱缩，叶色浓绿、叶片油渍，严重的生长点枯死、植株扭曲变形或枯死。

螨类发生时，往往卵、幼螨、若螨、成螨各虫态同时存在，化学防治时应选择对各虫态都有效的杀螨剂，如哒螨灵、三唑锡等。有些杀螨剂只有杀卵作用，有的只对成螨有效，在生产上可将这些杀螨剂合理混用，以有效地防治各虫态。杀螨剂混用时，要注意有些杀螨剂间有交互抗性，如噻螨酮与四螨嗪，不能混合使用。

三、农业有害软体动物

农业有害软体动物包括植食性的蜗牛（彩图7）、蛞蝓（彩图8）等，是我国南方常见的农田、园林绿化有害生物。近年来随着蔬菜种植技术的改变和温室大棚的广泛应用，在北方发生亦日趋严重。农业生产上植食性的蜗牛主要有灰巴蜗牛、同型巴蜗牛、条华蜗牛。蛞蝓俗称鼻涕虫，为害严重的主要有野蛞蝓、黄蛞蝓等。生产上对陆生有害软体动物的防治以化学防治为主，剂型主要是毒饵剂，触杀性的剂型无效。市场上杀软体动物剂（杀螺剂）主要有四聚乙醛、甲硫威、甲萘威等。

四、植物病害

植物病害种类繁多，平均每种植物可以发生100多种病害。有的病原物只有一种寄主植物，而有的却可以侵染几十甚至上百种植物。根据病原物引起的症状不同，可以将植物病害分为根腐病、枯萎病、叶斑病、疫病、白粉病、锈病、腐烂病、轮纹病等。这些病害的病原物可能是真菌、细菌、病毒、线虫。不同的病原物，相对应的杀菌剂的种类不同。准确了解植物病害的病原分类，了解病害的发病规律，对于合理选择和使用杀菌剂具有重要意义。

1. 植物病害类型——根据病原菌分类

（1）真菌性病害　真菌性病害是由真菌引起的病害。真菌是一类没有根、茎、叶分化，没有叶绿素，能产生各种类型孢子的异养低等生物。它们大小不一，大多数真菌需要在显微镜下才能看到。真菌的生长发育分为营养生长和繁殖两个阶段。营养生长阶段的真菌为菌丝体（彩图 9）；繁殖阶段的真菌在菌丝体上形成繁殖器官，再由繁殖器官产生无性或有性孢子（彩图 10）。孢子相当于植物的"种子"，孢子在适宜的环境条件下，遇到合适的寄主就会"生根发芽"，使寄主发病。不同的真菌可能产生不同的无性孢子（最常见的是分生孢子）。孢子多产生在植物的生长季节，有的可产生多次，主要起到繁殖和传播的作用。有性孢子（如子囊孢子）一般在生长季节末期形成，一年往往只发生 1 次，常用来度过不良的环境条件。病原真菌的传播主要借助于风、雨水和灌溉水、昆虫以及人类的农事活动。真菌孢子通过植物的气孔、皮孔和水孔等自然孔口和伤口侵入，有些则可以通过植物的表皮直接侵入寄主体内。

从分类上可以将植物病原真菌分为两大类：一类是低等真菌，称为鞭毛菌，又称卵菌；另一类是高等真菌，包括子囊菌、担子菌、半知菌、接合菌。

① 鞭毛菌病害　主要有疫霉、霜霉和腐霉，是农业生产上的重要种类。由疫霉菌引起的马铃薯晚疫病在 19 世纪中叶导致爱尔兰大饥荒，饿死了 100 多万人。除了马铃薯晚疫病，疫霉菌还能引起番茄晚疫病、辣椒疫病等。各种作物的霜霉病是由霜霉菌引起的。腐霉菌通过土壤、灌溉传播，可引起茄子、黄瓜等多种作物的绵腐病以及幼苗猝倒病。鞭毛菌产生游动孢子，游动孢子带有鞭毛，可以在水中游动，其侵染过程中必须有水，随风雨传播。鞭毛菌引起的病害发病速度快，如防治不及时，病害很快蔓延至全株、全田，作物在短时间内枯萎，造成毁园毁棚。防治这类病害的杀菌剂如甲霜灵、噁霜灵、霜霉威、烯酰吗啉等，选择性很强，几乎只对鞭毛菌病害有效，对其他高等真菌病害效果很差。

② 高等真菌病害　生产上常见的叶部病害、根部病害、果实病害和枝干病害，大多是由高等真菌引起的。如小麦锈病、禾谷类黑穗病的病原，与人们餐桌上的食用真菌蘑菇等同属一个家族——担子菌。担子菌以担孢子传播，属于气传病害，菌源量大，传播速度快。白粉病、苹果斑点落叶病、褐斑病、梨黑星病、烟草赤星病、花生叶斑病等叶斑类病害，枝干病害如苹果腐烂病、轮纹粗皮病，花生和棉花等作物的根部枯萎病等，这些多属于半知菌引起的病害。半知菌产生分生孢子，有性阶段是子囊菌，产生子囊孢子。在作物生长期，这类病害主要是以分生孢子侵染传播，有的分生孢子可以传播数百千米，如白粉病菌。

自然条件下降雨是真菌类病害传播蔓延的关键。不同病原菌孢子萌发、侵入所需的降雨量、降雨持续时间或露湿时间不同，侵入后潜伏期也不相同。有些病害属单循环病害，即一年中只有越冬的病菌才能侵染，多数只有一次侵染；而有的病害是多循环病害，一年中可能发生多次侵染导致作物多次发病。

以梨锈病（彩图 11）为例，说明发病规律与化学防治的关系。梨锈病属于单循环病害，病原菌具有转主寄生的特点：以冬孢子角在桧柏上越冬；翌年春天清明后遇 6h 以上降雨或叶面露水时间保持 6h 以上，冬孢子角即萌发产生担孢子；担孢子随风雨传播到梨树上，萌发完成侵染，病原菌潜入叶片表皮下；经过 7～11d 的潜伏期开始显症，梨叶片正面产生橘黄色病斑，病斑上有橘红色的性孢子器；病斑逐渐扩大，至后期叶片背面产生"羊胡子"状锈孢子器，释放锈孢子；锈孢子侵染第二寄主——桧柏，在桧柏上产生冬孢子角越冬。梨锈病化学防治的关键时期是清明后的第一次降雨，若降雨超过 6h 或叶面水珠保留 6h 以上，雨后 5d 内及时喷洒内吸治疗剂，可将已侵染的病原菌杀死。但雨前需喷洒保护性杀菌剂，可保护叶片不受病原菌的侵染。保护剂可选择代森锰锌等二硫代氨基甲酸盐类，内吸治疗剂可选择戊唑醇、氟硅唑等三唑类高效杀菌剂。由于是单循环病害，全年只在 4、5 月份侵染，如果防治得当，可保证全年梨园不再发生锈病。如果错过这个时期用药，药效很差甚至防治失败。

可见真菌病害化学防治的成败取决于用药时期。生产中，要根据不同病原菌的发病规律，选择合适的时期（即防治适期）喷洒杀菌剂。

（2）细菌性病害　由细菌引起的病害称为细菌性病害。细菌比真菌还要小，是一类单细胞的低等生物。引起植物病害的细菌都是杆状的，绝大多数具有鞭毛。与植物病原真菌相比，植物病原细菌的种类较少。细菌主要借助雨水、灌溉水、土壤、昆虫、病株和病残体、农事操作进行传播，多从伤口和自然孔口（气孔、水孔、皮孔等）侵入植物体内。

细菌性病害的病状主要有局部坏死造成的叶斑、腐烂（主要是软腐）、全株性的萎蔫以及肿瘤畸形等。由细菌引起的叶斑病，其病斑大多呈多角形，初呈水渍状，后变为褐色至黑色，病斑周围常有半透明的黄色晕圈。除此之外，在潮湿情况下，发病部位通常有脓状物流出（菌脓），呈乳白色或黄褐色，干燥后菌脓变成质地较硬的菌痂。在鉴定时，切取一小块病组织制成水压片，在显微镜下检查，如果有大量菌脓从病组织中涌出，则可初步诊断为细菌性病害。

农业上，用于防治细菌性病害的杀菌剂很少，常见的仅有铜制剂、中生菌素等抗生素类及一些兼有杀细菌作用的杀真菌剂。我国规定，凡是用于医药的抗生素类禁止在农业生产上使用，以免引起人类对抗生素产生抗性。

（3）病毒病害　病毒是一类极其微小的寄生物，必须借助电子显微镜才能看到它们的形态。病毒的传染方式主要有摩擦传染、嫁接传染、种子传染和介体传染。传播病毒的介体主要有蚜虫、粉虱、飞虱、叶蝉等刺吸式口器昆虫。这些昆虫在取食时，能将病株内的病毒吸到体内，当体内携带了病毒的个体再到健康植株上取食时，就将体内病毒传给了健康植株。如灰飞虱传播玉米粗缩病，烟粉虱传播番茄黄化曲叶病毒病。常见的病毒病有烟草花叶病毒病、番茄黄化曲叶病毒病、玉米粗缩病等。目前尚没有有效防治植物病毒病的化学药剂。

（4）线虫病害　线虫是一类低等的无脊椎动物，线虫头部的口腔内有吻针，用来刺穿植物和吸食。线虫的生活史包括卵、幼虫和成虫3个阶段。植物寄生线虫多数以幼虫随植物残体在土壤中越冬，少数以卵在母体内越冬。植物寄生线虫在取食的同时，分泌酶和毒素，造成各种病变，如根结线虫。植物受线虫危害后所表现的症状，与一般的病害症状相似，因此常称线虫病。习惯上都把寄生线虫作为病原物来研究。生产上有效的杀线虫剂是一些灭生性的土壤熏蒸剂，主要有溴甲烷、氯化苦、硫酰氟等，主要是在土壤休闲期使用。自2019年1月1日起，我国禁止含溴甲烷产品在农业上使用（农业部公告第2552号）。在作物生长期使用的杀线虫剂，一般防效只有50％～60％，许多是高毒的杀虫剂。

2. 植物病害类型——根据病害传播方式分类

按照病原菌的传播方式分类，植物病害可分为种传病害、土传病害、气传病害、雨水传播病害和介体传播病害等，这种分类方式便于选择合适的化学农药和方法进行防治。

（1）种传病害　初侵染源来自种子。种子带菌，只要将种子所携带的病原菌处理干净，可保证作物一生不发病，事半功倍。种子带菌传病有以下几种情况：

① 种子表面带菌。如辣椒病毒病，用10％磷酸三钠浸种10～15min，捞出冲洗3～4次，可清除种皮和胚表面的病毒。再如小麦腥黑穗病，可以用药剂处理种子（浸种或药粉拌种）有效地防治。

② 种子内部带菌。病菌以菌丝形态在种子内潜伏，在种子发芽时病菌也同时萌动，如大麦条纹病菌。可用内吸性杀菌剂进行拌种或浸种处理。

（2）土传病害　初侵染源来自土壤，如枯萎病、线虫病、多种作物的苗期立枯病等。对于这类病害，在作物叶部或茎秆上喷药都不起作用，只有在播种前或发病初期进行土壤处理才能奏效。

但有些病害，如菜豆炭疽病、茄子褐纹病等，种子可以带菌，土壤中病残组织也可以带菌，防治这类病害就要根据实际情况，既要进行种子处理，也要进行土壤消毒处理。

（3）介体传播的病害　某些植物病害是由昆虫、螨类等动物传播的，其中很多病毒病是由昆虫传播的。如烟粉虱传播番茄黄化曲叶病毒病，烟粉虱一旦获毒，体内将始终携带有这种病毒，并在取食时，将体内的病毒传播给健康植株。要避免这些病毒病的发生，必须要先治虫。

（4）气传与雨水传播病害　借气流和雨水传播的病害，有白粉病、锈病、霜霉病、炭疽病等。化学防治以保护性杀菌剂的保护作用为主，病菌侵染后也可喷施内吸治疗剂防治。

五、杂草

杂草是指生长的地方对人类活动不利或有害于农业生产的一切植物。杂草以草本植物为主，也包括部分小灌木、树木、蕨类及藻类。农田杂草则是指除了目的作物以外，所有其他受到人为栽培条件的影响，但本身不是栽培对象而在田间滋生，带有野生特性的植物。全球生长在农田中被认定为杂草的植物约8000余种，我国有近500种。农田杂草繁殖与再生能力强，生活周期一般比作物短，成熟的种子随熟随落，传播途径多，抗逆性强，光合效率高，种子可休眠且寿命长。农田杂草的主要为害是与作物争光、争水、争肥、争空间；产生抑制物质，阻碍作物生长；妨碍田间农事操作，妨碍田间通风透光，影响田间小气候；有些则是病虫中间寄主，促进病虫害发生；寄生性杂草直接从作物体内吸收养分，从而降低作物的产量和品质，如菟丝子；有的杂草的种子或花粉含有毒素，能使人畜中毒。

1. 杂草分类——根据杂草形态分类

根据化学除草的需要可以将杂草分为禾草、莎草、阔叶草及木本植物。

（1）禾草 叶片狭长，与主茎间角度小，向上生长，叶脉平行。生长点位于植株基部并被叶片包被。叶基部具叶鞘，包裹茎。种子萌发后从土壤里长出时只有一片叶子，所以也称单子叶杂草。在禾草中，有些种类是恶性杂草，如马唐（彩图12）、毛马唐、牛筋草、野高粱等，生长速度快，危害重。喹禾灵、吡氟禾草灵、烯禾啶等除草剂可用于阔叶作物田作物生长期防除禾草。

（2）莎草 是单子叶植物纲的莎草科草本植物，但是化学防治时除草剂的选择与禾草不同，一般与阔叶杂草相同。分布于潮湿地区。莎草科杂草的特征为：茎实心，横断面常为三角形，又称三棱草（彩图13）。

（3）阔叶杂草 这类植物叶子宽阔，叶脉呈网状，叶片宽，有叶柄，花器一般具有鲜艳的花瓣。种子萌芽后长出土面时具有两片子叶，所以又称为双子叶杂草。如苣荬菜（彩图14）、马齿苋、反枝苋、铁苋菜、灰绿藜（灰菜）、蓟（刺儿菜）等，是农田常见的阔叶杂草。磺酰脲类、醚类除草剂等多数品种用于防除阔叶杂草。

（4）木本植物 能形成木质茎且能生长两年以上的植物，包括灌木、藤木和乔木。小灌木和藤木一般具有多条茎，高度不会超过3m。乔木具有单一的树干，高度可达3m以上。木本植物可选择内吸输导作用特别是一些具有双向输导作用的除草剂进行防除。

2. 杂草分类——根据杂草生活史分类

杂草有一年生、两年生和多年生的，了解杂草的生活史，有利于确定除草剂使用的最佳时间，即防治适期。

（1）一年生杂草　在一年内完成其生活史。一年生杂草从种子萌发、开花、结实到死亡在一年内完成。有些一年生杂草在秋天萌芽，早春开花，这些杂草称为冬季一年生杂草，如播娘蒿、雀麦、繁缕等；有些则是在春天萌芽，夏天开花，称为夏季一年生杂草，如常见的灰菜、马唐、稗草、苋、苍耳等。了解一年生杂草的类型对于化学除草非常重要，冬季一年生杂草必须在结种前即在秋天或早春施药，夏季一年生杂草必须在晚春或夏天即秋天结实前施药，目的就是在杂草结实前将其消灭，减少来年杂草种群数量。在植株幼小时进行化学防除能够取得较高的防效。

（2）二年生杂草　需要两年完成整个生活史。第一年，杂草只长叶、根和贮存能量；第二年开花、结种，然后死亡。二年生杂草只以种子进行繁殖。与一年生杂草相同，二年生杂草也必须在结出种子前进行化学防除，以防止长出新杂草。野胡萝卜、牛蒡属杂草、黄花蒿、益母草等属二年生杂草。

（3）多年生杂草　能够生长多年。有两种类型，一类是能始终见到茎秆的木本植物，包括乔木、灌木和藤本植物；另一类是草本植物，地上部分在秋冬季会被霜打死，包括常见的蓟、蒲公英、苦苣菜、茅、强生草等，植株可以从地下的营养器官如鳞茎、匍匐茎、块茎、根茎和水平根重新长出。许多多年生木本杂草只能以种子进行繁殖，但是有些木本多年生杂草和所有草本多年生杂草都能以营养器官进行繁殖。多年生杂草可以通过匍匐茎、根茎或水平根蔓延至 1m 外。与一年生和二年生杂草比，由于多年生杂草不总是以种子进行繁殖，所以这类杂草的化学防除方法也不同。有些杂草具有水平根或根茎，在地下蔓延传播，除草剂在杀死地上部分的同时，也要杀死地下的营养器官，才能达到除草的目的。由于生活史是多年，所以防治适期与一年生和二年生杂草也不同。例如一年生杂草在幼苗阶段很敏感，但是对于多年生杂草大蓟和小蓟来说，在开花结实阶段对除草剂最敏感。

禾草有一年生和多年生的；而阔叶杂草，三种生活史类型都有。根据杂草的生活史类型选择适宜的除草剂，并确定防治适期，以用最低的剂量获得最大的除草效果，这不仅可以节省防治成本，还有利于保护环境。

3. 影响除草剂药效的生物（杂草）因素

（1）杂草生长阶段　一般地，草本植物幼苗阶段叶片表面容易被除草剂穿透，叶片表面的叶毛也比较稀少，吸收除草剂的量大，容易被杀死。但有些杂草，如蓟（俗称刺儿菜），在开花和结实时植株大量贮存糖和养分，除草剂可以随糖和养分的运输被输送到植株的各个部位，杀死植株。当一棵杂草植株完全成熟后，不再结实了，杂草种子已经散播，或者根系已经扎得很深，并且已经为植株贮存了足够的营养，此时用除草剂来防除不会取得理想的防治效果。

（2）杂草形态结构　除草剂的常用方法之一是茎叶处理法，即将除草剂喷洒在杂草的茎叶上。杂草叶片的结构能够影响除草剂的有效穿透，除草剂难于穿透蜡质层厚的叶片，防除这类杂草时在幼苗期施药可以提高药效。有些植物的叶片具有短的或长的叶毛，阻止了除草剂与叶片绿色部分的接触，这些杂草需要在幼苗时防治。某些情况下除草剂中需要添加喷雾助剂，使除草剂与杂草叶片能够充分接触。

（3）处于逆境中的杂草　当杂草遇到干旱、水涝等不良生境，受到胁迫时，杂草的生理活动较弱，吸收和输送物质的能力也弱。此时使用除草剂尤其是内吸输导型除草剂，杂草吸收输导除草剂的量很小，除草效果很差。

第二节　有害生物综合治理

在 20 世纪四五十年代，有机杀虫剂开始开发并用于农业生产防治农业害虫。由于有机杀虫剂的高效性及高杀死性，人们在防治害虫时，放弃了以前的防治方法，仅依靠杀虫剂。当时有些昆虫学家预言，在不久的将来人类将（通过杀虫剂）消灭害虫。但是，事与愿违，人类的大规模捕杀害虫的行为得到了害虫的强烈回击。人类不但没有消灭掉一种害虫，并且一些原本不需要防治的害虫也上升为主要害虫，如苹果上的螨类，在应用有机磷农药前是一类人们不怎么认识的叶面寄生物，发生量很轻，但是现在已成为果园内一大类有害生物。另外一些害虫，经过化学杀虫剂喷洒后已经控制下去，但是过一定时间后又再次大发生（再猖獗），并且原来使用的杀虫剂剂量已经不能控制其为害，只能加大剂量，或改用新的杀虫剂，形成恶性循环，如棉铃虫。主要原因是杀虫剂在杀死害虫的过程中，也杀死了害虫的自然控制因子——天敌，同时长期使用杀虫剂使害虫产生了耐药性。另外，由于农药的不科学使用，无选择性的高毒农药大量施入环境中，造成环境中的非靶标生物大量死亡，地表水、地下水遭到污染，农产品农药残留严重等，给我们的生存环境和食品安全带来了很大的危害。

一、IPM 概念

1962 年美国海洋生物学家 R.Carson 女士出版了引起轰动的《寂静的春天》一书，书中列举了因农药使用造成的或可能潜在的各种后果，为世人敲响了警钟。1966 年，联合国粮农组织（FAO）提出"有害生物综合治理（integrated pest management，IPM）"概念。在 20 世纪 80 年代和 90 年代，IPM 理念被更广泛的领域或整个系统所接受，发展出了如作物综合治理（integrated crop management）、资源综合治理（integrated resource management）和农业可持续发展（sustainable agriculture）等新的概念和思想，考虑的对象不仅是针对有害生物，而是生态系统中的所有组分。

IPM 是将一些常规防治手段如农业防治、生物防治、物理防治、化学防治等综合在一起，能有效防治有害生物且对环境友好的有害生物防治方案。IPM 方案中利用了有害生物生命周期中与环境间相互影响的全面信息。这些信息，与现有的有害生物控制手段结合，以最经济有效的方法控制有害生物，并且对人类健康、财产和环境的负面影响最小。

二、IPM 方案

IPM 不是单一的有害生物防治技术，而是集评估、决策和防治于一体的有害生物治理系统。在 IPM 实施过程中，种植者根据四个连续步骤判断有害生物发生危害的可能性。这四个步骤包括：

（1）设置行动阈值　在实行任何防治行动之前，IPM 首先要建立一个行动阈值，即有害生物种群密度或环境条件达到某一水平时必须对有害生物进行防治，如果不防治就会造成经济损失。发现一个或几个有害生物时并不意味着总是需要防治，只有在有害生物达到一定水平，即能危及经济收入时才是决定应该防治的标准。人们一般是根据经验进行用药，大多数情况下能够符合用药标准，但是有时为了打"放心药"，见到病、虫就开始打药的现象也经常发生。滥用药，增加了防治成本，造成浪费和污染。

（2）监测和区分有害生物　并非所有的害虫、杂草和其他有害生物都需要防治。许多生物是无害的，有些还有益。IPM 的做法是通过正确监测并判断区分是否是有害生物，然后制定与行动阈值相关联的适宜的防治对策。有害生物的监测和区分可以防止在没有必要使用农药时滥用农药，或者使用了错误的农药。

（3）预防　作为有害生物防治的第一道防线，IPM 方案是防止作物、草坪或室内空间中的有害生物超过危险水平。在农作物上，可以通过农业防治方法，如不同作物的轮作、选择抗性品种和种植没有有害生物的砧木、清理田园卫生等。这些防治方法防效高、成本低，并且对人或环境的危害小。

（4）防治　通过监测、区分等过程，发现有害生物的种群密度达到行动阈值，表明有害生物通过预防的方法已经不能有效控制，必须进行防治。然后，IPM 方案从防效和环境风险两方面评估和选择适宜的防治方法。首先选择高效、风险小的防治方法，包括高度选择性的农药，如害虫性信息素类杀虫剂可以干扰害虫的交尾；或采用机械防治，如诱捕、机械除草等。如果进一步的监测表明，风险小的防治方法没有防治效果，那么要用其他防治方法，如针对靶标使用农药。大面积使用非特异性农药是最后的选择。在使用农药时，要在有害生物对药剂最敏感的时期进行。

IPM 的重点，一是在实施防治措施前要正确区分有害生物，二是选择最有效的和对人类和环境伤害最小的方法。

第三节　认识农药

农药系指用于预防、控制危害农业、林业的病、虫、草、鼠和其他有害生物以及有目的地调节植物、昆虫生长的化学合成或者来源于生物、其他天然物质的一种物质或者几种物质的混合物及其制剂。在我国，作为商品出售的天敌昆虫等活体生物，生物体中有效成分的提取物及人工模拟合成物（如昆虫保幼激素、性诱剂等）都属于农药范畴，甚至某些转基因植物（如抗虫棉等）也称为"农药植物"。

一、农药分类

根据有害生物种类不同，相应地农药可分为杀虫剂、杀菌剂、杀螨剂、杀线虫剂、除草剂、杀鼠剂、杀软体动物剂、植物生长调节剂等。根据作用方式可将农药作如下分类：

1. 杀虫剂

（1）胃毒剂　胃毒剂通过害虫口器摄入体内，经过消化系统吸收，经循环系统输送到作用部位而使虫体中毒死亡。只对咀嚼式口器的害虫起作用。胃毒剂随同作物一起被害虫嚼食进入消化道。施药时，要求作物叶片上具有较高的沉积量和均匀度，药粒粗、坚硬或者与植物体黏附不牢的农药颗粒不容易被害虫咬碎进入消化道。

（2）触杀剂　触杀剂通过接触害虫体壁进入昆虫体内，经血液循环到达作用部位而使害虫中毒死亡。害虫体壁接触药剂的途径有：①喷粉、喷雾、放烟过程中，药剂直接沉积到害虫体表；②害虫爬行时，与沉积在靶标表面上的粉粒、雾滴或烟粒摩擦接触。触杀剂要求药剂在靶体表面有均匀的沉积分布，因而可采用细雾喷洒法；同时要求药液有良好的润湿和黏附性能。

（3）内吸剂　药剂被植物吸收后能在植物体内发生传导，从一个部位输导到另一个部位，称为内吸剂。内吸剂（如吡虫啉、乐果等）主要用于防治刺吸式口器害虫。药剂被植物叶部、茎秆、根部吸收后，通过害虫刺吸寄主汁液进入虫体。内吸剂施药方式多样化，可进行涂茎、茎秆包扎、土壤处理、根区施药、灌根以及叶部施药等。

（4）熏蒸剂　以气体状态通过昆虫呼吸器官气门进入体内而引起昆虫中毒死亡的杀虫剂。如磷化铝、敌敌畏等，均可作熏蒸剂。施药时必须密闭使用，防止药剂逸失。同时要求有较高的环境温度和湿度，较高温度利于药剂在密闭空间扩散；对于土壤熏蒸，较高的温湿度利于增加有害生物的敏感性。

（5）拒食剂　可影响昆虫的味觉器官，使其厌食、拒食，最后因饥饿、失水而逐渐死亡或因摄取营养不足而不能正常发育的药剂。一些植物源杀虫剂如苦皮藤、鱼藤酮等对昆虫有很好的拒食作用。

（6）驱避剂　施用后可依靠其物理、化学作用（如颜色、气味）使害虫忌避或发生转移、潜逃，从而达到保护寄主植物或特殊场所目的的药剂。拟除虫菊酯类杀虫剂一般都有驱避作用。

（7）引诱剂　使用后依靠其物理、化学作用可将害虫诱聚而利于歼灭的药剂。昆虫的信息素，特别是性信息素能够引诱异性成虫个体。

2. 杀菌剂

植物病害包括真菌病害、细菌病害、病毒病害等，相应的杀菌剂有杀真菌剂、杀细菌剂和杀病毒剂，生产上常见的杀菌剂主要是杀真菌剂。根据杀菌剂的作用方式，可分为：

（1）保护性杀菌剂　在病害流行前（即当病原菌接触寄主或侵入寄主之前）施于植物体可能受害的部位。由于植物表面上已经沉积了一层药剂，病原物就被控制而不能萌发、侵入，从而达到保护作物免受病原菌为害的目的。铜制剂、无机硫制剂、有机硫制剂（代森类、福美类）等是很好的保护剂。有两种施药途径：一在病害侵染源施药，如处理带菌种子；二在病原菌未侵入之前在被保护的植物表面施药，阻止病原菌侵染。施药方法：露地施用可采用大容量喷雾法；保护地施用可采用大容量喷雾法、低容量喷雾法、粉尘法、烟雾法等。保护剂在施药时要注意：药剂沉积分布均匀；对于防治多循环病害，需要多次施药；防止药剂被雨水冲刷、氧化、光解失效。

（2）治疗性杀菌剂　在植物感病（病原菌已经进入植物体内）以后使用，可以阻止病原的进一步活动。治疗剂的使用要基于病菌侵染后的时间，通常用小时计，即所谓的"踢回期"。超过这个时期，治疗剂就没有效了，所以内吸治疗剂的使用一定要把握住防治时期（防治适期），才能达到理想的防效。内吸治疗剂可采用种子处理、土壤处理和叶面喷雾、喷粉等技术施药。施药时要求喷雾、喷粉过程中雾粒或粉粒沉积分布均匀和较高的沉积密度。

（3）铲除性杀菌剂　对病原菌有直接强烈杀伤作用，可以消灭已经存在的植物病原。历史上曾经用的汞制剂（现已淘汰）是很好的铲除剂。现在生产上使用的铲除剂植物生长期常常不能忍受，一般在作物休闲期进行土壤熏蒸处理，如氯化苦、威百亩等。三唑类、甲氧基丙烯酸酯类杀菌剂具有一定的铲除作用，在病害初显症时施用，可以控制病害的进一步扩展。

3. 除草剂

根据除草剂的作用方式和对杂草的选择性，可分为：

（1）输导型除草剂　施用后，通过杂草根茎吸收向上输导至株冠部或通过茎叶吸收向下输导到根部，杀死整株杂草。酰胺类、三氮苯类、苯氧羧酸类等大多数除草剂都是输导型除草剂。可通过茎叶喷雾、土壤封闭处理等方法施药。施药时要求：药液对叶片表面润湿性良好；防止雾滴飘移引起非靶标药害；喷雾均匀，避免重喷、漏喷。

（2）触杀型除草剂　施用后，只能杀死所接触到的植物组织，不能输导到其他部位，不能杀死整株植物。联吡啶类、醚类、二硝基苯胺类等除草剂是触杀型除草剂。只能防除由种子萌发的杂草，对多年生杂草的地下根、地下茎无效。可采用喷雾法、涂抹法进行施药，施药时要求均匀周到，所有杂草个体都能接触到药剂。

（3）选择性除草剂　有些除草剂在一定浓度和剂量范围内能杀死或抑制部分植物，而对另外一部分植物安全，如芳氧苯氧基丙酸酯类除草剂喹禾灵、吡氟禾草灵等品种用于大豆田防除单子叶杂草，而对大豆很安全。

（4）灭生性除草剂　在常用剂量下可以杀死所有接触到药剂的绿色植物的药剂，如草甘膦、百草枯等。

二、农药毒力、药效

毒力是指农药本身在不受任何外界条件的影响下，对防治对象（有害生物）所产生的毒杀作用及其毒杀作用的程度。毒力是在严格的实验室条件下，利用标准试验对象测定得到的。一般地，杀虫剂的毒力用致死中量（LD_{50}）或致死中浓度（LC_{50}）表示，杀菌剂和除草剂用抑制中浓度（EC_{50}）表示。LD_{50}是杀死昆虫试验种群一半（50%）个体时，所需要的杀虫剂的剂量，单位是$\mu g/g$；LC_{50}是杀死昆虫试验种群一半（50%）时，所需要的杀虫剂的浓度，单位是$\mu g/mL$；EC_{50}是抑制病原菌或杂草生长量的一半（50%）时杀菌剂或除草剂的浓度，单位是$\mu g/mL$。LD_{50}、LC_{50}、EC_{50}越小，毒力越大。一种农药毒力大，并不代表在田间的药效高；而一种农药毒力小，在田间的药效并不一定低。例如三环唑在离体试验中对稻瘟病菌无任何毒性，但是在田间可以作为稻瘟病的保护剂，有效防治稻瘟病。

药效是农药在田间条件下，所表现出来的杀虫、杀菌及除草效果，受温度、湿度、光照、风、雨、土壤等多种环境因子以及有害生物生理状态等的影响，是多种因素综合作用的结果。如除虫菊素在室内避光的条件下，对多种昆虫具有很高的毒力，但由于对光极不稳定，在田间则无效。辛硫磷在有机磷杀虫剂中触杀毒力最高，但是对光不稳定，在光照直射的中午，半衰期仅为3h，所以持效期非常短；但是用于防治地下害虫，持效期可达2个月。

大多数农药是正温度系数的药剂，即温度升高，毒力和药效提高，如有机磷类、氨基甲酸酯类杀虫剂；而有些则是负温度系数的药剂，随着温度的升高，毒力和药效反而下降，如含氰基的拟除虫菊酯类杀虫剂。在生产上应注意，菊酯类杀虫剂最好是在一天温度相对较低的清晨或傍晚施药，效果较好。甲维盐、四螨嗪等杀虫杀螨剂对温度不敏感，一年四季都可以使用。

土壤质地和有机质的含量直接影响药效。土壤黏重、有机质含量高，防治土传病虫害时要适当加大处理剂量才能获得预期的防效；相反，土壤为沙土，较瘠薄的，农药使用量要相对减少。

在刮风、阴雨天不要用药；应尽量选择有害生物敏感的时期用药。

三、农药毒性

农药毒性是指农药对非靶标动物的毒害作用，习惯上是指对高等动物的毒害作用，是通过大、小白鼠等实验动物测得的。农药毒性可分为三种表现形式。

1. 急性毒性

毒性较大的农药经口、经皮、经呼吸道进入人体内，在短期内可出现不同程度的中毒症状，如头昏、恶心、呕吐、抽搐、痉挛、呼吸困难、大小便失禁等，若不及时抢救则有生命危险。这种毒性表现称为急性毒性，用农药对大白鼠的LD_{50}表示，单位为 mg/kg。对实验动物的LD_{50}值越小，则毒性越高。

2017 年 6 月 1 日实施的《农药管理条例》，将农药急性毒性分为 5 个等级（表1-1）。

表 1-1　我国农药毒性分级

给药途径	I a级（剧毒）	I b级（高毒）	II 级（中毒）	III 级（低毒）	IV 级（微毒）
大鼠经口服 LD_{50}/(mg/kg)	≤5	5~50	50~500	500~5000	>5000
大鼠经皮 LD_{50}/(mg/kg)	≤20	20~200	200~2000	2000~5000	>5000
大鼠吸入 LD_{50}/[mg/(m³·h)]	≤20	20~200	200~2000	2000~5000	>5000

农药毒性常指的是经口毒性，但是对于农药使用者来说经皮毒性和吸入毒性可能更为重要。所以不论何种情况接触农药，都要做好防护。我国历史上由于大量生产和使用高毒的有机磷和氨基甲酸酯类杀虫剂品种，导致许多人中毒死亡。现在农业部停止了对大多数高毒农药的登记申请，有的已经禁止销售和使用。

2. 亚急性毒性

长期连续接触一定剂量农药，经过一定时间后，最终表现为急性中毒症状，有时也可引起局部病理变化。如有些有机磷杀虫剂品种具有迟发性神经毒性，是典型的亚急性毒性。

3. 慢性毒性

有的农药虽然急性毒性不高，但性质较稳定，使用后不易分解，污染了环境及食物。少量长期被人、畜摄食后，在体内积累，引起内脏机能受损，阻碍正常生理代谢。农药的慢性毒性一般是农药的"三致"作用，即致癌、致畸、致突变。致癌是指导致体细胞发生癌变；致畸则是作用于胚胎细胞上，造成胎儿畸形；致突变则一般是对血液细胞而言的，导致白血病或再生障碍性贫血等。

在发达国家，由于农药操作人员个人防护做得好以及农产品的流通渠道统一，所以对急性毒性没有过高的要求，但对具有慢性毒性的农药却严厉监管，一旦发现某种农药具有慢性毒性，就会撤销登记，禁止销售和使用。如代森锰锌在高温烹饪时会产生亚乙基硫脲，有致癌作用，美国已于 2006 年停止对该药的登记。

四、农药对农作物的药害

农药由于使用不当对农作物产生毒害作物，称为药害，轻者减产，重者可使作物死亡。

1. 植物药害的症状

药害一般可分为急性药害和慢性药害两种。

（1）急性药害　在喷药后短期内即可产生，甚至在喷药数小时后即可显症。症状一般是叶面产生各种斑点、穿孔，甚至灼焦、枯萎、黄化、落叶等。果实上的表现主要是产生种种斑点或锈斑，影响果品品质。

（2）慢性药害　出现较慢，需要经过较长时间或多次施药后才能出现。症状一般是叶片增厚、硬化发脆，容易穿孔破裂；叶片、果实畸形；植株矮化；根部肥大粗短等；药害有时还会表现为使农产品有不良气味，品质降低。有些药害往往不是由农药有效成分造成的，而是由农药中的杂质导致的。如异稻瘟净造成的"异臭米"现象：稻米收获后有怪味，不能食用，造成"异臭米"的原因不是异稻瘟净本身而是原药中的杂质。咪鲜胺在葡萄上使用可使葡萄产生异味，失去食用价值。三唑类杀菌剂如果用量过大，可抑制植物生长，如三唑酮用于防治草莓白粉病，常导致草莓小叶病。

2. 造成农药药害的原因

（1）农药本身和作物种类　不同的农药对作物的安全性不同，有的作物对某些农药很敏感，易产生药害。如高粱对有机磷类杀虫剂敌敌畏等很敏感，这些杀虫剂不能用于高粱；嘧霉胺是防治作物灰霉病的有效药剂，但茄子对嘧霉胺非常敏感，在茄子上使用很容易产生药害（彩图 15）。具体见附录一（农药及其敏感作物一览表）。

（2）植物生育阶段、生理状态　作物在不同的生育阶段或生理状态不同，对农药的敏感性也有所差异，一般作物幼苗期易产生药害。

（3）环境条件　施药时和施药后一段时间内的温度、湿度、露水等环境因子可能是产生药害的原因。一般地，温度高易产生药害，生产上常见到高温型药害（彩图 16）；高湿有时（如喷粉）也会产生药害。使用除草剂时，若风较大，或温度较高使除草剂挥发，则可能产生飘移药害，使施药田周边的敏感植物遭殃（彩图 17）。在胶东地区，春天播种花生时使用乙草胺进行播后苗前土壤封闭处理，由于施药时的飘移挥发，常致使周边大面积范围内无法种豇豆。

（4）喷雾助剂　有机硅类助剂可提高药液展着性及渗透能力，在叶片蜡质层较厚的大姜、大葱、辣椒等蔬菜作物上使用效果非常理想。可是，假若有机硅助剂使用过量，喷药时行走速度慢，植株叶片着药量大，施药时温度过高或用在叶片蜡质层较薄的豆科、十字花科、葡萄等作物上，就有可能导致药害发生。原因可能是有机硅助剂破坏了叶片表皮细胞角质层，使其保水能力下降，细胞受损，最终产生药害。

3. 药害后的补救措施

（1）喷水冲洗　早期药液尚未完全渗透或被吸收时，用大量清水喷洒叶片，反复冲洗3~4次，并配合中耕松土，促进植株根系发育，使植株迅速恢复正常生长。

（2）迅速追施速效肥　药害产生时，及时浇水并追施尿素等速效肥，除草剂药害追施含腐植酸类肥料，同时叶面喷施大量元素或中微量元素肥料（如1%~2%尿素＋0.3%的磷酸二氢钾），促进植物生长，提高耐药性。每周喷施1次，连续喷施2次。

（3）喷施缓解药害的药物　如硫酸铜药害喷0.5%石灰水；棉花上甲哌鎓、多效唑、2,4-D、禾大壮药害，喷赤霉酸、芸苔素内酯，并及时灌水；赤霉酸、复硝酚钠药害，喷甲哌鎓、矮壮素进行化控，或采用控水的办法，减缓旺长。

（4）灌水洗田　对土壤施药过量的田块，应及早灌水洗田，使大量药物随水排出田外，以减轻药害。下茬作物播种之前，增施有机肥或土杂肥。

第二章
农药剂型及农药喷雾助剂

农药不同，防治谱不同，一种农药可能对多种有害生物有效，如生产上常用的辛硫磷既可防治食叶类害虫菜青虫、棉铃虫和小菜蛾等，又可防治地下害虫蛴螬、金针虫、地蛆等。根据农药的不同用途，农药原药可以加工成不同的剂型以适应不同的需要，便于使用。从市场上购买的具有一定物理形态的农药产品，称为农药制剂，而这种特定的物理形态就是"农药剂型"，如乳油、颗粒剂、粉剂、可湿性粉剂等；每一种剂型又可加工成多种规格的产品，称为"农药制剂"，如20％辛硫磷乳油、40％辛硫磷乳油、3％辛硫磷颗粒剂等。在防治有害生物时，要根据有害生物的特点选择不同的农药剂型来使用，如果想选购辛硫磷来防治小菜蛾、菜青虫等，则应该选择乳油，兑水后进行叶面喷洒使用；如果防治花生、甘薯、马铃薯等作物的地下害虫蛴螬，则应选颗粒剂直接撒施，进行土壤处理；如果在玉米喇叭口期防治玉米螟，应选择辛硫磷颗粒剂，撒施到玉米喇叭口中即可。

第一节　主要农药剂型及其质量标准

常见的农药剂型有固态剂型、液态剂型、胶态剂型和气态剂型。在购买农药前要根据有害生物的特点选择合适的农药剂型。固态剂型外观是固体形态，如粉剂、可湿性粉剂、可溶性粉剂、干悬浮剂、粒剂、烟剂等。虽然都是固态剂型，但用途和用法各不相同。液态剂型包括乳油、乳剂、悬浮剂、水剂、油剂等，液态剂型大多可喷雾使用，但有的需要稀释配制后喷雾，有的不需配制可以直接喷洒（如油剂）。

1. 粉剂

粉剂（DP）的组分主要有农药原药、填料（稀释作用）、分散剂（便于喷撒）

等，是一种不需稀释直接使用的剂型。主要用途是喷粉、拌种、土壤处理等。粉剂根据用途不同，可以分为供直接喷粉使用的普通粉剂、撒在污水表面防治蚊子幼虫（孑孓）的浮游粉剂、撒于鼠道上防治老鼠的追踪粉剂、专用于拌种的拌种粉剂、用于温室大棚的粉尘剂等。

供拌种用的粉剂对粉粒细度要求很高，以便于粉粒牢固地沾附在种子表面上，所以作为农药商品，也特称为"拌种剂"。对于温室大棚内供粉尘法使用的粉剂，要求在棚室空间能形成较稳定的飘尘，则特称为"粉尘剂"。粉剂的细度直接影响粉剂的药效，一般地，粉剂细度越大，即粉粒越细，药效越好；但细度太大，在大田使用容易引起飘移污染。所以现在有一种供大田使用的粉剂，粒径较大，称为抗飘移粉剂（DL 粉）。

我国粉剂的粒径大小标准是 95％通过 200 目筛，即 95％的粉粒粒径小于 $74\mu m$；日本的标准是 98％通过 320 目筛，即 98％的粉粒粒径小于 $46\mu m$；欧美的标准是 98％通过 325 目筛，即 98％的粉粒粒径小于 $44\mu m$。粉剂外观应是自由流动的粉末，不应有团块。

2. 可湿性粉剂

可湿性粉剂（WP）的组成主要有农药原药、填料、润湿剂等，这种剂型可以被水湿润，在水中形成相对稳定的悬浮液，供喷雾使用。可湿性粉剂中的润湿剂是一种表面活性剂，可使可湿性粉剂具有一定的湿润性、分散性，并且兑水后喷洒到固体表面上可以很快润湿固体表面，并在固体表面上铺展，形成一层均匀的药膜，对作物表面或其他固体表面覆盖良好，保证了药效。可湿性粉剂粉粒粒径的大小直接决定了兑水后所形成的悬浮液的悬浮性和稳定性。粒径越小，悬浮性越好，越稳定；粒径大，则悬浮稳定性差，在喷洒时容易沉淀，堵塞喷雾器。

可湿性粉剂对原药、填料的理化性质要求不高，一些既不溶于水也不溶于一般有机溶剂的原药均可加工成可湿性粉剂。该剂型相对于乳油来说，具有包装简单、便于运输、毒性小、不含有机溶剂、对环境污染轻等优点；但是，可湿性粉剂在配制药液时要注意，由于是粉状农药，所以从包装物倒出时，要佩戴口罩，以防飘扬起的粉尘吸入体内，造成中毒事件发生。

我国可湿性粉剂的主要质量指标是：①润湿性，润湿时间不超过 120s；②悬浮率在 70％以上；③细度，95％或 98％以上的颗粒通过 $44\mu m$ 筛。可湿性粉剂外观应是流动的粉末状物，不应出现粉粒团聚、结粒、结块现象，否则影响药粉取用。

3. 颗粒剂

颗粒剂（GR）的组成主要有农药原药、载体、黏结剂等，可加工成不同形状的固体颗粒，可以是小粒圆球形、小短圆柱形或碎块形（块粒剂）。颗粒剂按照遇水后的解体性可分为崩解型颗粒剂和非崩解型颗粒剂。颗粒剂是一种低毒化剂型，使用时是直接撒施颗粒，不需要喷雾，减少了人及环境中的有益生物与农药接触的机会，是一种环保剂型。许多高毒农药制成颗粒剂使用，使高毒农药低毒化，如涕灭威、克百威（呋喃丹）等，目前只有颗粒剂一种剂型，使用起来只要佩戴一副手套就可以保证安全。但有的人将颗粒剂泡水后喷雾使用，以为这样可以防治叶面害虫，这样做是绝对不允许的。高毒农药做成颗粒剂是为了低毒化使用，而克百威、涕灭威等高毒农药喷雾危险性极大，极易发生中毒死亡事件；另外颗粒剂的加工成本较高，泡水喷雾也不合算。颗粒剂虽是一种低毒化剂型，但毕竟是固体，在包装、运输和使用过程中，会有一些粉粒从颗粒上脱落，在倾倒时易发生飞扬，被操作者吸入体内，发生中毒危险。所以在使用时也应戴口罩和面罩。

颗粒剂的主要质量指标是：①粒度，90％（质量）达到粒度规格标准；②颗粒完整率在85％以上，即破碎率应小于15％；③有效成分从载体上脱落率（粉状）在5％以下。

颗粒剂一般用于直接撒施，局部用药或全田用药均可，可随施肥、中耕等施于田间。播种前与肥料一起撒施于田里，再翻耕混入土中即可。

4. 干悬浮剂

干悬浮剂（DF）是可湿性粉剂和悬浮剂的衍生剂型，其组成与可湿性粉剂大体相似，但是粒径要小很多，与悬浮剂相当，所以药效高于可湿性粉剂。对于一些价格昂贵、药效高，加工成可湿性粉剂不能完全发挥其性能的农药原药，可加工成悬浮剂使用。但悬浮剂包装运输不方便，寒冷地区易结冰等，所以加工成干悬浮剂克服了这些缺点。干悬浮剂与可湿性粉剂一样，容易发生粉尘飘扬，所以配制农药药液时要注意防护。使用方法同可湿性粉剂。国外将水分散粒剂归属于干悬浮剂。

5. 水分散粒剂

水分散粒剂（WDG）是一种喷雾用剂型。这种剂型也是固体颗粒状，但它不是直接撒施使用的粒剂，而是兑水后制成悬浮液供喷雾用的剂型。其组成与可湿性粉剂大致相同，只是添加了黏结剂，使各组分成形造粒。是可湿性粉剂的一种衍生剂型，克服了可湿性粉剂倾倒、配制时易发生粉尘飘扬的缺点。市场上有些水分散粒剂在水中的悬浮性、稳定性和分散性都远远超过了可湿性粉剂。

水分散粒剂由原药、润湿剂、分散剂、隔离剂、稳定剂、黏结剂、填料或载体组成，入水后即迅速崩解并在水中形成良好的悬浮液。粒径分布范围为 $1\sim10\mu m$（国际农药工业协会联合会规定）。有效成分含量一般比较高，多在70％以上；制剂不含水，贮存稳定性高；流动性好，计量方便。

6. 可溶性粉剂

可溶性粉剂（SP）组成主要有农药原药、填料等，是一种可溶于水，在水中形成真溶液的剂型。可溶性粉剂有效成分一般含量较高，在50％以上，有的高达90％，如晶体敌百虫、敌百虫原粉等。但可溶性粉剂中表面活性剂（如润湿剂）含量很少或根本没有，所以在使用时应注意添加润湿剂，否则润湿性不够，药液喷洒到作物表面后容易流淌，很难在作物表面形成有效的药膜。市场上可以买到相应的喷雾助剂，在施药时添加到药液中，可增加药液的润湿性，提高在作物表面上的湿润展布能力。

可溶性粉剂的主要性能指标是在水中的溶解时间，全溶解时间一般小于 $2\sim3\text{min}$。由于该剂型的原药为水溶性的，易吸湿结块，应特别注意防湿包装和干燥条件下贮存。

7. 微胶囊剂

微胶囊剂（MC）又称微囊剂，是利用天然的或合成的高分子材料，将固体或液体农药包覆而成的直径为 $30\sim50\mu\text{m}$ 的微小胶囊，外观粉末状。微胶囊包括囊壁和囊芯两部分，囊芯是农药有效成分，囊壁是成膜的高分子材料。农药上常见的剂型是微胶囊悬浮剂（CS）。微胶囊剂是一种缓释剂，即微囊中的农药有效成分通过囊壳缓慢释放出来，可以使药剂的持效期延长。它也是一种安全剂型，毒性较高的农药采取微囊剂可以减少对施药人员的毒性风险。

微囊剂稀释液的悬浮率要求在 $50\%\sim70\%$ 之间，少数产品要求 80%。

8. 烟剂

烟剂（FU）是一种特殊用途的剂型，可以用火点燃而发烟，属于易燃品。烟剂是由化学发热剂、燃烧剂、消燃剂和农药有效成分组成的。化学发热剂与燃烧剂的混合，在受热后就可能发生连锁反应而产生很高的热量，使农药汽化。热的气态农药喷入空气中后迅速冷却，重新凝聚成为固态微粒。微粒的细度可达 $1\mu\text{m}$ 以下，因此能在空气中长时间悬浮和扩散运动，形成烟云。可以制备烟剂的农药有限，必须在高温下稳定的农药才能加工成烟剂使用。烟剂使用时要求满足一定的条件，即相对密闭的空间。设施农业栽培措施，使烟剂得到了广泛应用。

农药烟剂的质量指标之一是成烟率，以烟剂燃烧时农药有效成分在烟雾中的含量与燃烧前烟剂中农药有效成分含量的百分比表示。烟剂有效成分成烟率要求大于 80%，蚊香有效成分成烟率要求大于 60%。

9. 饵剂（RG）

饵剂（RG）即人们常说的毒饵剂，是将农药有效成分与有害生物喜食的饵料混合，或加入引诱剂，制成的能够诱引有害生物前来取食的一种剂型，可以是片状、粒状、粉状或其他不同形态。常见的各类杀鼠剂都是饵剂。在农业生产上经常用的防治陆生有害软体动物如蜗牛、蛞蝓等的四聚乙醛颗粒剂，实质上也是一种饵剂。四聚乙醛对陆生软体动物有很强烈的引诱作用，但它必须被蜗牛、蛞蝓取食后才能发挥作用，几乎没有触杀作用。

毒饵剂也是一种直接使用的剂型，撒施在有害动物经常出没的地方即可。但撒施杀鼠剂要注意对其他动物的安全性，以防其他动物误食发生中毒事件。

10. 乳油

乳油（EC）主要组分有农药原药、有机溶剂、乳化剂等，兑水后形成均匀的乳状液供喷雾、泼浇使用。所谓乳状液就是细小的油珠分散在水中，形成外观是乳白色液体的稳定状态的液体。乳油根据兑水后形成的乳状液的物理状态可分为三类：

（1）可溶性乳油　其农药原药溶于水，在水中可以形成透明的真溶液，农药原药以分子状态分散在水中。这类乳油中乳化剂用量极少或者不含乳化剂，所以使用后对固体表面的润湿性不够，要注意添加表面活性剂使用。

（2）溶胶状乳油　兑水后形成清乳状的乳状液，油珠颗粒较小，粒径可小于 $0.2\mu m$，有着良好的乳化性、分散性和稳定性。

（3）乳浊状乳油　兑水后形成浓乳白色乳状液，分散在水中的油珠颗粒在 $0.2\sim10\mu m$ 之间，乳化性、分散性和稳定性一般合格。

一些过期的乳油，兑水后形成的乳状液是苍白色的，乳化性、稳定性不合格，分散在水中的油珠颗粒一般大于 $10\mu m$。这种乳状液放置一会儿可能上有浮油下有沉淀，使用后会有严重药害，或者药效不均匀，应严禁使用。

在农药剂型中，乳油是一种相对高效的剂型。其中含有的有机溶剂、乳化剂等农药助剂均可提高农药对有害生物表面、作物表面的穿透性，提高药效。但是乳油的许多缺点也是由有机溶剂引起的。乳油中由于使用了有机溶剂，使其在包装、运输和使用过程中安全性降低。因易燃、易爆，毒性高，对作物安全性降低易产生药害，对环境不友好等，乳油是一种受限制的剂型，在欧盟地区含有苯类有机溶剂的乳油禁止使用；使用了这种乳油的农产品也禁止在欧盟国家销售。乳油的衍生剂型有水乳剂和微乳剂等以水为基质的剂型。

我国制定的乳液稳定性测定标准为：乳油经用 $342mg/L$ 标准硬水稀释 200 倍，搅匀后放入 100mL 量筒中，在 $25\sim30℃$ 静置 1h 观察，应没有浮油、沉油或沉淀析出。

11. 水（浓）乳剂和微乳剂

水乳剂（EW）的组成主要有亲油性的农药原药或低熔点固体原药、少量水不溶的有机溶剂、乳化剂、增溶剂和水等，外观是不透明的乳白色液体。水乳剂避免了乳油中大量使用有机溶剂的缺点。农药原油以小油珠（粒径＜$10\mu m$）的形式分散在水中，实质上是一种乳状液。水乳剂的含量一般在 20%～50% 之间。

微乳剂（ME）在外观上是透明的液体，其组成与水乳剂大致相同，但分散在水中的农药油珠颗粒更小（粒径在 $0.01\sim0.1\mu m$），属于胶体范围，药效更高，可以与乳油媲美。微乳剂有效成分含量一般在 5%～50% 之间。

主要质量要求：水乳剂外观是稳定的乳状液，允许少量分层，轻微摇动或搅动应是均匀的；稀释成一定倍数的乳状液的稳定性应该上无浮油下无沉淀。微乳剂外观为稳定透明的均相液体；与水任意比例混合，稀释液透明，无油状物和沉淀。

水乳剂和微乳剂避免了使用大量的有机溶剂，所以克服了乳油的缺点，是一种环境友好农药剂型。二者的使用方法同乳油，主要是兑水喷雾用。

12. 悬浮剂

悬浮剂（SC）的主要组成有农药原药、矿物填料、润湿剂、分散剂、黏稠剂和水，外观是浑浊的悬浮液。一些价格昂贵、药效高的农药原药加工成可湿性粉剂不能完全发挥其性能，而悬浮剂的粒径较小，我国国家标准是＜15μm，欧美标准为＜5μm（均径在2～5μm），可以使农药药效得到充分发挥。悬浮剂也是一种兑水喷雾用剂型。

悬浮剂的主要质量指标是，外观为黏稠的可流动性悬浮液体，悬浮率一般要求在2年贮存期内不低于90%，倾倒性合格。

13. 气雾剂

气雾剂（AE）由农药原药、溶剂和喷射剂等组成，市场上的气雾剂都有特定的包装，可直接使用，不需要其他器械。主要用于防治蚊子、苍蝇等卫生害虫，农业有害生物的防治很少用到气雾剂。

14. 水剂

水剂（AS）是农药原药的水溶液剂型。一些易溶于水且在水中理化性质稳定的农药原药可以直接加工成水剂使用。水剂的组成主要有可溶于水的农药原药、水及少量表面活性剂、防冻剂等，是药剂以分子状态或离子状态分散在水中形成的真溶液制剂。水剂的使用方法同乳油和乳剂，兑水做常量喷雾。由于水剂中表面活性剂量较少，喷雾时可以适当添加一些喷雾助剂（如有机硅），以提高药液在靶体上的润湿展布性。

15. 可溶性液剂

可溶性液剂（SLX）是由原药、溶剂、表面活性剂和防冻剂组成的均相透明液体制剂，用水稀释后有效成分形成真溶液。一些农药原药可以溶于水，但是在水中不稳定，易分解失效，不能加工成水剂，但可以加工成可溶性液剂。可溶性液剂的组成有可溶于水的农药原药、大量亲水性的极性溶剂、增溶剂、乳化剂等，外观与微乳剂和水剂一样，清澈透明。可溶性液剂的使用方法是兑水做常量喷雾。但是，这种剂型加入了大量极性有机溶剂和多种助溶剂与乳化剂，除非特殊需要，不建议在大田中使用。这种剂型与水剂和浓乳剂、微乳剂的根本区别在于并非水基化剂型。

16. 油剂或超低容量喷雾剂

油剂（OL）是农药原药的油溶液剂型，其组成主要有农药原药、油溶剂及助溶剂或化学稳定剂。这种剂型专供超低容量喷雾用，所以又称超低容量喷雾剂

（ULV）。该剂型一般含有效成分 20%～50%，使用时不需稀释，直接喷洒。超低容量喷雾剂的使用需要超低容量喷雾器，常见的背负式喷雾器不能使用该剂型。由于机械的限制，在农村这种剂型不常见。

17. 热雾剂

用油溶性药剂（溶剂多为重柴油、变压油或煤焦油中的蒽油），应用机械热力联合法或机械法，把油剂分散成烟雾状的细小点滴。溶剂油通常是沸点在 300℃ 以上的矿物油，因为在热雾机喷管中产生的高温气体达 1200℃ 左右，接近喷口时的温度仍达 300℃ 左右，喷出后温度才迅速降低。

热雾剂是配套热（烟）雾机喷洒使用的油状剂型。常规喷雾用的剂型如乳油、悬浮剂、水乳剂、微乳剂、可湿性粉剂、水分散粒剂等，均不能作为热雾剂供热雾机喷洒。

18. 种衣剂

种衣剂（SD）是含有成膜剂的专用种子包衣剂型，处理种子后可在种子表面形成牢固的药膜。国内目前常见的是悬浮种衣剂和干粉种衣剂两种。种衣剂的特点是针对性强、高效、经济、安全、持效期长，具有防病、防虫、增加微肥和调整种子粒径的作用。种衣剂不是特定的剂型。它是由原药加助剂构成一定的剂型，再加成膜剂和警戒色制成的，如悬浮种衣剂、干粉种衣剂等。种衣剂中的成膜剂，即黏结剂，多为高分子聚合物，透水透气性好，成膜快，不易脱落。

种衣剂对种子的处理多为机械操作，流水作业。农户利用种衣剂自行包衣种子时，一定要将种子包裹均匀，按照标签说明进行操作，如果包衣不匀，可能对种子萌芽造成影响，一定要慎重。

种衣剂的质量指标为种衣剂的细度直接影响成膜质量，对悬浮种衣剂要求 95%粒径小于等于 $2\mu m$，98%粒径小于等于 $4\mu m$。成膜性是衡量种衣剂质量的重要指标，其好坏影响种子包衣质量。好的种衣剂在自然条件下进行包衣后，能迅速固化成膜，并牢固附着在种子表面，不脱落、不粘连、不成块。固化成膜时间一般不超过 15min，种衣剂脱落率不高于 0.7%。

第二节　农药喷雾助剂

农药助剂是在农药中添加的可以显著改善或提高农药性能的物质。农药助剂可以分为两类，即农药加工助剂和农药喷雾助剂。农药加工助剂是在农药加工过程中添加到有效成分中的物质，这些物质可以使农药制剂便于混合和使用，提高农药的安全性和药效，改善农药在靶标上的沉积性，如表面活性剂、润湿剂、乳化剂、助溶剂、展着剂、黏着剂、分散剂等；农药喷雾助剂是在农药使用时现场添加到药液中用以提高有效成分活性及改善药液物理性能的任何物质，为了与农药制剂中加入的助剂区别，称为农药喷雾助剂。

有的专家认为，农药药效的70％依赖于农药的正确有效使用。农药使用过程中可能遇到许多问题，如有效成分的化学稳定性、溶解性；混合使用农药时的不相容性、悬浮稳定性、起泡性、飘移性、蒸发性、挥发性、降解、黏着性、渗透性、表面张力大以及覆盖面积问题等。农药喷雾助剂可以最大限度地减少或消除上述问题。农药喷雾助剂具有特定的功能，如润湿、展布、黏着、分散、减少蒸发、减少挥发、溶液缓冲作用、乳化作用、减少飘移、减少泡沫等。没有一种喷雾助剂可以同时具有上述所有的功能，但是多种相容性好的助剂混合使用，可以同时具备多种功能。由于喷雾助剂本身没有农药活性，在许多国家不需要进行登记，或者登记过程很简单，因此国外农药喷雾助剂产品种类繁多。我国在这方面的开发和使用相较于发达国家还是滞后的。近些年我国也开始开发和使用农药喷雾助剂，国外产品也大量进入我国。

可以与喷雾助剂混合使用的农药除了除草剂外，还包括杀虫剂、杀菌剂，但是不同的农药只能与特定类型的喷雾助剂混合使用，一种助剂不可能对一切农药都增效。

一、农药喷雾助剂分类

农药喷雾助剂又称为桶混助剂，从用途上，可以分为两大类：活性助剂和特殊用途助剂。

1. 活性助剂

包括表面活性剂、润湿剂、油基类喷雾助剂、黏着剂和穿透剂。主要作用是提高药滴在靶标上的铺展性、抗雨水冲刷能力以及提高植物的吸收能力。其原理是通过改变药液的理化性质如药液的黏稠度、表面张力和溶解性来提高药液的性能。一般认为这类喷雾助剂（生产上称为增效助剂）的应用是帮助喷洒液在靶标（作物体或有害生物体）上牢固地附着并能滞留一定时间。

（1）表面活性剂类喷雾助剂　广义的表面活性剂能够改善农药的吸附性、乳化性、分散性、铺展性、黏着性、润湿性和穿透性，所以这类化合物也称作润湿剂、展着剂。一种农药要发挥其药效必须湿润植物叶面并在叶片上平稳地展布，而植物表皮疏水性的蜡质层是农药展着、停留和穿透的主要障碍。表面活性剂可以通过在药水和蜡层间起一个桥梁作用或者改变植物叶表皮的渗透性来克服这种障碍，并且可以使农药的覆盖面积增大，因此提高了有害生物与农药接触的机会。在叶片蜡层厚或多毛的植物上喷雾时，表面活性剂显得尤为重要。如果药液中没有合适的润湿剂和展着剂，药滴可能流失或叶片没有被充分覆盖。

润湿剂和展着剂通过降低雾滴的表面张力提高药液的湿润性和在叶片上的覆盖

率。这些助剂根据其在溶液中的解离性可以分成三类：非离子型表面活性剂、阳离子型表面活性剂和阴离子型表面活性剂。非离子型润湿剂在水中不带电荷，阳离子型和阴离子型润湿剂在水中分别带有正电荷和负电荷。农药与非离子型表面活性剂混用和与离子型（包括阳离子型和阴离子型）表面活性剂混用比，其活性可能相差很大。喷雾助剂选择错误，可能降低药效，引起药害。阴离子型表面活性剂与触杀型农药混用，活性很高。阳离子型表面活性剂，由于对植物有药害，所以不要单独作为表面活性剂使用。非离子型表面活性剂，常与内吸性农药混合使用，可提高药液对植物表皮的穿透性；并与大多数农药的相容性比较好，所以农药标签上推荐的喷雾助剂大多是非离子型的。

酚基非离子润湿剂是常用的喷雾助剂，并且与大多数农药的相容性比较好。如商品制剂包括非离子润湿剂 BS 1000、Chemwet 1000、Shirwet 1000、Agral、Viti-Wet、Wetter 600LF、Wetter 1000LF 和 Spraymate 激活剂。有一些表面活性剂的主要功能是提高穿透性和增强植物的吸收，如 Kwickin 和 Wetter TX。

市场上常见的 Yz-901、885、AA-921、省钱灵、旱喷宝等产品，都是用于除草剂的非离子型表面活性剂。

注意：由于表面活性剂、农药和植物表面间的相互作用是非常复杂和难于预测的，所以在任何时间决定使用一种新的表面活性剂前都要特别小心并且听取专家的建议。

（2）黏着剂　黏着剂是一种能够提高固体颗粒在靶标表面上的黏附性的助剂。黏着剂通过提高农药固体颗粒与靶标间的黏着性而提高农药在靶标上的停留时间。其主要用途是减少农药因雨水、灌溉、风和叶片间的摩擦而引起的农药流失、散失等浪费现象。黏着剂还可以减少农药蒸发和紫外线降解。许多助剂产品中包括一种润湿剂和一种黏着剂（一种胶乳或其他不干胶），制成具有通用用途的产品，即分散-黏着剂。分散-黏着剂作为通用助剂用于杀虫剂、杀菌剂。商品制剂有基于胶乳的产品，如 Bond 和 Nufilm。

（3）渗透剂和超级展着剂　渗透剂和超级展着剂皆为表面活性剂，这些表面活性剂可以提高某些农药对植物的渗透性。可能对一种农药来说，一种渗透剂只能提高对一种植物的渗透性。提高渗透性可以提高内吸输导型除草剂、激素类除草剂和内吸性杀菌剂的药效。有机硅类是超级展着剂。用于除草剂商品的有机硅超级展着剂有 Penetra、Brushwet 和 Pulse。国外研究开发了"改进有机硅"，适合于在果园、大田作物中使用。与传统的有机硅相比，"改进有机硅"对植物毒性小且可用于触杀型除草剂。它能够降低喷雾量，提高覆盖面积和药效，减少雾滴飘移，改善药液的穿透性。改进的商品有机硅超级展着剂包括 Du-Wett 和 BondXtra。

（4）消泡剂　由于某些剂型中含有表面活性剂，在喷雾时喷雾罐内药液又在不断搅动，因此很容易产生泡沫。使用者可以在药液中加入少量的消泡剂来消除泡沫。消泡剂也是一种表面活性剂。

(5) 油基类喷雾助剂　油基类助剂能够增加药液的黏度，降低表面张力，溶解叶片表面蜡质层，从而增加药液的覆盖面积，提高药液的附着性和穿透性；还可增加雾滴直径，减少易飘移的小雾滴数，提高农药的利用率，并能降低因飘移引起的环境污染等问题。生产上油基类喷雾助剂一般可分为两类：矿物油型和植物油型。

① 矿物油型喷雾助剂。常用的有柴油、机油等，该类助剂主要用于除草剂的喷洒使用。如在喷洒烯禾啶时，每公顷加 2～2.5L 柴油。商用石油润滑油助剂和乳化剂用于普施特；喷洒莠去津时药液中加入喷液量 1% 的零号柴油，当空气相对湿度在 65% 以上、温度在 15～28℃ 时都有较好的增效作用，但是，当空气相对湿度在 65% 以下、温度在 28℃ 以上的干旱条件，药效无明显增强作用。

近些年，热雾机在农业生产上推广使用，但在我国用于热雾机喷雾的农药剂型相对缺乏。有些热雾机生产厂家在推销热雾机时推荐在药液中添加柴油、机油等助剂，以提高溶液的黏度、渗透性、展布性和覆盖面积，降低蒸发速度，提高药效。

需要注意的是，矿物油型喷雾助剂对作物安全性差，特别是与触杀型农药混用时，活性增强，药害加重。一般对于除草剂来说只能用于灭生性除草剂在非耕地使用。由于污染环境，现已不推荐使用。

② 植物油型喷雾助剂。植物油型喷雾助剂在加强农药特别是除草剂的生物活性和降低液滴飘移方面要比矿物油（如石油润滑油）和非离子型表面活性剂好得多。如烯禾啶与甲基化油类助剂 Scoil 混合对杂草的控制要比石油润滑油助剂 Clean Crop 的效果好。与除草剂混用，这类喷雾助剂在干旱条件下也可获得稳定的药效，对除草剂的增效作用及对作物的安全性均优于矿物油型喷雾助剂和非离子型表面活性剂。有人做过实验，几种助剂对烟嘧磺隆防除狗尾草的增效作用依次是：甲基化葵花油＞石油润滑油＞非离子型表面活性剂 WK＞非离子型表面活性剂 X-77。

该类助剂的主要特点是：增加药液黏度和附着性，减少挥发、飘移损失，提高农药利用率，减少用药量和用水量（应采用低容量喷雾）；渗透性强，促进吸收传导和增强除草剂对杂草的防效；耐雨水冲刷；与作物亲和性好，对作物安全，与触杀性除草剂混用可以增加药效，减轻药害；与苗前除草剂混用可减少挥发，对于易挥发的除草剂可延长混土作业时间；天然产品，无毒。

市场上常见的植物油型喷雾助剂，一般是植物油与非离子型表面活性剂的混合物，如：

a. crop oil，含植物油 95%～98%、非离子型表面活性剂（乳化剂）2%～5%；

b. crop oil emulsifier，含植物油 83%～85%、非离子型表面活性剂（乳化剂）15%～17%；

c. vegetable oil concentrates，含植物油 85%～88%，其他成分是乳化剂。

制剂产品有美国的快得 7（Quard 7）、澳大利亚的信德宝（Synertrol）、黑森（Hasten），国产助剂药笑宝等。

2. 特殊用途喷雾助剂

特殊用途喷雾助剂包括缓冲剂、酸化剂、抗飘移剂和诱食剂等。常用于改变喷雾液的物理环境，使农药剂型能有效地发挥其功能，有些情况下也可能改变喷雾液的物理性质。

（1）缓冲剂和酸化剂或 pH 改变剂　是一类含有磷酸盐的用于调节喷雾液 pH 值（酸碱度）的助剂。一般地，农药在弱酸性至中性环境即 pH5～7 的溶液中更稳定。pH 值高于 7，农药可能发生碱解，溶液的 pH 值越高，降解发生的可能性就越大。缓冲剂可以降低碱性溶液的 pH 值，并保持溶液的 pH 值在一定范围内稳定不变，即使水的酸碱性发生变化，药液的 pH 值也不变。酸化剂可中和碱性溶液，降低 pH 值，但不能使溶液保持恒定的 pH 值。商品缓冲剂和酸化剂包括：Companion、Ll-700 和 AP700。Primabuff 是一种多功能助剂，其中含有一种缓冲剂。有些农药本身易碱解，在制剂中可能混有一种缓冲剂。

（2）水质调节剂　这类助剂具有结合硬水中钙镁离子的能力。喷雾液中这些离子过多可能与敏感的农药发生反应产生沉淀，影响药液在植物表面上的湿润性和分散展布性。农药级硫酸铵常用于软化水质，特别对弱酸性除草剂（如草甘膦等）药效的提高非常有用。用于解决硬水问题的商品制剂有 Liquid Boost 和 Liase。这类助剂一般推荐用于特定的农药上。

（3）抗飘移剂　飘移是小雾滴的特点，小于 $100\mu m$ 的雾滴都可能发生飘移。抗飘移剂或助沉积剂能够增大雾滴的平均粒径，改善农药雾滴在靶标上的沉积。在敏感地点（附近有敏感动物和植物，如蜜蜂等）周围施药时，使用抗飘移剂减少飘移非常重要，即使造成药效的轻微降低也是值得的。

（4）增稠剂　顾名思义，增稠剂能够提高喷雾液的黏度。其作用是控制雾滴飘移和降低沉积到靶标上的药液的蒸发速度。应用内吸性农药防治有害生物时，降低蒸发速度非常重要，因为农药只有在药液中才能渗透到植物内部。一旦水分蒸发完毕，任何没有被吸收的农药都会遗留在叶片表面，只有重新溶解后才能被植物吸收。

（5）相容剂（又称掺合剂）　喷洒农药时常常几种农药或者农药与肥料混合使用。但是有些农药间或农药与化肥间的混合使用，可能产生物理不相容和化学不相容现象，造成药液黏稠凝结、沉淀、分层（老百姓称"起豆腐脑"），以至于有时这种不相容的药液可能堵塞药泵和喷洒管道，难于维修和清洗。

在药液中添加相容剂前一定要仔细阅读标签，最好在一个小的容器中做一下相容性试验以测定混合药液的稳定性。试验时将农药依次序添加到水中，最后加入相容剂，摇匀，然后静置一定时间（15～30min），查看药液是否凝聚结块、分层、黏厚和放出热量等。上述任何现象发生，都说明药液混合体系不相容，应重新选择相容剂。

二、正确选择和使用喷雾助剂

在选择农药喷雾助剂时需要考虑的因素很多，下面是一些应该注意的事项：

① 选择专门开发用于农业、林业的农用喷雾助剂，不要使用一般的工业产品或家庭用洗涤剂，以免影响农药的活性。有人用家庭用洗衣粉或洗洁精（二者都是表面活性剂）作为喷雾助剂，这种做法欠妥当，因为家庭用的洗涤剂多是复合配方，可能碱性较大，或者加入了一些能使农药有效成分分解的组分。

② 许多农药剂型已经含有提高农药性能的必要助剂，这些农药剂型的标签中一般不会提到要使用喷雾助剂。

③ 确信将要使用的喷雾助剂已做过完整的药效试验，有疑问或不确定的产品要小范围试验后再大面积使用。

④ 特定的农药需要特定类型的助剂，在使用时要选对助剂。例如，当农药标签上推荐使用的是非离子型表面活性剂时，就不要选用阴离子型的表面活性剂。对用于茎叶处理的保护性杀菌剂和触杀性农药，不要使用能提高对植物表皮穿透性的喷雾助剂。另外，一种润湿剂可能只适合一种农药，如果是多种农药混合使用，在使用前要仔细阅读每一种农药的标签，以获得有关信息。某种农药因某种用途需要添加一种或多种助剂，这可能要禁止加入其他用途的助剂。

⑤ 推荐的农药喷雾助剂可能因剂型的变化而发生变化，或因施药技术和程序的改变而改变。

⑥ 并非在任何喷雾情况下都需要农药喷雾助剂，了解在什么情况下不需要农药喷雾助剂与了解在什么情况下需要农药喷雾助剂同等重要。喷雾助剂加入喷雾液中后其性能可能受到农药制剂中的助剂的影响，这些影响是不可预期的，所以在进行大面积喷洒前要在小范围内进行试验。也可以进行药液浸渍试验测试喷雾液中是否含有过量的润湿剂。

⑦ 做好农药混合配制的安全性、相容性和有效性记录，包括农药剂型、喷雾助剂、剂量等。

任何时候都要仔细阅读农药标签和喷雾助剂标签，以确保喷雾助剂与农药及其剂型的相容性。例如在美国，有200多种农药的标签上推荐使用喷雾助剂，并标明喷雾助剂的种类和数量。所以可以通过阅读标签获得如何选择喷雾助剂的信息。喷雾助剂的不当使用或过量使用可能造成药效降低或引起药害。现在可选用的农药喷雾助剂多种多样。仔细阅读农药和助剂标签，确保所选择的助剂与施药地点、靶标有害生物、药械相匹配，当然，更要与所用的农药相匹配。

一般地，农药制剂都已经包含有农药助剂，如乳油中含有乳化剂，可湿性粉剂中含有润湿剂等。对于一个已经很适合喷洒使用的农药制剂，如果再加入湿润-展布剂，可能会进一步提高农药的展布性和覆盖面积，从而造成药液流淌，减少了在靶标作物上的沉积，甚至对靶标作物造成严重药害。如果作业者很清楚自己的需要，并且了解产品的局限性，那么喷雾助剂将对喷雾防治有很大的帮助。图 2-1 为正确选择农药喷雾助剂的流程。

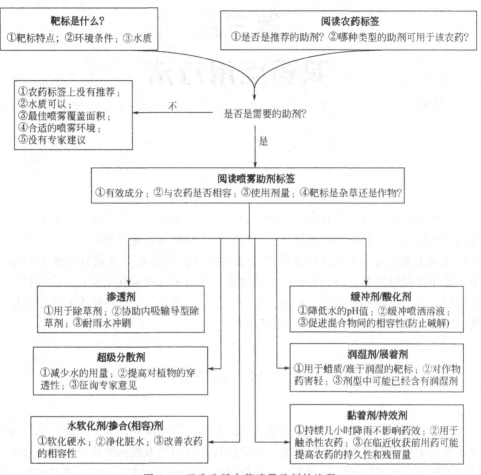

图 2-1　正确选择农药喷雾助剂的流程

第三章
农药施用方法

农药施用方法因防治对象、作物或目的不同而不同。有些情况下，农药可以直接施到靶标有害生物体上；在另外一些情况下，则施到其寄主植物上。农药有时还可以施到土壤里或一个密闭的空间里。农药制造商将农药有效成分制成不同的剂型，使用者可以针对不同的有害生物及其发生场所来选择最佳剂型，然后选择相应的使用方法和器械进行防治。在农药使用过程中，要最大限度地使农药击中靶标生物，尽量避免对非靶标生物和环境的影响。

第一节　喷雾法

在农药使用方法中，喷雾法是最常用的方法。雾是液体以极细小的液滴分散悬浮在空气中形成的。农药喷雾法就是将农药药液利用喷雾机具雾化成雾滴并分散悬浮在空气中，再降落到农作物或其他处理对象上的施药方法。可用于喷雾的农药剂型有乳油、乳剂、水剂、可湿性粉剂、可溶性粉剂、水分散粒剂、悬浮剂、干悬浮剂、超低容量喷雾剂等。其中，超低容量喷雾剂可以直接使用，而其他剂型一般均需加水稀释后才能喷洒。

一、喷雾器的校准

当准备喷药时，操作者可以在标签上找到农药公司推荐的使用剂量，如每公顷用有效成分200g或每亩地用有效成分20g，或者直接使用制剂量每公顷或每亩地多少克，或者推荐了使用时的稀释倍数，如本品稀释1000～1500倍使用。但这些推荐剂量对一般操作者而言可能比较晦涩，不知道怎样计算农药的需要量和用水量。

操作者不同、喷雾器械不同，单位面积上喷洒的药液量往往不同。如使用

1500 倍的药液，一亩地喷洒 100L，雾滴即可均匀地覆盖全田，取得良好的防治效果。但有的人喷洒了 120L，有的人只喷洒了 80L，造成喷雾量过大或不足。喷雾量过大，则引起农药残留超标、药害或其他环境安全问题；喷雾量不够，则达不到预期的防治效果。无论是喷雾量过大还是不够，都是在浪费农药，提高成本。因喷雾量不同而引起的农药用量的差异可以通过改变药液浓度得到校正，即：喷洒的药液量少，则需提高药液的浓度；喷洒的药液量多，则应降低药液的浓度。单位面积作物田需要的药液量，可以通过喷雾器校准获得。

1. 影响喷雾器喷雾容量的因素

喷雾器的喷雾量受许多因素的影响，如操作者的行进速度、喷雾器的压力、喷嘴的类型及喷孔片的大小状态、操作者操作的正确性等。

（1）操作人员的行进速度　行进速度因人而异，所以在实际喷药前要进行校准，选择适合喷药的行进速度。行进速度还受作物密度、田间环境条件（如地形、浇灌、洪涝等）的影响；另外，如果负重太大或有外力的推动，则很难保持平稳的脚步向前行进。

（2）喷雾器的喷雾压力（泵压）　压力大，则单位时间内输出的药液量大。许多公司制造喷雾器时，在喷头后方镶有一个压力调节阀或者末端流量调节阀，用以保持喷雾器的压力恒定，输出稳定的雾滴流量。市面上一些简易、便宜的喷雾器，质量较差，一般不具有这些装置。

（3）喷头　市场上有许多配套的喷头供选择。不同的喷头，喷雾流量和喷雾质量不同。根据需要更换喷头，可以灵活地调节喷雾流量。如扁平扇形喷头、低飘移喷头、汽喷头、空心雾锥喷头、淋雨式喷头（砧形喷头或反射喷头）等。对于空心雾锥喷头，每个喷头都有一定规格的孔。喷嘴孔的大小决定了喷嘴在一定压力下每分钟的溶液流量。在田间喷药时，喷嘴孔是最容易出故障的部件。假如喷嘴被脏物塞堵了，操作者必须及时清除堵塞物，但不宜用硬的工具捅喷嘴孔，以防把喷嘴孔捅大或使孔口不规则。因此，在校准喷雾器时一定要检查喷嘴孔是否符合标准。

（4）操作者的精确性　即使拥有一个全面检修过和校准过的喷雾器，操作者的操作也是影响农药喷洒质量和喷洒容量最关键、最主要的因素。操作者应做到：

① 保持平稳的行进速度，保持喷头距离靶标恒定的高度。

② 如果使用压杆式喷雾器，喷雾时要保持恒定的压杆速度。

③ 如果实行 "Z" 字形左右摆动喷雾，行进速度要保证喷布均匀。过快则有漏喷的地方；过慢，则喷洒重叠严重，浪费药液，引起喷雾量过大。左右摆动喷杆也要幅度相同，不能忽大忽小，否则很容易出现漏喷现象。

④ 配制农药时，不要随意加大剂量，要保证配制的药液浓度正确。

通过喷雾器校准，可以知道喷雾器每分钟的喷雾量或者单位面积上的喷雾量，并可根据土地面积计算出所需要的药液量。精确地校准喷雾器，可以保证喷洒容量正确。以背负式喷雾器为例介绍几种校准方法。

2. 背负式喷雾器简易校准方法

这种方法适合单喷嘴喷雾器和多喷嘴喷雾器，不需要计算器。

（1）需要的物品　一个清洗干净的、没有任何泄漏的喷雾器，合适的喷嘴；测量喷幅宽度的米尺及喷雾的地方；带刻度的量杯；洁净的水；秒表，或有秒针的手表；校准图表；校准记录单。

（2）校准方法

第一步：将喷雾器药桶灌满清水。

第二步：掀压压杆，使喷雾器达到额定压力。

第三步：使喷头距地面（喷雾面）一定高度，打开开关喷雾，测量喷幅宽度（m）。多数喷雾器喷头距喷雾面的最佳高度是 50cm。

第四步：计算喷布 $100m^2$ 需要走多长距离 [距离＝$100m^2$/喷幅宽度（m）]。

第五步：量取喷布 $100m^2$ 需要走的长度（这应该在需要喷雾的地块进行，可以对后面的喷雾提供行进速度上的参考）。

第六步：检查喷雾器，将清水加满到刻度，如果药桶没有刻度则加满。

第七步：喷布第五步标记的 $100m^2$，记录耗时。喷雾时保持平稳的脚步行进。

第八步：再加满水至第六步的刻度，记录所加的水量，即喷布 $100m^2$ 所需要的水量（药液量）。

第九步：计算。每公顷所需要的喷雾液量＝$100m^2$ 所需要的水量×100。

第十步：将所有结果记录在校准表格里。

第十一步：重复第七～十步三遍，取平均值，以确保准确性。

（3）校准记录　校准记录表（表 3-1）中列举的几点在校准时要记录清楚。

表 3-1　校准记录表

日期	喷雾器名称或型号	喷雾器压力
施药者姓名	喷嘴类型和型号	喷幅宽度/cm
$100m^2$ 喷雾时间/s	喷头距目标物高度/cm	
$100m^2$ 喷雾量/mL	计算出每公顷所需的药液量/L	

3. 利用手边易得的量器进行校准

量杯是玻璃制品，易碎，或者没有量杯的情况下可以用下面简单的喷雾器校准方法，喷药者自己进行校准。

（1）需要准备的物品　一个 400mL 空的罐头易拉罐盒；干净的扁饮料吸管或干木棍；结实的塑料袋，500mL、1000mL；松紧带（绳）；卷尺；清水。

① 铁皮罐头听。去掉盖，清洗干净，容积 400～430mL，作为量器使用。尺子垂直插入罐头听内，量取罐的总高度、1/4 高度、1/2 高度、3/4 高度（cm），并

用记号笔或铅笔分别在听上标记清楚。如果喷雾器喷雾容量很大，则可以找一个1000mL左右的铁皮罐头听，方法同上。

② 扁饮料吸管。将吸管垂直插入罐头听底部，用铅笔或记号笔在吸管上标记听罐上沿到达的位置（罐总高度），然后依次标记 1/4 高度、1/2 高度和 3/4 高度的位置。也可以用一根细小木棍代替饮料吸管。

③ 喷雾器的准备。检查喷雾器，确保已清洗干净，工作正常，没有泄漏，喷头镶紧，盛满了清水，并且喷雾压力正常。

④ 塑料袋。用松紧带或绳将塑料袋固定在喷头上，喷雾时塑料袋可以接住喷出的所有雾滴。

（2）操作方法

第一步：喷雾器喷幅宽度（喷幅）的测量。使喷头距地面（喷雾面）一定高度，喷雾，测量喷幅宽度（如果是雾锥喷头，则喷幅为地面湿润直径的长度；如果是扇形喷头，则为湿润最宽处的长度）。多数喷雾器喷头距喷雾表面的最佳高度是 50cm。

第二步：计算并量取 10m² 的面积。喷布长度＝面积/幅宽。

如果喷雾器的喷幅是 0.5m（即可以喷 0.5m 宽），然后在要喷雾的地面上量取 20m 长，乘以喷幅宽度即为面积，即面积为 10m²；如果喷雾器的喷幅是 1m，则量取 10m 的距离，面积也是 10m²。

第三步：喷洒 10m² 的面积。按照平时打药时的行进速度和操作在量取的面积上喷药，塑料袋回收所有喷出的雾滴。

（3）量取收集到的液体的体积 将塑料袋中的水倒入罐头听中，将饮料吸管垂直插入罐头听中，插到底。用手捏住吸管与水面接触处，取出，用记号笔标记水面的位置，用卷尺测量吸管淹没在水中的长度（cm）。

（4）计算喷雾量 如果罐头听（或饮料管）中水的体积为听的 1/4，那么每公顷土地需要 100L 水；如果罐头听中水的体积为听的 1/2，那么每公顷土地需要 200L 水；如果罐头听中水的体积为听的 3/4，那么每公顷土地需要 300L 水；如果水注满了整个罐头听，那么每公顷土地需要 400L 水。

（5）计算喷雾量的方法

$$1hm^2 = 10000m^2$$

$$1L = 1000mL$$

$$每公顷需要的喷雾量(L) = \frac{罐头听容积(mL)}{1000} \times \frac{饮料管淹水高度(cm)}{罐头听高度(cm)} \times \frac{10000(m^2)}{校准时喷洒的面积(m^2)}$$

① 如果饮料管淹没了 3/4，那么每 10m² 的喷雾量 ＝ 400 × 3/4 ＝ 300mL；10000m²/10m² ＝ 1000，即 1 公顷中含有 1000 个 10m²，所以喷雾时每公顷需要的

喷雾量为：1000×300mL＝300000mL＝300L。

② 如果罐头听高度为 40cm，饮料管淹水高度为 33cm，则：

$$每公顷喷雾量(L)=\frac{400}{1000}×\frac{33}{40}×\frac{10000}{10}=330L$$

如果作物田只有 1 亩地，那么 $1hm^2＝15$ 亩地，即 1 亩地＝$1/15hm^2$，则每亩地的喷雾量（L）＝每公顷喷雾量（L）×1/15＝300×1/15＝20L。

（6）制剂用量的计算　根据每公顷喷雾量、农药标签上推荐的每公顷用制剂量及喷雾器药桶的额定容积计算出每桶药液需要加入的制剂量。

每桶需制剂量＝桶的容积×（每公顷推荐剂量/校准的每公顷喷雾量）

例如：农药制剂标签上的推荐用量是每公顷用 1L，校准用量是每公顷喷雾量为 200L，喷雾器药桶的容积是 20L，则：

每桶需制剂量＝20×（1/200）＝0.1L＝100mL

1 块地喷雾量是 20L，正好 1 喷雾器加入 100mL 制剂混匀即可均匀喷洒全田。

4. 局部喷雾校准方法

对于起垄或起畦栽培的作物，喷布杀虫剂、杀菌剂时只需要喷洒到作物上；但是如果是在作物行间喷洒除草剂时，则不能喷到作物。这样一块作物田不需要全田用药，而是局部用药，校准方法同前两种稍有不同，具体如下（图 3-1）：

量取喷雾带的宽度 A 和行间宽度 B，则需喷雾的比例＝A/B；

则每公顷需要喷洒的面积＝10000×A/B；

如果 $A＝18m$，$B＝50m$，则每公顷需要喷洒的面积＝10000×18/50＝$3600m^2$。

其他与前面所述的校准方法相同。

如果校准后测得的喷雾量太高或太低，则应改变喷雾方法以适合标签推荐的用量。如提高或降低行进速度，可减少或提高每公顷的喷雾量；提高或降低喷雾压

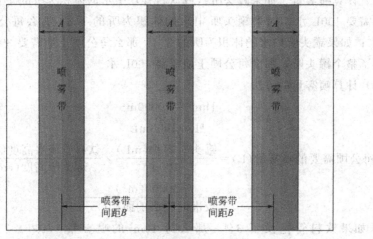

图 3-1　局部喷雾的校准方法

力，将会增加或减少喷雾量，同时可以改变覆盖面积，改变雾滴的飘移性；更换喷头，以输出合适的喷雾量，这是解决问题的最好方法。

二、农药制剂与稀释剂的计算

配制农药时需要根据土地面积的大小和标签上的推荐剂量计算所需农药制剂的量和需水量。以校准的喷雾器喷洒容量为 $600L/hm^2$ 为例，介绍几种根据标签推荐用量计算农药和水取用量的方法。

农药标签上的推荐用量可归为四类：①每公顷或每亩有效成分用量，$g(a.i.)/hm^2$ 或 $g(a.i.)/$亩；②每公顷或每亩制剂用量，$g(mL)/hm^2$ 或 $g(mL)/$亩；③稀释倍数；④用药浓度，每千克药液中有效成分的质量（mg），单位为 $mg(a.i.)/kg$。

1. 根据每公顷制剂用量（g/hm^2）或每亩制剂用量（$g/$亩），计算用药量和用水量

$$农药制剂用量 = 推荐用量(g/hm^2 或 g/亩) \times 土地面积(hm^2 或亩)$$
$$用水量 = 喷雾器喷洒容量(L/hm^2) \times 土地面积(hm^2)$$

【例 1】用 43% 戊唑醇悬浮剂 15mL/亩防治花生黑斑病，花生面积为 2.5 亩，需要多少药剂？兑多少水进行稀释配制？假若喷雾器药桶的容量为 25L，需要喷洒几喷雾器？每喷雾器需要制剂量是多少？

第一步：计算 2.5 亩花生田需要的药剂量和水量。

通过喷雾器喷雾量校准知，喷雾器喷洒容量是 $600L/hm^2$，则 2.5 亩花生田：

因为 $1hm^2 = 15$ 亩，那么 2.5 亩 $= 2.5/15hm^2$，则需要药液量 $= 600 \times 2.5/15 = 100L$，即需要 100L 水。

需要药剂（制剂）量 = 土地面积×每亩地推荐用量 $= 2.5 \times 15 = 37.5mL$。

即配制农药时，2.5 亩花生田需要 43% 戊唑醇悬浮剂 37.5mL，需要水 100L。

$$最终喷雾液的百分浓度 = \frac{37.5 \times 43\%}{100 \times 1000} \times 100\% = 0.016125\%$$

第二步：计算需要喷洒几喷雾桶，及每桶药液需要的制剂量。

$$喷雾器药桶容积 = 25L = 25000mL$$
$$药液需喷雾桶数(桶) = 所需水量/喷雾器药桶容积 = 100/25 = 4(桶)$$
$$每桶有效成分含量(mL) = 桶容积(mL) \times 喷雾液百分浓度$$
$$= 25000 \times 0.016125\% = 4.03125mL$$
$$每桶需要的制剂量(mL) = \frac{有效成分量}{制剂有效成分含量} = \frac{4.03125}{43\%} = 9.375mL$$

或者：

$$每桶需要的制剂量(mL) = \frac{2.5 亩需要的制剂量}{2.5 亩需要药液的药桶数} = \frac{37.5}{4} = 9.375mL$$

即：配制戊唑醇防治花生黑斑病时，2.5 亩花生田需要喷洒 100L 药液，分 4

喷雾器喷洒；每喷雾器需要 9.375mL 戊唑醇悬浮剂，兑水 25L，混合均匀即可喷洒。

【例2】 用 10% 氯氰菊酯微胶囊悬浮剂防治棉田棉铃虫，推荐用量为 800mL/hm²，棉田面积为 0.8 亩。喷药时需要多少药剂，兑多少水稀释配制？需要喷洒几喷雾器？每喷雾器需要多少制剂量？

第一步：计算 0.8 亩棉田需要的制剂量及用水量。

首先将土地面积单位亩换算为公顷：

0.8 亩=0.8×1/15=0.0533hm²

需要的药量=每公顷推荐用量×土地面积（hm²）=800×0.0533=42.64mL

用水量=喷雾器喷洒容量（L/hm²）×土地面积（hm²）=600×0.0533=32L

即需要 42.64mL 氯氰菊酯制剂，用 32L 水稀释。

$$最终喷雾药液的浓度=\frac{42.64×10\%}{32×1000}×100\%=0.013325\%$$

第二步：计算需要喷洒几喷雾桶和每喷雾桶需要的制剂量。

已知喷雾器药桶的容积=25L，则需要的药桶数=32/25=1.28（桶），即需要一桶多一点。第一桶为 25L，第二桶则为 32-25=7L；如果有合适的量器，可以每桶量取总量的 1/2，即 16L，喷洒 2 桶。

每桶需要的制剂量：

$$每桶需制剂量(mL)=\frac{每桶有效成分含量}{制剂有效成分含量}=\frac{药液体积(mL)×药液浓度}{制剂有效成分含量}$$

如果是第 1 种，则：

$$第一桶 25L 需要制剂量(mL)=\frac{25×10^3×0.013325\%}{10\%}=33.3125mL$$

$$第二桶 7L 需要的制剂量(mL)=\frac{7×10^3×0.013325\%}{10\%}=9.3275mL$$

如果将 32L 药液均分到两喷雾桶中喷洒，则每桶需要的药水量分别是 16L，则：

$$每桶需要的制剂量(mL)=\frac{16×10^3×0.013325\%}{10\%}=21.32mL$$

或：每桶需要的制剂量=42.64mL/2=21.32mL

配制药液时，用量器量取相应的制剂和水，混合均匀即可。

2. 根据每公顷或每亩推荐有效成分量[g(a.i.)/hm² 或 g(a.i.)/亩]计算用药量和用水量

有些农药标签的推荐用量是按有效成分计的，这样要换算成制剂的量，然后按换算后的量来量取制剂。

$$制剂用量=推荐亩（或 hm²）有效成分量/制剂浓度（g/亩 或 g/hm²）$$

$$制剂总的用量(g 或 mL)=制剂用量×土地面积(hm^2 或亩)$$

$$用水量=喷雾器喷洒容量(L/hm^2)×土地面积(hm^2)$$

【例3】4.5%高效氯氰菊酯乳油防治小麦蚜虫，亩用有效成分量为0.45g。喷药时需要多少药剂，对多少水稀释？

将有效成分量换算成制剂量：

$$制剂量=有效成分量/制剂浓度=0.45g/4.5\%=10g$$

即推荐用制剂量为10g/亩。余下的计算方法同【例1】和【例2】。

3. 根据稀释倍数计算用药量及用水量

在液剂或粉剂稀释配制中，稀释剂（水或填充剂）的量为原药或原药加工制剂的多少倍。如10%氯氰菊酯乳油3000~4000倍液，表示用10%的乳油1份，加水3000~4000份稀释后的药液。倍数法并不能直接反映出药剂有效成分的稀释倍数，但应用起来很方便。在配农药时，如果未注明按容量稀释，均系按重量计算。实际应用时多根据稀释倍数的大小，用内比法和外比法来配药。

（1）内比法　稀释100倍或100倍以下的，计算稀释量时，要扣除制剂所占的1份。如稀释50倍，则用药剂1份，加水或稀释剂49份。

有些药剂使用时浓度比较高，或者母液的浓度太低，需要稀释的倍数小，常用内比法稀释。如石硫合剂稀释时，母液的浓度一般为25~30°Bé（波美度），而喷洒液的浓度，高的3~5°Bé，低的也为0.3~0.5°Bé，稀释倍数一般都小于100倍，所以应该用内比法稀释。另外一些特殊用途的农药，如涂抹树干有病组织的，稀释倍数相对低一些，考虑用内比法稀释。

计算方法：

$$稀释后药液浓度(g/L)=制剂浓度/稀释倍数 \qquad (3-1)$$

若用于喷雾则：

$$药液需要量=喷雾器的喷雾容量(L/hm^2)×土地面积(hm^2)$$

若用于涂抹等其他用途,则需要配制的药液量自定。

$$农药有效成分需要量=稀释后药液浓度(g/L)×药液需要量(L) \qquad (3-2)$$

$$农药制剂需要量=\frac{有效成分需要量}{制剂浓度} \qquad (3-3)$$

将式(3-1)、式(3-2)代入式(3-3),则：

$$农药制剂需要量=\frac{稀释液体积(喷雾液需要量)}{稀释倍数}$$

$$需水量=药液需要量-农药制剂需要量$$

【例4】10%多菌灵膏剂稀释50倍涂抹防治苹果腐烂病,配制10L药液,需要制剂和水各多少?

由于需要稀释的倍数在50倍以内,所以采用内比法。

需要 10% 多菌灵的量 $=\dfrac{稀释液体积（喷雾液需要量）(L)}{稀释倍数}=\dfrac{10}{50}=0.2L$

需要加水量 (L) $=$ 稀释后药液体积$-$制剂需要量$=10-0.2=9.8L$

即配制 10L 10% 多菌灵膏剂 50 倍液需要制剂量为 0.2L，加水量为 9.8L，混合均匀即可。

（2）外比法　稀释 100 倍以上的，计算稀释量时不扣除制剂所占的 1 份。如稀释 1000 倍，则用制剂 1 份加水 1000 份。

由于目前所使用的农药一般是高效或超高效的产品，使用时的稀释倍数远远大于 100 倍，有的高效产品甚至需要稀释 6000 倍或 9000 倍使用，所以所采用的配药方法一般都是外比法，不考虑制剂的量对药液浓度的影响。少数传统农药或特殊使用方法例外。

我国国产农药的推荐剂量一般习惯使用这种方法，即加水稀释多少倍来使用。

喷雾液（水）需用量(L) $=$ 喷雾器喷洒容量$(L/hm^2)\times$土地面积(hm^2)

$$制剂需用量=\dfrac{稀释液体积（喷雾液需要量）}{稀释倍数}$$

【例 5】90% 敌百虫可溶性粉剂加水 750 倍喷雾，2.5 亩作物田需要多少药剂，对多少水稀释？

采用外比法。

已知喷雾器喷洒容量为 $600L/hm^2$

$$2.5\text{亩作物田的喷雾量}=600\times\dfrac{1}{15}\times2.5=100L$$

$$\text{需要}90\%\text{敌百虫的量}(g)=\dfrac{稀释液体积}{稀释倍数}=\dfrac{100\times1000}{750}=133.33g$$

即使用 90% 敌百虫喷施 2.5 亩田地需要制剂量为 133.33g，用水量为 100L。

4. 根据推荐使用浓度计算用药量和用水量

有些农药特别是植物生长调节剂类，农药标签上推荐用量以使用浓度 [mg(a.i.)/kg] 表示，即每千克药液中含有效成分的质量（mg）是多少，单位 mg(a.i.)/kg。这种方法与传统农药包装上的 ppm 单位相对应。计算时首先根据作物面积计算需要的药液量，然后根据推荐浓度计算需要的有效成分量，再根据制剂浓度计算需要的制剂量。

水的相对密度是 1，所以 1kg 水即 1L 水。

需要药液（水）量(L) $=$ 喷雾器喷洒容量$(L/hm^2)\times$作物面积(hm^2)

需要有效成分的量(mg) $=$ 推荐浓度$[mg(a.i.)/kg]\times$需要的药液量(kg)

需要制剂量(mg) $=$ 需要有效成分的量(mg)/制剂浓度($\%$)

【例 6】20% 赤霉酸可溶性粉剂 20 毫克有效成分/千克 [mg(a.i.)/kg] 用于葡萄花后喷雾，以提高坐果率。2.5 亩葡萄园需要多少药剂？兑多少水稀释？

葡萄树属于藤本类植物，需要的喷雾液量大，假若通过喷雾器校准确定的喷洒容量为 200L/亩，即 200kg/亩，则：

$$2.5 亩葡萄园需要的喷雾药液量 = 200 \times 2.5 = 500kg（或 L）$$

$$需要有效成分的量(mg) = 20 \times 500 = 10000mg = 10g$$

$$需要药剂（制剂）量 = \frac{需要的有效成分的量}{制剂浓度} = \frac{10}{20\%} = 50g$$

即：2.5 亩葡萄园需要 20% 赤霉酸可溶性粉剂 50g，需要水 500kg（或 L）。

注：如果推荐浓度不是以有效成分计的，而是以制剂计的，则直接计算需要的制剂量即可。需要的制剂量(mg 或 mL) = 推荐浓度(mg/L 或 mL/L) × 所需药液量(L)。

5. 农药混合使用时用药量和稀释剂（一般为水）用量的计算

（1）农药混合使用原则　生产上为了提高药效等，常常将几种农药混合起来同时喷洒。农药公司也常将农药混合起来制成混剂。农药混合使用的优点有许多方面，可以归纳为以下几类：

① 扩大防治谱，降低施药成本。杀虫剂与杀菌剂混合起来使用，可以做到虫、病兼治。不同的杀虫剂混用或不同的杀菌剂、除草剂混用，可以同时防治多种害虫、多种病害及多种杂草。

以苹果园在谢花后套袋前要喷施农药为例，药液中含有多种杀虫剂、杀菌剂、微量元素及植物生长调节剂成分，如代森锰锌、烯唑醇、高效氯氰菊酯、吡虫啉、硼酸钠盐、复硝酚钠等，用以防治黑点病、红点病、斑点落叶病、轮纹病等叶部病害和果面病害，以及棉铃虫、苹果小卷叶蛾、康氏粉蚧、苹果黄蚜等害虫，同时补充微量元素硼，复硝酚钠（植物生长调节剂）可以预防果面皱皮裂纹及果锈，提高表光等。一次用药，可以达到防治多种病害、虫害及补充微量元素等目的，减少了果农的工作量，减轻了劳动强度，节省人力，使防治成本大大降低。

② 提高药效。农药混合后的联合作用有三方面：

a. 相加作用，即农药混用后对有害生物的毒力等于混用农药各单剂单独使用时毒力之和。农药混合后没有增效作用，而是毒力相加。如果在防治谱上可以互补，也可以混用。

b. 拮抗作用，即两种农药混合后，药效下降。例如多抗霉素与灭瘟素混用，会降低多抗霉素对水稻纹枯病的防治效果。禾草灵与 2,4-D 或 2 甲 4 氯混用会降低禾草灵对野燕麦的防治效果。微生物杀虫剂如苏云金杆菌制剂是活的有机体（细菌，芽孢杆菌），在使用时不要与杀菌剂混用，因些杀菌剂可将芽孢杆菌杀死或影响其活性。微生物杀虫剂与化学杀虫剂混用，配合得好，可取长补短；但如配合不当，则混用效果较差，某些化学杀虫剂如拟除虫菊酯类、甲脒类、杀虫双等具有拒食忌避作用，可使昆虫同时拒食只有胃毒作用的微生物杀虫剂。在实际混用时，应该避免发生拮抗作用。

c. 增效作用，即农药混用时对有害生物的毒力大于各单剂单用时毒力的总和。增效作用是人们希望看到的混用结果。如马拉硫磷和残杀威 1：1 混合时对黑尾叶蝉的毒力 LD_{50} 是 $20\mu g/g$，而单独使用马拉硫磷和残杀威对黑尾叶蝉的 LD_{50} 分别为 $288\mu g/g$ 和 $263\mu g/g$。说明二者混用有明显的增效作用。马拉硫磷和氰戊菊酯混合也有明显的增效作用，生产上这种例子较多见。

许多农药混用后虽然增效作用明显，增毒作用也很明显，即对有害生物的药效提高了，对高等动物的毒性也增加了。如马拉硫磷是低毒杀虫剂，稻瘟净和异稻瘟净是有机磷类杀菌剂，兼有杀虫作用，与马拉硫磷混用，具有明显的增效作用，但同时也使马拉硫磷对高等动物的毒性增加了两个数量级，与剧毒的对硫磷的毒性相当。这种混合非常危险，在实际生产中要避免。另外农药混用后还可能对被保护的作物安全性降低，特别是杀菌剂之间、除草剂之间混用。如除草剂敌稗和有机磷或氨基甲酸酯类杀虫剂混用后会对水稻产生药害。

③ 克服有害生物耐药性。农业有害生物的耐药性发生很普遍，对于有害生物的抗性治理对策之一是不同类型或不同作用机制的农药混合使用。市面上有许多商品混剂，很多是以延缓耐药性产生和发展为目的混配的，特别是杀菌剂混剂。大多数内吸治疗型杀菌剂常与传统保护性杀菌剂混合配制成制剂。如苯并咪唑类（多菌灵）、苯基酰胺类（甲霜灵）、霜脲氰等作用位点单一，抗性产生快，抗性水平高；而代森锰锌等保护剂则是多作用位点杀菌剂，不易产生耐药性。二者混用可显著降低内吸剂的使用剂量，降低选择压，从而达到延缓耐药性产生的目的。杀虫剂间也有相当一部分混配混用是以延缓耐药性为目的的。特别是有机磷类杀虫剂和拟除虫菊酯类杀虫剂的混配混用。拟除虫菊酯类杀虫剂易产生耐药性且抗性水平很高，有机磷类杀虫剂抗性产生和发展速度慢，二者混用可以减少拟除虫菊酯类杀虫剂的用量，延缓抗性的发生和发展。

以克服抗性为目的的农药混用，最好选择有负交互抗性的农药进行混用。所谓负交互抗性，就是一种农药因产生抗性药效下降后，另一种农药的药效反而更好了。如多菌灵与乙霉威间具有负交互抗性，故生产上将这两种药制成混剂。传统的对称型有机磷杀虫剂如马拉硫磷、敌敌畏、乐果、辛硫磷等与不对称型有机磷杀虫剂如丙硫磷、丙溴磷等具有负交互抗性，混合起来使用既可以防治产生抗性的害虫，又可以防治没有产生抗性的敏感害虫。

耐药性还有一种类型，即交互抗性，也就是有害生物对一种农药产生抗性后，对另一种没有使用过的农药也产生了耐药性的现象，如芳烃类杀菌剂五氯硝基苯、百菌清等与二甲酰亚胺杀菌剂乙烯菌核利、腐霉利、异菌脲等之间有交互抗性。拟除虫菊酯类杀虫剂品种间也有交互抗性。在农药的混合使用中，要避免有交互抗性的农药混合使用，以免造成防治失败。

(2) 混合使用农药各单剂取用量及用水量的计算 农药混合使用时，各组分农药的取用量须分别计算，而水的用量则合在一起计算。以苹果谢花后的一次用药为例进行介绍。

【例 7】杀菌剂 42％代森锰锌悬浮剂 800 倍，12.5％烯唑醇可湿性粉剂 1500 倍；杀虫剂 10％高效氯氰菊酯乳油 3000 倍，10％吡虫啉可湿性粉剂 3000 倍；98％聚合硼酸钠盐 2000 倍；1.8％复硝酚钠水剂 6000 倍。

果园用药量比较大，树冠大、冠层厚的果园用药量更大。如果与大田作物使用相同的喷雾器施药，则需要单独进行校准，打药以打透为目的。若喷雾器校准的喷雾容量为 4500L/hm²，即 300L/亩，果园面积为 2.5 亩，则：

$$2.5 \text{ 亩果园需药液（水）量} = 300\text{L/亩} \times 2.5 \text{ 亩} = 750\text{L} = 750000\text{mL}$$

$$\text{需要 42％代森锰锌悬浮剂的量（mL）} = \frac{\text{稀释液体积（需药液量）}}{\text{稀释倍数}}$$

$$= \frac{750000}{800} = 937.5\text{mL}$$

$$\text{需要 12.5％烯唑醇可湿性粉剂的量（g）} = \frac{\text{稀释液体积}}{\text{稀释倍数}} = \frac{750000}{1500} = 500\text{g}$$

$$\text{需要 10％高效氯氰菊酯乳油的量（mL）} = \frac{750000}{3000} = 250\text{mL}$$

$$\text{需要 10％吡虫啉可湿性粉剂的量（g）} = \frac{750000}{3000} = 250\text{g}$$

$$\text{需要 98％聚合硼酸钠盐的量（g）} = \frac{750000}{2000} = 375\text{g}$$

$$\text{需要 1.8％复硝酚钠水剂的量（mL）} = \frac{750000}{6000} = 125\text{mL}$$

将各种制剂和 750L 水分别称量好，按照农药混合配制的原则进行混合。

三、农药和配料的定量量取和药液的配制

混合配制过程中，农药和稀释剂（水）的准确量取（计量）至关重要。

1. 称量农药和配料时量器的选择

由于在使用农药时普遍缺乏准确的计量工具和手段，农民最普遍的做法是用瓶盖来量取液体农药制剂。对于固体农药如大包装的可湿性粉剂，也是凭经验取用配制。正确的做法应该是使用标准的量器来称量农药制剂和稀释剂（水）。

（1）液体农药制剂的量取 采用带刻度的器具，如量筒、量杯、吸液管（图 3-2）。材质可以是玻璃的，也可以是塑料的。后者安全方便，不易破损。移液管使用时不方便，取药后管外也沾上农药，容易发生污染。量筒、量杯比较好用，但也应避免使药液流到量筒或量杯的外侧。量筒量取药液比量杯更准确。量杯上口比较大，稍有偏斜，就会导致误差很大；但量杯正是由于上口大，倾倒液态农药时不易沾到外面，所以更安全。无论是量筒还是量杯，使用时要注意使量筒或量杯处于垂直状态，因为倾斜时从刻度上看到的药液体积会发生偏差（图 3-3）。不同规格大

小的带把塑料量杯，在农药量取时很实用。

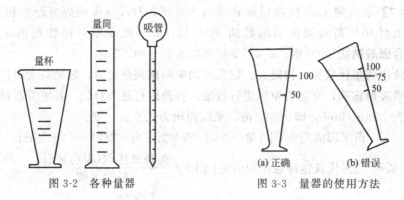

图 3-2　各种量器　　　　　图 3-3　量器的使用方法

（2）固体农药制剂的量取　可以使用弹簧秤或天平称量。另外有一些固体制剂以小包装的形式进行包装，使用者可以根据需要购买小包装。根据土地面积购买需要的量，一次性用完。但是有时候小包装也不能恰好符合农田实际需要，可能还需要称量。

（3）水的量取　配制农药用水的量取，很多人习惯用水桶来计量，实际上水桶不是量器，不能准确计量水的体积。使用水桶量取时，应该用标准量器量取一定体积的清水，倒入桶中，用记号笔或油漆在水桶内壁画出一条水位线，作为计量依据，如此比较可靠。有人用喷雾器药桶作为计量标准，如果在桶壁上标有水位线并标明容积的，则可作为计量依据；如果没有标记水位线，则可用水桶的校准方法进行校准，标记一定体积的水位线。在配制农药时，可以用这种方法校准的水桶或喷雾器药桶进行水的量取。

2. 农药的安全配制——制剂和水的量取与混合

农药制剂用量、用水量计算好后，称量器具也准备好了，就可以开始配制了。在配制前首先要准备以下工作：阅读农药标签，并确保理解了农药标签的含义；检查喷雾器是否有泄漏，不要使用有泄漏的喷雾器进行农药的配制和使用；要做好个人安全防护，不要在没有任何防护的情况下配制使用农药，以免增加个人中毒风险；如果感觉身体不舒服，不要进行农药的配制和使用工作，离开现场；准备足够的清水、毛巾和肥皂，以便及时清洗被污染的皮肤和眼睛；配药现场和施药现场不要让儿童接近，也不要让其他动物接近；准备足够的配药用水，远离河流和水井。

农药配制过程比喷药更危险，需要特别小心。因为配制农药时，直接接触的是高浓度的制剂，少量接触吸收就可能导致严重后果；而喷药过程接触的是已经稀释了的药液，相对的危险性降低了很多。

（1）农药量取与配制时需要的个人防护用品　个人防护用品，因所配农药制剂的物理形态（如液态农药制剂和固态农药制剂）不同而稍有差异。最低防护应该穿着长衣长裤，以免药剂溅到皮肤上；要穿橡胶靴子，防止脚面被污染；要戴丁腈橡胶手套，丁腈橡胶手套比乳胶手套防护性更好，抗化学物渗透及腐蚀；戴风镜或面罩保护眼睛，面罩比风镜保护性好，不仅可以保护眼睛，还可以保护整个面部，并且在天气炎热时比较凉爽。

量取农药时，特别是固态农药如粉剂、可湿性粉剂、粒剂、干悬浮剂等，农药粉尘容易飞扬，通过呼吸道进入体内。所以应该在上述防护的基础上，特别佩戴一只防尘口罩或防毒面具。农药标签上给出了应该佩戴的防护用品，为了保护个人利益和他人利益，任何时候接触农药或操作农药，都要按农药标签说明去做。

倾倒农药时要特别小心。液态农药向量杯里倾倒时，不要飞溅到量杯外面；固态农药制剂倒出时动作要缓和，以免使更多的粉尘飞扬起来，增加吸入危险。

保护手部皮肤。丁腈橡胶手套是必要的防护品，以保护手部不接触到农药。特别是在量取乳油等含有有机溶剂的液态剂型时，因有机溶剂可以加快皮肤对农药的吸收，必须佩戴手套，同时要将衣袖塞入手套内。如果一时找不到合适的手套，要戴上一个小塑料袋保护手部，但是小塑料袋的使用是一次性的，不能重复利用。切记不要戴吸附性好的材料做成的手套，如棉线手套、毛线手套，更不要裸手进行农药的量取与混合。

保护眼睛。一个洁净的面罩、风镜是保护眼睛的良好防护品。可以自己动手做一个简单的面罩：取一个大的饮料瓶（2.5L左右），将上部、下部都剪去后，留下能护住自己面部高度的一个柱状体，然后将柱状体从中间纵向剪开，每一个都可以做成一个弧形面罩。在剪开后的半个柱状体上系两条线绳或一根松紧带固定即可。

身体其他部位防护。穿戴合适的防水、防化围裙，以保护身前不溅上农药。如果买不到合适的围裙，可以用一厚实的承重大的化肥袋子做成一围裙，替代防化围裙的作用。在农村这种材料比比皆是，有心人完全可以自己做一些个人防护用品，在施药时使用。

（2）两步配制法配制农药　农药配制时，乳油、微乳剂、浓乳剂兑水后配成的是乳状液，即油珠分散在水中。因油珠大小不同，乳状液可能是清澈透明的（微乳剂、可溶性乳油等），但大部分是乳白色的。可湿性粉剂、干水分散性粒剂、干悬浮剂、悬浮剂等兑水后配成的是悬浮液，即固体颗粒分散在水中。无论是配制乳状液还是水悬液，两步配制法效果较好。

两步配制法是先用少量水把农药制剂调成浓稠母液，然后再稀释到所需要浓度。这种方法可保证药剂在水中分散均匀。因为兑水使用的农药制剂中一般含有表面活性剂，如果开始就用大量水来稀释，可能使表面活性剂（如乳油中的乳化剂、可湿性粉剂中的润湿剂等）迅速溶于水中，使农药原药在水中分散不好。可湿性粉剂如果质量不好，粉粒往往团聚在一起成为粗团粒。若直接投入水中，则粗团粒尚未充分分散，旋即沉入水底，此时再进行搅拌就很困难。因此应先用少量水配成较浓稠的母液，充分搅拌，此时湿润剂的浓度较大有利于粉粒的分散，然后再倒入药水桶中进行最后稀释。悬浮剂在贮放过程中会发生沉淀现象，即上层变清下层变浓稠，甚至下层结块、坚硬，不易再悬浮，但是这种情况一般不会影响药效。在配制悬浮剂时首先将沉淀部分再悬浮起来，用棍棒搅拌，直至全部分散均匀，才可取用配制稀释液。

采取两步配制法时要注意，两步配制时所用的水量应等于所需用水的总水量。不可先把总需水量取好以后，另外再取水配制母液。具体步骤：

① 首先将药水桶中加入一半清水。

② 然后从农药制剂包装中用天平称取（固态剂型）或用量杯量取（液态剂型）所需要的农药制剂量，加入稍大的量杯中。从余下的另一半水中取少量水将农药制剂配制成母液，配制时要充分搅拌，以使农药制剂充分分散。如果是小包装的瓶子或塑料袋子，也要将制剂瓶子和塑料袋用水冲洗3遍，倒入母液中。

③ 将母液倒入药水桶中，再取少量水将量杯连续冲洗3遍，都倒入药水桶中。

④ 将余下的水全部倒入药水桶中，搅拌均匀。

⑤ 用棍子搅拌药液，切记不能用手搅拌混合。

（3）多种农药混合配制　多种农药制剂混合配制时，可能发生一些物理性能和化学性质的变化，这些变化能直接导致药效的变化，甚至造成防治失败。

① 农药混用时物理性能的变化。有些乳油与可湿性粉剂混合时，可能导致乳状液稳定性降低，发生破乳现象，即：本来是均匀的乳白色乳液，加入可湿性粉剂配成的悬浮液后发生分层，上有浮油或下有沉油，乳状液颜色变浅；而可湿性粉剂配成的悬浮液与乳状液混合后，悬浮的颗粒可能沉降到底部。这两种情况最终导致药效不均匀，或者根本无效，还可能导致严重的药害和堵塞喷雾器。

② 农药混用时化学性能的变化。现在使用的大多数农药是酯类化合物，有的具有酰胺结构，这些农药不能与碱性农药如石硫合剂、波尔多液等混合使用，否则会引起酯和酰胺水解，失效。有些农药特别是一些有机硫杀菌剂如代森类和福美类杀菌剂，在和敌百虫等有机磷杀虫剂混合时，由于这些杀虫剂中残存的酸而造成杀菌剂分解，不但防效降低，还会产生药害。某些离子型农药，特别是除草剂如野燕枯、2,4-D钠盐、2甲4氯胺盐、草甘膦等在混用时亦可能发生反应而降低药效。农药之间如果有化学反应，可能降低药效，这些农药间不宜混合使用。应仔细阅读农药标签及学习相关的农药资料，了解掌握农药之间可能发生的不良化学反应，以免在配药过程中误将这些农药混合配制在一起，导致防治失败或其他不良后果的发生。

③ 不同农药混合配制应遵循下列程序：

第一步：检查要混配的各农药单剂间的相容性。将少量农药混合配制，检查农药间是否相容。相容性好的制剂混合后配成的药液，物理性能稳定，乳化稳定性和悬浮稳定性好，不分层，上无浮油下无沉淀。

第二步：将药桶加入一半清水。

第三步：如果需要，加入相容剂（掺合剂）和消泡剂。

第四步：添加农药时，遵循"先加固态制剂，后加液态制剂"的原则。根据农药标签或农药包装，可以知道农药物理形态是液态的还是固态的。固态农药和液态农药添加的先后顺序分别是：

先加固态农药。固态农药制剂添加顺序依次是：干悬浮剂、水分散性粒剂、可湿性粉剂。

其次加入液态农药。液态农药制剂添加顺序依次是：悬浮剂、悬乳剂、水乳剂、微乳剂、乳油、可溶性液剂、水剂、可溶性粉剂、喷雾助剂等。

添加农药制剂时应先配成母液，再加入药水桶里，即使用两步配药法。

第五步：将清洗包装容器的水液并入药水桶中，然后将剩下的水加入药桶至标记的刻度。

第六步：用棍子搅拌，切记不要用手（即使戴防护手套也不行）直接搅拌，搅拌均匀即可喷洒。

及时清理农药配制过程中泄漏的农药。农药制剂在配制过程中不小心泄漏出来，要及时清理干净，不要置之不理。用沙子、细土或锯末等吸附性好的材料来吸附泄漏出来的农药，然后全部装入一个结实的塑料袋或容器中，在远离村庄、地下水处，深埋或焚烧。

四、喷雾技巧

受到喷雾机具、作物种类和覆盖密度等因素的影响，喷雾时单位面积上用药液量差异很大。根据喷雾容量的大小可以将喷雾法分成几种类型。表 3-2 所示为几种容量喷雾法的性能特点。

表 3-2　几种容量喷雾法的性能特点

喷雾类型	指标					
	施药量 /(L/hm²)	雾滴中径 /μm	喷洒液浓度 /%	药液覆盖度	载体种类	喷雾方式
高容量（HV）	＞600	250	0.05～0.1	大部分	水	针对性
中容量（MV）	150～600	150～250	0.1～0.3	一部分	水	针对性
低容量（LV）	15～150	100～150	0.3～3	小部分	水	针对或飘移
很低容量（VLV）	5～15	50～100	3～10	很小部分	水或油	飘移
超低容量（ULV）	＜5	＜50	10～15	微量部分	油	飘移

1. 常量喷雾技术

包括高容量（大容量）和中容量喷雾方法，采用液力雾化法，喷孔直径为 1.3mm 或 1.6mm，雾滴直径一般为 150～400μm，覆盖密度大，但雾滴流失也较严重。常量喷雾技术具有目标性强、穿透性好、农药覆盖均匀、受环境因素影响小等优点。但单位面积上施药量多，用水量大，农药利用率低，环境污染较大。田间作业时要注意：

① 药液的雾化性能与喷雾时的压力呈正相关。手动喷雾器的压力是不稳定的，与喷雾时的操作技术有关，在操作时应尽量保持恒定的压杆速度。

② 喷头的位置。对于幼苗期作物喷药，切向涡流芯喷头的空心雾锥不适用，应改用窄幅实心雾锥的喷头。在作物生长中、后期（如棉花、黄瓜）喷药时，常采取喷头向上逐行喷洒，以期使药剂能喷到叶背面。由于行间较窄，或作物已开始封行，这种喷法会妨碍药液雾化，很大程度上近似于药水冲洗植株了，因此，往往喷雾量很大，每亩棉花田要喷到 100～150L 药水，黄瓜后期常需喷 150～200L 药水，流失量均很大。

③ 雾滴粗大容易被撞落。田间作业时，要避免人体从已经喷过药的作物中穿过，否则会大量撞落药水。避免的办法是退行喷雾。在不易行走的田里，则可采取一侧喷雾，即行进中只向一侧喷雾，回头时再喷洒另一侧，使身体总是在喷药区外。

有些地方采取摘去明杆、喷头的所谓"喷雨"法，让药水从开关口直接喷出。这不是喷雾，实际是射水，需用水量大，而且流失量更大，不提倡。

手动喷雾器的喷头喷孔片，应根据作物和病虫情况选用。田间喷雾量少，如各种作物的前期喷药，应选用小号喷孔片，如蔬菜、瓜果等作物苗期，棉花、油菜等作物的幼株期等。喷雾量增加时应换用中号或大号的喷孔片。

2. 低容量喷雾技术

低容量喷雾法是指每公顷喷雾量在 15～150L（每亩喷雾量在 0.1～10L）药水之间的喷雾方法。

将常量喷雾器喷片的孔径缩小为 0.7mm 以下，就可以进行低容量喷雾，也可利用气力雾化方法，雾滴直径 100～150μm，单位面积用水量大大减少。低容量喷雾时可利用风力使雾滴分散、飘移、穿透、沉积在靶标上，也可喷头对准靶标直接喷雾。行走状态为匀速连续行走，边走边喷，一般行走速度为 1～1.2m/s。

3. 很低容量和超低容量喷雾技术

很低容量和超低容量喷雾法所产生的雾滴的运动能力很小，所以"射程"很短，在无风的情况下喷洒半径只有 0.5m 左右。采取这种喷洒方法时，必须在有微风的天气下进行，利用风力把雾滴吹散，实施飘移喷雾法。喷雾器所行走的距离同雾滴的飘移距离的乘积就是 1 次喷洒所覆盖的面积，即 1 个喷幅。由于喷出的雾滴密度远近不同，近处雾滴密度大，越远则密度越小，所以在 1 个喷幅带上，雾滴的分布是不均匀的。为了提高雾滴沉积的均匀度，必须采取喷幅差位交叠的喷洒方法。

这两种喷雾方法因为雾滴细、施药液量小，所以雾滴在作物上的沉积分布比较均匀，而且不容易发生药水滴淌现象。不仅可以节省大量农药和水资源，节省劳力和能源，而且可减轻大量流失的农药对环境产生污染的风险。因此，这是自 20 世纪 50 年代以来国际上大力推广应用的农药使用技术。缺点是受风力、风向和上升气流等气象因素影响大，对喷施技术要求较高。

4. 影响喷雾质量的因素

（1）药液的物理化学性质对其沉积量的影响　在湿展性不好的制剂中添加少量活性喷雾助剂，可显著提高药剂沉积量和湿展性能而提高药效。

（2）药液沉积量与生物表面结构的关系　同种药液对有茸毛或具较厚蜡质层的叶面不易湿展，如稻、麦、甘蓝、葱的叶面；而对蜡质层薄的，如马铃薯、葡萄、黄瓜等的叶面则较易湿展。液体在不同昆虫体壁上湿展性的差异往往很大，也与蜡质层厚薄有关。这可以根据叶面蜡层的厚薄，选择添加、少添加或不添加喷雾助剂。

（3）水质对液用药剂性能的影响　水质好坏主要的指标是水的硬度。硬水一般对乳液（尤其是离子型乳化剂所配成的乳液）和悬浮液的稳定性破坏作用较大。有的药剂在硬水中可能转变成为非水溶性或难溶性的物质而丧失药效，如 2,4-D 钠盐等。有些硬水的硬度大，通常碱性也大，一些药剂易被碱分解，这也不利于液态农药使用。在农药施用过程中可根据标签说明或通过相容性小试验来适当添加水质软化剂或酸化剂，改善水质。

第二节　喷粉法

喷粉法利用机械所产生的风力把低浓度的粉剂吹散，使粉粒飘扬在空气中，然后再沉积到作物和防治对象上。我国粉剂的粉粒小于 $74\mu m$，其中相当的数量在 $30\mu m$ 以下，在空气中有很强的飘移能力，能自行扩散分布，扩散距离远，沉积均匀，所以喷粉法功效高，一般比喷雾法要高 10 倍以上，省工省力。另外，喷粉法不需用水，特别适合在干旱、缺水地区使用。

粉剂中 $30\mu m$ 以下的粉粒在喷撒时易飘移，污染非靶标区域，使喷粉法的应用范围受到限制，一般在开放的大田环境下不用喷粉法施药。目前喷粉法主要应用在封闭的温室、大棚，郁闭度高的森林、果园、高秆作物田、生长后期的棉田和水稻田。在大面积长有水生植物如芦苇的水域、辽阔的草原、滋生蝗虫的荒滩等可使用飞机喷粉。

一、喷粉器械

喷粉器械主要有手动喷粉器、背负式机动弥雾喷粉机、手持式电动直流喷粉机等。

（1）手动喷粉器　手动喷粉器是由人力驱动风机产生气流来喷撒粉剂的机具。手动喷粉器按操作者的支承方式有背负式和胸挂式两类；按风机的操作方式有横摇式、立摇式和撤压式等几种。国内生产的手动喷粉器有丰收-5型胸挂式手动喷粉器、立摇胸挂式手动喷粉器、3FL-12型背负式撤压喷粉器等。

手动喷粉器一般由药粉桶、齿轮箱、风机及喷撒部件等组成。当手柄以额定转速转动时，通过齿轮箱增速，使叶轮连续地以高速旋转，产生高速气流；同时搅拌器把药粉向松粉盘推送，药粉从松粉盘边缘的缺口到达松粉盘处，经开关盘上的出粉孔吸入风机，并随高速气流一起经喷粉头喷向作物。

（2）背负式机动弥雾喷粉机　背负式弥雾喷粉机作为喷雾机具已作了介绍。在作为喷粉机使用时，只需把药箱和喷撒管道按照说明书的使用指导稍加改装即可。这种喷粉机工效更高，可以在大田里大面积作业。

（3）手持式电动直流喷粉机　手持式电动直流喷粉机是利用直流电池驱动风机产生气流进行粉剂喷撒的机具。使用起来方便省力，工效比手动喷粉器高。

二、喷粉器的操作及喷粉时应注意的问题

（1）严格按照农药标签说明进行操作　做好防护，由于喷粉时粉粒飘扬易发生吸入毒性，所以一定要佩戴口罩或防毒面具、风镜，穿长衣裤、长筒靴子，戴帽子等。

（2）对粉剂的要求　粉剂应干燥，分散流动性好，无结块，更不能有杂物。我国粉剂的质量标准是95%的通过200目筛（粒径小于74μm），含水量小于1%。

（3）喷粉器的操作　根据标签推荐用量和需喷撒的面积计算需用粉剂量，按每亩喷药量，调节出粉开关。初喷时开度要小些，逐步加大到适当的开度。使用手动喷粉器喷粉时，如药粉从喷粉头成堆落下或从桶身及出粉开关处冒出，表明出粉开关开度过大，药粉进入风机过多，应立即关闭出粉开关，适当加快摇转手柄，让风机内的积粉喷出，然后再重新调整出粉开关的开度。早晨露水未干时喷粉，应注意不让喷粉头接触露水，以免粉剂受潮絮结阻碍出粉。中途停止喷粉时，要先关闭出粉开关，再摇几下手柄，把风机内的药粉全部喷干净。喷粉时，如有不正常的碰击声，手柄摇不动或特别沉重时，应立即停止摇转手柄，要经检查修复后才能继续使用。

喷粉器的进料及送风速度越快，喷出粉量则越多。在使用手摇喷粉器时，使用者几乎不可能保持恒定的送风速度和行进速度，排粉量的误差往往可达到50%～300%。机动喷粉器，进料误差则减少到2%以下。

（4）气象条件　粉剂受风的影响大，不宜在刮风时喷粉。一般情况清晨和傍晚风最小或无风，上升气流也最小或没有上升气流，粉粒不会向上空飘逸，是喷粉的最佳时间，中午烈日下不要喷粉。粉剂容易被雨水冲刷，施药前必须看天气预报，不要在雨后数小时内喷粉。微风天气作业，作业者行走方向一般应同风向垂直或顺

风前进；如果需要逆风前进时，要把喷粉管移到人体后面或侧面喷撒，以免中毒。

三、温室大棚等保护地粉尘法施药技术

我国保护地棚室种类繁多，有温室、日光温室（土温室）、塑料大棚、塑料拱棚等，其环境多为温度高、湿度大，空气相对湿度可高达90％～100％，棚室顶部结露后可滴落在植株上，特别有利于一些植物病害的发生。常规喷雾法使用农药，能够增加棚室的湿度，加重病害，不适于保护地病虫害的防治。

1989年，中国农业科学院的屠予钦先生发明了温室、保护地粉尘法施药技术，所施粉剂是粉尘剂，细度比一般粉剂大，类似于超微粉剂，粉粒细度在10μm以下。利用一定的喷粉器械将粉尘剂喷撒在温室、大棚等保护地作物上，粉粒在这样的封闭环境中不会发生飘扬散失，全部被控制在温室和保护地中。由于粉粒细度大，可以在空中较长时间悬浮、飘浮、飞翔、扩散，穿透性好，可以沉积到一般喷雾法雾滴难以沉积的地方。喷粉时操作人员不必逐株喷撒，只要把粉剂喷撒到棚室的空中即可达到均匀沉积的目的，工作效率很高，粉粒在作物上的沉积率可高达70％以上。采用丰收-5型手动喷粉器，在每分钟吐粉量为100g的条件下，喷出粉剂1kg只需10min。保护地粉尘法施药技术规定每亩棚室喷粉量皆为1kg（有效成分含量则因药而异），所以处理每亩棚室只需用10min时间，工效比常规喷雾法提高20倍之多。

1. 喷粉时间的选择

在晴天天气条件下，植株叶片温度在一天之中会随着日照的增加而增加，中午日照强烈时叶片的温度高于周围空气的温度，因而植株叶片此时便成为"热体"（即环境温度低于靶标温度），这种热体不利于细小粉粒在植株叶片上的沉积，所以在晴天的中午不要喷粉。而在阴天和雨天，由于叶片温度与周围空气温度一致，不同的喷粉时间对防治效果影响不大，因此可全天施药。粉尘法施药技术最好在傍晚进行，既可以取得较好的防效，又不影响清晨人员在棚室内的农事操作。

2. 粉尘剂的喷粉技巧

（1）温室（土温室）喷粉　操作者只须背墙面南，沿墙侧行，向南对空喷撒，一边喷一边向门口移动，喷到门口处，把门关上即可。

（2）塑料大棚中喷粉　塑料大棚的宽度在10～15m，操作者在大棚中则只须沿中间走道由里向外退行，喷粉器的喷管对空左右匀速摆动，粉尘会自行向左右扩散到大棚的两侧边缘处，退到门口处，把门关上即可。

（3）拱棚喷粉　拱棚较小，棚宽2～5m，棚高只有1m左右，人无法进入棚内喷撒。操作者只须在棚外每隔5m左右把棚布揭开一小口向棚内喷撒。喷后把棚布拉上，将规定量的药粉喷完即可。注意喷粉后2h以上才能揭棚，以免细小粉粒逸出。最好在傍晚喷药，翌日早晨揭开棚膜放风，进行农事操作。

粉尘法的优点是工效高、不用水、省工省时、农药的有效利用率高、不增加棚室湿度、防治效果好。缺点则是粉尘剂不能在露地使用，也不宜在作物苗期使用，容易引起飘移污染。保护地常用的粉尘剂有5%百菌清粉尘剂、6.5%甲霉灵粉尘剂等。

四、湿润喷粉法

湿润喷粉法就是用雾化的细水滴润湿由喷粉头喷出药粉的喷粉方法，这种喷粉方法的目的是克服粉粒黏附能力弱的缺点，提高粉粒在靶标上的沉积能力。同时粉粒被湿润后增加了重量，避免了飘移污染。喷粉时，在喷粉管排粉口部位安装一个喷雾头，喷出细雾，当粉剂喷出时，粉粒即可被湿润。有时可采用喷油雾的办法代替喷水雾。生产上可使用背负式弥雾喷粉机进行湿润喷粉。作业时，在药液箱内加水，药粉箱内加药粉，并使喷雾和喷粉的幅宽相等，然后分别启动液泵和风机，正常运转后，打开喷雾开关和粉门开关，即可进行湿润喷粉。

五、静电喷粉

静电喷粉法是通过喷头的高压静电给农药粉粒带上与其极性相同的电荷，同时作物的叶片及叶片上的害虫通过感应带上相反的异性电荷。异性电荷相互吸引，使农药粉粒紧紧地吸附在叶片及害虫上。靶标上沉积的药量是常规喷粉的5～8倍。

由于粉粒都带有极性相同的电荷，粉粒不会发生絮结。静电喷粉时，带电粉粒能够沉积到植物叶片的正反面。叶片的尖端及边缘，由于感应电荷高密度大，附近电场强度大，附着的粉粒较多。

一般来说，气温对静电喷粉影响不大，湿度影响较大。潮湿能使粉粒带电量减少，且易于失去电荷。有风天气不要进行静电喷粉作业，应选在无风或风力很小的晴天进行。

第三节　撒粒法

撒粒法或称施粒法，是抛掷或撒施颗粒状农药制剂的施药方法，使用的农药剂型是颗粒剂，是一种简单、方便的农药施用方法。小面积范围内撒施颗粒剂时，可以不使用任何器械，用手直接撒施即可，或者只须使用很简单的撒粒工具。操作者在撒施颗粒剂时，一般会结合其他农事操作同时进行。最常见的是结合栽培或播种来撒施，但也常与耕地、整地相结合。

颗粒状农药制剂由于粒径大，下落速度快，受风的影响小，容易降落在靶标上，因而特别适合于草坪、土壤和水田施药，用于防除杂草、地下害虫以及土传病害、线虫等；也用于某些作物如玉米、甘蔗、菠萝等喇叭口期向心叶撒施粒剂以防治钻蛀性害虫。

一、撒粒法使用的农药剂型

撒粒法所使用的农药剂型是颗粒剂。颗粒剂的粒径变化幅度很大，一般是在 $100\sim200\mu m$ 之间，小于 $60\mu m$ 的为微粒剂，大于 $2000\mu m$ 的称为大型粒剂（简称大粒剂），如杀虫双大粒剂的粒径为 $5000\mu m$（即5mm）。大粒剂一般是遇水解体型粒剂，主要在水田使用，施到水田中能迅速自行崩解、扩散。在玉米心叶中撒施的颗粒剂是小型粒剂，但不能太小，否则在玉米生长过程中会沾附在叶片上被带出。

二、撒粒法的几种方式

1. 徒手撒施

徒手撒施是我国目前最常用的一种颗粒剂撒施方法。根据农药标签推荐的颗粒剂用量和所要防治的面积，计算用药量并准确称量，然后用手均匀地撒施到田间，如同撒施颗粒状化肥（如尿素）或种子一样。无论何种农药颗粒剂，在撒施时都要佩戴手套和口罩。

2. 便携式手动撒粒器

撒粒器的撒施原理有两种，一种是靠重力作用，颗粒自由降落到靶标上，另一种是靠旋转离心力的作用将农药颗粒喷撒出去。根据上述原理便携式手动撒粒器有如下两种基本形式：

（1）胸挂式手摇撒粒器　可以用于撒施农药颗粒、化肥颗粒等，其撒粒原理是旋转离心。使用时将撒粒器挂在胸前，一般是双条肩带固定在两肩上。所以即使装满药桶，操作起来也很方便、舒服。开始撒施时，只需简单地沿着要撒施的区域边行走边摇动手柄以驱动药桶下部的转盘旋转，将药粒向前方呈扇形抛撒出去，药粒即可均匀地散落地面（彩图18）。这种撒粒器工效高，撒布面积大，但撒布不均匀。由于撒布的边缘不整齐，所以撒施过程有何变化有时也很难发现。可以将撒施流量和撒施宽度减少一半，以提高撒布的均匀性。

（2）手持式撒粒器　手持式撒粒器国外有许多品牌、规格和型号。一般容量小而且轻便，只需一只手拿着即可作业。其撒粒原理是重力作用。使用时，预先选定撒施流量或者有的器械需要施药人员边走边用手指按压开关，然后打开药剂排出口，颗粒靠自身重力自由降落到地面。可以条施、穴施或点施等。

手动施粒器也可自制，如农民自制的畜力施粒器，是在畜力播种器上加一施粒装置，使播种与施粒同步进行。在作物喇叭口施粒，可选用透明或半透明塑料瓶。在瓶盖上打个孔，孔径约1cm，装药后对着喇叭口，倒转瓶子，轻轻晃动，药粒靠重力作用降落。

3. 机动撒粒机抛撒

机动撒粒机有背负式和拖拉机牵引或悬挂式两种。有专用型，也有喷雾、喷粉、撒粒兼用型，大多采用离心式风扇吹送药粒，适合大面积撒粒使用。我国使用较多的背负式机动弥雾喷粉机也配有撒粒零部件，可用于撒粒。

4. 根区施粒法

根区施粒法也叫深层施药法，它是颗粒剂的一种特殊施药方法，主要用于水稻田，为赵善欢教授等发明。具体做法是将杀螟丹、克百威、乐果、乙酰甲胺磷等内吸性杀虫剂加工成块粒状或球状，每粒重 $0.15 \sim 0.2g$，每丛稻施 1 粒，施药深度 $2.5 \sim 6cm$。由于药粒埋于稻根区，很快被稻根吸收，显著延长了持效期，可以很好地防治稻飞虱、稻叶蝉、稻蓟马等刺吸式口器害虫。

三、撒施农药颗粒剂时应注意的问题

① 在作物生长期间使用农药颗粒剂防治地下害虫或土传病害，有时需要施入土壤中，劳动强度较大。

② 在施用颗粒剂时，颗粒上粘的固体农药可能脱落，造成粉尘飞扬，对使用者可能造成吸入危害，所以在撒施颗粒剂时要戴口罩、面具、风镜、手套等，做好必要的防护。

③ 有些颗粒剂是毒饵，能够引诱有害生物如害虫、蜗牛、蛞蝓、老鼠等前来取食，这些毒饵对许多其他生物也有引诱作用，可能造成对非靶标生物如鸟类的危害。

④ 由于颗粒剂的使用有时是徒手撒施或是用简单的器具撒施，所以容易施药过量，造成不必要的浪费和污染。

第四节　熏烟法

熏烟法是利用农药烟剂产生的烟来防治有害生物的方法，是最简单的施药方法。使用时只需将农药烟剂按照标签说明确定好剂量，在施药场所点燃，迅速离开现场即可。熏烟时药剂只能燃而不能烧（即不能见到火苗）。熏烟法使用的农药是烟剂。烟剂点燃后，烟剂中的有效成分以烟的形式分散在空气中。烟即是极细微的固体小颗粒悬浮分散于空气中，形成的分散体系，$1cm^3$ 的烟含颗粒可达几千万个。烟粒的形状是不规则的，有的带有颜色，甚至颜色还较深，但因其极细小，在阳光照射下呈乱反射，所以看起来常是白色的。

一、熏烟法的特点与适用的范围

烟的粒径在 $0.01 \sim 10 \mu m$ 之间，由于粒径细小，因而熏烟法具有如下特点：

① 空气中能长时间漂浮，沉降非常缓慢。

② 能在空间自行扩散，在气流扰动下可飘散很远的距离。

③ 穿透能力很强，能穿透极狭窄的缝隙，在作物丛中任意穿行，并能在生物靶标的任何方向沉积，如叶片下面和反面、茎秆上都能沉积；在室内放烟，能在室内所有物体的表面上沉积，但仍以正面为主。

熏烟法的特点决定了其主要应用于封闭的小环境中，如温室、塑料大棚、冷藏库、一般仓库、集装箱、车厢、船舱等和郁闭度较高的大片森林和果园。适用于防治病害和虫害，有时用于鼠洞灭鼠，但不能用于除草。

二、熏烟法的种类

（1）密闭空间熏烟　在温室、塑料大棚、仓库内进行熏烟，对温室、塑料大棚作物上的病虫，可按作物茎秆和叶面积确定用药量。一般在傍晚用药。一方面，晚上叶片温度较低，低于周围空气的温度，而烟粒易在冷的表面沉积，所以作物叶片和茎秆上沉积的药量较多。另一方面，傍晚熏烟，不影响次日放风通气，不妨碍其他农事活动。熏烟前，按照标签说明的剂量，将烟剂平均分散放置在不同地方，从里向外依次迅速点燃。点燃最后一个烟剂后，迅速关上棚室或仓库门，离开现场。不要滞留现场观看发烟情况，或等其燃烧完毕后再离开，否则很容易引起中毒事故。

（2）郁闭林区、果园熏烟　在林果区熏烟，必须在树冠层处于郁闭度比较好的时候进行，方可取得良好的防治效果。

（3）露地作物熏烟　由于烟飘散能力强，大田作物多矮小，郁闭度很小，会使露地作物熏烟难以奏效，故应用极少。我国曾试验用硫黄烟剂防治小麦锈病。

第五节　烟雾法

烟雾法是利用内燃机排出气体的热能或利用空气压缩机的气体压力把农药药液分散成烟雾状态的施药方法。烟是固态微粒悬浮在空气中形成的，雾是液态微滴悬浮在空气中形成的，而液态微滴中的溶剂蒸发后常留下固态微粒变成烟，所以在许多情况下是固态微粒和液态微滴即烟和雾常同时存在。故将此施药方法称之为烟雾法。

烟雾法产生的烟雾的粒径都很细小，其中烟粒可小到 $0.001\mu m$，雾滴可大到 $20\mu m$ 左右，烟雾的粒径通常在 $0.1\sim10\mu m$ 之间，基本上是球形。

烟雾法必须使用专用的施药机具，即烟雾机，又称气雾发生机。按雾化原理，它分为热烟雾机和常温烟雾机两种。

热雾机利用汽油在燃烧室中点火后所发生的脉冲式燃爆而产生的高温废气（燃

烧室的温度高达 1200℃，从喷口喷出时的温度降低到 80~100℃），在极高的气流速度下把农药油质溶液分散成为极细的雾滴，直径细达 5μm 以下。因此所形成的药雾已接近于重雾状态，具有极强的通透性能。这种油剂必须能耐高温，并且燃点比较高。目前国内还没有专用的此类商品化油剂，大多是用户购买溶剂油（如柴油）自行配制农药溶液使用。但这种使用方法缺乏明确的剂型技术标准，很难保证农药的使用安全和不污染环境。因此应该研制开发具有明确技术规格的溶剂油专供热雾机使用，如此才能使热雾机施药技术达到标准化。

第六节　熏蒸法

熏蒸法是用气态或常温下容易气化的熏蒸剂在密闭条件下防治病虫鼠的施药方法。熏蒸法应用历史较早，1832 年用溴甲烷熏蒸贮谷。此后发现多种新的熏蒸剂，促进了熏蒸法的广泛应用。1869 年法国人将二硫化碳注入土壤防治葡萄根瘤蚜虫；1881 年美国人用氢氰酸熏蒸防治柑橘树介壳虫；1908 年开始用四氯化碳和氯化苦进行仓库熏蒸和土壤熏蒸防治害虫、线虫等；1928 年开始用环氧乙烷作熏蒸剂。

一、熏蒸法的特点及常用的熏蒸剂

熏蒸剂以气体分子状态分散在空气中，扩散运动和穿透能力极强，甚至可以穿透某些膜，需要在密闭环境或容器内使用。熏蒸法可用于防治各种有害生物如害虫、病原菌、杂草及鼠类等。由于熏蒸剂是一类气态毒剂，极易扩散，有些还易燃、易爆，因此实施熏蒸法必须由经过专门培训的专业人员来组织现场实施。实施熏蒸的地点也有严格要求，有些需向公安、消防部门申报备案。熏蒸场所主要在仓库（主要是粮食和食品仓库以及其他农产品、纺织品仓库）、车厢、船舱、集装箱、帐幕、温室等可以密闭的场所。熏蒸苗木等活的植物体，对选用的熏蒸剂要求很严，未经过周密的科学试验前切不可轻易采用。

熏蒸剂在常温下有的是气体，如溴甲烷、硫酰氟等；有的是易挥发的液体，如氯化苦、敌敌畏等；有的是固体，如磷化铝等。目前常用品种主要是磷化铝、氯化苦、硫酰氟、溴甲烷、威百亩、敌敌畏等。

二、熏蒸法的基本原理

害虫、病原菌等有害生物在呼吸过程中同时吸入有毒的熏蒸剂气体即可发生中毒，作用很迅速。气态的分子能通过害虫气门直接进入虫体内到达作用靶标；也可随害鼠呼吸而进入鼠体内，再随体内的血液循环而分布到全身；也能被病原菌细胞所吸收，产生一系列致毒过程。

熏蒸处理要持续一段时间，才能杀死有害生物。害虫对有毒气体有一种自卫反应，会短暂地关闭气门，时间稍长，虫体得不到足够的氧气而处于昏迷，当毒气消散后，又能复活。二氧化碳有促使害虫气门开放的作用，把熏蒸剂与二氧化碳混用，可提高熏蒸杀虫效果。二氧化碳还可阻止或减少某些熏蒸剂燃烧爆炸的危险性。

三、熏蒸施药方式

1. 仓库熏蒸

大型仓库熏蒸一般由专业技术人员实施。

（1）包装袋（箱）堆垛仓　由于空间和间隙大，熏蒸效果好，可将固体熏蒸剂放置于袋（箱）的间隙处，将液态熏蒸剂喷洒在袋（箱）的覆盖物上，或将液态、气态熏蒸剂从垛堆的上方施入。

（2）散装仓，特别是散装粮食　由于被熏物品密度大，药剂穿透受到阻力，故需采取措施增强药剂的穿透。常采用的是在粮堆中插入探管，探管上有小孔，药剂施入后由小孔扩散至粮食中。机械化的探管，在仓外把药剂气化，再加压将药剂通过管道压入仓内粮堆深处。

（3）空仓熏蒸　在堆装货物之前进行。

2. 帐幕熏蒸

将被熏物品用不透气的帆布、橡胶布或塑料布帐幕覆盖，帐幕周围下垂部分用沙、土等压紧、压严在地面上。固体的如磷化铝片剂，在封闭帐幕前，按标签说明将一定剂量的药片分散放置在各部位即可。气态的熏蒸剂，一般是从帐外给药，通过插入的管道将药剂施入帐内。

帐幕熏蒸不受地点的限制，可以在车站、码头及其他场所进行；在港口对进出口物品可用帐幕熏蒸法就地进行检疫处理；对露天堆放的原木、冬季修剪汰除的带病虫的枝干、苗木、果树、花卉等也可采用帐幕熏蒸。

可以用大塑料袋罩盆花进行药剂熏蒸防治盆栽花卉上的初龄介壳虫。于每年的四五月份，介壳虫处于1龄、2龄活动期，用大塑料袋将盆花套上，滴入几滴敌敌畏（或将布条上滴上敌敌畏，然后挂在花卉枝叶上），再将塑料袋口扎紧，放置在阳台或庭院遮阴处，密封一天后打开，以后每隔5～7天熏一次，连续熏3～4次，即可将其彻底消灭。在整盆花用敌敌畏熏蒸前，要查阅资料或在小枝条上或叶片上做一下试验，确定不会发生药害再用。

3. 土壤熏蒸

土壤中的土传病害和线虫，在大田里发生特点是点片发生，一般不会全田发生，所以在防治时一般采用熏蒸剂进行土壤注射熏蒸或开沟施药再覆土等方法。

① 用土壤注射器把药剂定量地注入一定深度的土壤中，覆地膜。

② 开沟、施药、覆土，必要时再覆地膜。此一系列操作也可用特制的拖拉机

一次完成。

③ 用溴甲烷、氯化苦、硫酰氟、威百亩、棉隆等熏蒸土壤线虫、土传病原菌等（本章第七节单独介绍）。

4. 减压熏蒸

利用抽气机对熏蒸室（或容器）抽气减压，由给药管道定量输药，在低压条件下药剂气化迅速，扩散渗透力更强，熏杀效果好，熏蒸时间可大大缩短。熏蒸后再用抽气机将毒气抽出排除，换进新鲜空气。此法要求有特制的耐低压的金属容器，并配有专用的减压设备、相应的仪表等。

5. 其他方式熏蒸

（1）堵洞熏蒸　在野外灭鼠，往鼠洞投放磷化铝片，灌少量水，再用泥土封洞口；或往鼠洞灌氯化苦毒沙或用棉花球、玉米芯吸氯化苦药液后投入鼠洞内，立即用泥土封洞口。对天牛等害虫的蛀孔，也可投磷化铝熏蒸。

（2）悬吊熏蒸　用纸条、布条、棉花球等浸蘸敌敌畏乳油后，悬挂于室内熏杀蚊蝇；还有一种 28%敌敌畏塑料块缓释剂也用于悬挂熏蒸，防治仓库害虫，每立方米空间悬挂 5～10g。

（3）包扎熏蒸　用薄塑料布围封树干密闭熏蒸，对遭受木蠹蛾幼虫为害的白蜡树、银杏树和遭小蠹虫类、天牛类为害的古松树熏蒸。

（4）毒杀棒熏蒸　用敌敌畏防治大豆食心虫和玉米螟，以高粱秸或玉米秸吸药后，插于田间熏蒸杀虫。

（5）作物田熏蒸　对生长稠密的作物如稻田、麦田，或高粱等高秆作物田，可将敌敌畏配成毒土、毒沙、毒壳（麦壳）或毒糠（稻糠），于傍晚撒施进行熏蒸，等等。

熏蒸法施药应注意安全问题。熏蒸剂都具有强烈的吸入毒性，所以在进行熏蒸施药时，一定要做好防护工作，要佩戴防毒面具、丁腈橡胶手套等。

第七节　土壤熏蒸施药法

近年来，土壤熏蒸施药法已经成为农业生产特别是设施农业栽培上的重要施药手段。土壤熏蒸施药法就是在土地休闲期利用一些灭生性的熏蒸剂对土壤进行熏蒸消毒处理，可以有效地减少土传病害的菌源量、杂草数量和害虫数量。熏蒸法还是防治土传植物病原线虫最为有效的方法。近年来由于保护地设施农业和规模化农业的发展，作物连作成为普遍现象，使植物土传病害特别是线虫病日益加重。一般一个棚室运作 3 年左右这些病害就会成为影响生产的主要障碍。大田作物中，由于一些经济作物的规模化生产，使得某些地区需要连年种植这些经济作物（如大姜、大蒜等），土传病害菌源量和线虫数量连年积累，最终成为毁灭性的灾害。由于经济模式很难改变，轮作不为百姓接受，所以综合土传病害的防治措施，土壤熏蒸消毒法成为最为有效的首选方法。

常用的土壤熏蒸剂有溴甲烷、氯化苦、威百亩、棉隆、硫酰氟等。土壤熏蒸应该在作物收获后立即进行，尤其对土壤线虫来说，作物刚收获时线虫尚处于地表层，此时熏蒸可取得良好防效。如果在作物种植前再进行熏蒸，由于整个休闲期没有合适的寄主寄生，线虫会向下移动，潜居在土壤深处，此时熏蒸效果不好。

一、土壤熏蒸消毒的关键技术环节

1. 注意安全

熏蒸剂都是以有毒气体杀死有害生物的，有的有剧毒，进行土壤消毒时一定要注意安全，做好防护。作业时要穿防护服，戴防毒面具，戴手套；土壤处理后要留警示标志物，以防人畜误入引起中毒事件。

2. 熏蒸需要的土壤条件

熏蒸剂本身是气态的或是液态药剂气化、固态药剂在土壤中遇水反应生成的有毒气体，气体在土壤中扩散，杀死土传病原菌、线虫、杂草种子、害虫等有害生物。因此土壤的通透性、温度、湿度等环境条件对熏蒸效果影响很大。

（1）清洁田园　在作物收获后，立即将作物秸秆清除干净。若是大田作物生长期，需要熏蒸消毒的线虫或土传病害点片发生区，要将土壤表面上的杂物清理干净。

（2）土壤湿度　熏蒸时土壤相对湿度应保持在30%～60%，低于30%和高于60%均不利于气体移动，熏蒸效果不好。适宜的土壤湿度，一方面可以促进土壤中处于休眠状态的杂草种子、病原菌孢子萌发，保持对熏蒸剂敏感的状态；另一方面有些熏蒸剂必须在有水的条件下才能被"活化"，生成有毒气体，如威百亩、棉隆等二硫代氨基甲酸酯类农药，在土壤中遇水可生成异硫氰酸甲酯气体，起熏蒸消毒的作用。为获得理想的含水量，如果土壤很潮湿可晾晒几天；如果很干燥，可在土壤消毒前10天灌透水，一般要达80cm深。熏蒸前一两天再进行检查，以湿润但不黏结为宜，可以保证土壤湿度正好利于熏蒸作业。

（3）土壤通透性　为达到理想的防除效果，必须保证土壤通透性良好。在土壤熏蒸前一天，将待处理的地块深翻40cm，整平、耙细，保证土壤疏松、湿润、均匀、无作物残体，如需施有机肥，必须在消毒之前施用，与土壤一起消毒。

（4）土壤温度　土壤温度主要影响熏蒸剂在土壤中的移动，温度低，熏蒸剂移动较慢，不利于散气，影响作物生长。不同的熏蒸剂对温度的要求不尽相同，一般地，熏蒸效果与温度成正比，通常较为理想的土温是15cm地温15～20℃。

（5）封闭土壤　由于熏蒸剂是以有毒气体起作用的，穿透性强，易散失，影响熏杀效果，所以熏蒸时要同时覆盖地膜进行土壤密封。地膜应该使用 0.04mm 以上的原生膜，不能使用再生膜。塑料膜不能有漏气，如果有破损，要用宽胶带纸黏结修复。最好使用不渗透膜，可大幅度减少熏蒸剂的用量，不但节省成本，并且可提高效果。

3. 散气

土壤熏蒸达到一定时间后，要揭膜散气，之后才能进行播种或移栽等农事操作，否则对植物可能造成药害，对操作人员也不安全。

二、施用土壤熏蒸剂的器械和装置

土壤消毒是将熏蒸剂施于土壤中的过程，施药过程要尽可能地保持密闭，减少与人的接触。因此需要采用专用的施药机械。常用的有：

(1) 专用手动注射器　点片发生的线虫病或土传病害，或者在地边、地角处，大型作业机无法达到的地方，可以用专用手动注射器对氯化苦等进行土壤施药，施药后需要人工覆地膜封闭。

(2) 小型机动注射机　用于小面积施用氯化苦等。

(3) 注药覆膜一体机　用于大面积施用氯化苦等。

(4) 大田及保护地专用消毒机　用于在大田或保护地施用氯化苦等熏蒸剂。

(5) 吸药或吸肥器　施用威百亩的滴灌设备需要配有吸药或吸肥器，保证流量均匀，滴灌系统无跑、冒、漏等问题。

(6) 撒施和混土装置　施用棉隆需要有撒施和混土装置。

(7) 气化装置　施用溴甲烷需要有气化装置。

三、常用的土壤熏蒸剂及其使用方法

这里选择了几种具有代表性的土壤熏蒸剂及其使用方法，其他品种的熏蒸剂在进行土壤熏蒸处理时，可以参考实施。

1. 氯化苦

氯化苦常温下是无色或微黄色液体，在空气中逐渐挥发成比空气重 4.67 倍的气体，有刺激性臭味，对黏膜有强烈刺激性。空气中有一点浓度的氯化苦，就会引起流泪、流涕，所以有警戒作用。氯化苦吸附性强，不易散气。因氯化苦制剂是液体剂型，所以利用氯化苦进行土壤熏蒸消毒可以有多种使用方法，如土壤注射法、浇灌法、滴灌法、开沟施药覆土法、机械覆膜施药法。氯化苦是一种灭生性的农药，对土壤中的各种微生物、线虫、害虫、杂草种子等都有效，但以防除真菌、细菌效果最好，对线虫防效一般。

制剂：99.5%氯化苦液剂。

使用方法：利用氯化苦熏蒸土壤，需要覆盖地膜熏蒸 20d，由于氯化苦吸附性强，不易散气，揭去覆盖物后需要散气 30d 才能不影响种苗发芽生长，所以施药时间应在播种或栽植前 50d 以上。

（1）注射法　用消毒专用土壤注药器或大型的注射器把原药（含量 99.5%）注入土壤，每 30cm 见方注射一针，每针注入 2～3mL，针头入土深度为 15cm，然后用薄膜立即覆盖，20d 后揭膜散气，再等 30d 后进行播种或栽植。这种方法适合大棚等保护地及大田周围边角的土壤消毒处理，也用于田间点片发生的线虫病或土传病害的处理。

（2）保护地及大田土壤消毒　可使用注药覆膜一体机、大田及保护地专用消毒机进行施药。也可用 99.5% 的液剂用水稀释 10～20 倍后随水冲施，在冲施前覆盖地膜，确保熏蒸效果。

2. 威百亩和棉隆

威百亩和棉隆都属于二硫代氨基甲酸酯类杀线虫剂，在土壤中降解产生有毒的异硫氰酸甲酯气体，起熏蒸作用，防治谱广，具有灭生性，可有效地防除各种土传植物病原真菌、线虫、害虫及杂草种子。在土壤熏蒸剂中，二者毒性较低。

制剂：威百亩有 42% 水剂、35% 水剂；棉隆有 98% 微粒剂。

（1）威百亩使用方法　威百亩制剂是水剂，可以用喷施或沟施的方法。喷施法将制剂按用药量加水稀释 50～70 倍，均匀喷到土壤表面，并让药液润透土层 4cm，然后立即覆盖地膜，熏蒸 10d 后揭去地膜，耙松土壤，散气 5～7d 后可播种或移栽。沟施法将制剂按推荐用量每亩兑水 400kg（土壤干燥可以多兑些水稀释，土壤湿润可用少量水稀释），于播种前 20d 以上，在地面开沟，沟深 20cm，沟距 20cm。将稀释药液均匀施于沟内，盖土压实后（不要太实），覆盖地膜进行熏蒸处理，15d 后去掉地膜，翻耕透气，散气 5～7d 再播种或移栽。

（2）棉隆使用方法　棉隆制剂是微粒剂，使用方法简单、方便，可以进行沟施或撒施，沙质土壤每公顷可用 73.5～88.2kg 有效成分，黏质土壤每公顷用 88.2～103kg 有效成分，施药后立即盖土或用旋耕机旋耕均匀，盖膜密封 20d 以上，揭开薄膜散气 15d 后播种。

四、土壤熏蒸后应注意的问题

（1）熏蒸后要防再度传染　熏蒸剂是气体，散气结束后不再有作用，无持效期，而熏蒸时只是将土壤中现有的病原及虫源消灭了，对再传入的病虫害无效。另外，有些熏蒸剂是灭生性的，相当于灭菌，熏蒸后土壤中有害菌和有益菌都被消灭干净；如果病原菌先定植在土壤中，有益菌就很难在此生存，没有有益菌的抑制作用，可能熏蒸后的土壤病害会更为严重。所以要防止种苗带病虫，防止熏后雨水冲入带病虫的土粒及棚外病虫随鞋带入等，尽量切断土传病原和线虫再传入的渠道。

（2）补充有益微生物　土壤消毒熏蒸剂不仅将有害生物杀死，也将有益生物杀死，在病原菌没有定植前，可在土壤中增施生物有机肥或者加施干净不带病原菌的土壤，以补充有益生物的数量。

（3）切忌熏后翻土比熏前翻土深　如果熏前不翻（浅翻）熏后深翻，就会把深层没熏死的线虫等病虫翻上来，造成危害。

第八节　种苗处理法

种苗处理法是采用适宜方法将药剂施到种子或苗木上的一种方法，种苗处理方法在病虫害的防治上可以达到非常理想的效果。农药除了可以有效地防治种传病害、土传病害、土壤害虫外，还可以通过种子萌发、生长，而将有效剂量的农药转移到植株上，达到防治地上部病虫害的目的，另外还可防止雀鸟啄食和鼠害，或促进苗木栽插后早生根、多生根等。

一、种苗处理法的特点

种苗处理是经济、省药、省工、操作比较安全的一种农药使用方法。用少量药剂处理种子表面或苗木的某一部位，使种子和苗木带药播入或插入土后，就能使种子或苗木直接受保护或促进其发芽、生根、壮苗。有些内吸剂能进入幼苗体内，较长时间保护出土幼苗免受病虫的为害，如克百威（呋喃丹）包衣种子，可保护棉苗40d免受棉蚜为害。

二、种子处理剂中常用的杀菌剂和杀虫剂

1. 杀菌剂的作用及常用的杀菌剂

杀菌剂作为种子处理的主要作用在于：

① 防治土壤传播的病原真菌，这些土传病害常引起烂种、猝倒、苗枯和根腐病等。

② 防治种子表面携带的病原真菌，如小麦、大麦和燕麦的坚黑穗病、小麦腥黑穗病和网腥黑穗病、禾谷类的黑点病等。

③ 防治种子内部携带的病原菌，如禾谷类的散黑穗病等。

利用杀菌剂处理种子来控制这些病害，可以起到事半功倍的作用。种子上的病原菌处理干净了，可以保证在整个生长季节不发病，节省防治成本。保护性杀菌剂如克菌丹、代森锰锌、五氯硝基苯、福美双、咯菌腈用于种子处理或土壤处理可防治除了小麦全蚀病和某些根腐病（鞭毛菌所致）外的大多数小麦土传真菌病害以及种子表面携带的真菌病害，这些病害主要侵染幼苗，其中克菌丹、代森锰锌和福美双销量最大。而禾谷类的散黑穗病是在种子成熟前侵染胚胎，所以是种子内部带

菌，一般的保护性杀菌剂无效，可以选择内吸性的杀菌剂，如萎锈灵、三唑醇、戊唑醇等，这些杀菌剂对种子表面携带的病原菌同样有效。

种子处理一般不能防治细菌病害，并且也不能防治所有的真菌病害。种子处理只对种传病害或土传病害有效。确定一个病害是否是种传病害或土传病害，对种子处理或土壤处理来说非常重要。防治效果与农药品种、剂量、环境条件和病原种类有关。有些内吸性杀菌剂处理种子后还可以保护幼苗、防治叶部病害。

2. 杀虫剂的作用及常用的杀虫剂

杀虫剂的作用主要有两个方面：

（1）防治地下害虫　甘薯、马铃薯、花生、韭菜等作物在生长过程中易发生地下害虫如蛴螬、金针虫、地蛆等，杀虫剂可以有效地控制这些害虫，保护作物的根部，特别是保护块根、块茎和地下果实免受其害。

（2）防治地上害虫　根部施药只能防治一类地上害虫，即刺吸式口器害虫。主要是保护作物幼苗期免受蚜虫的为害，所用的杀虫剂是内吸性杀虫剂。

在新开垦的土地上或者有金针虫发生史的田块里，要使用杀菌剂和杀虫剂组合处理种子或者额外添加杀虫剂，用以防治金针虫。另外用杀虫剂对花生、菜豆等作物进行种子处理还可防治蛴螬、根蛆等地下害虫。常用的种子处理杀虫剂有吡虫啉、克百威、甲硫威等内吸性杀虫剂，既可防治地下害虫，也可防治苗期蚜虫等地上部害虫。目前市场上出现的新的拟除虫菊酯类杀虫剂七氟菊酯，由于没有内吸性，处理种子后只能防治地下害虫。

三、种苗处理方法

种子处理法主要有包衣法、干拌种法、湿拌种法、浸种法，苗木处理法主要是浸渍法。用于种子处理的农药剂型和包装有多种类型，有些类型只登记用于工厂在封闭条件下进行种子处理，有些则可在农田里现场进行种子处理。这些剂型包括粉剂、浆状剂、可溶性包装袋，或可直接使用的液体剂型。无论选择何种剂型或何种使用方法，都必须注意确保使用者的安全及农药对种子的均匀覆盖。

1. 种子包衣法

种衣法除了在种子表面包裹上杀菌剂、杀虫剂等农药保护种子或幼苗免受地下和地上部病虫害侵染外，还可以提供微量元素和营养物质、植物生长调节剂等。在国外，一个典型的种外包衣包括：营养层——含有 N、P、K；根瘤菌层——含共生细菌和其他有益微生物；农药层——含有杀菌剂和杀虫剂（或其他类农药）。国内种衣剂中主要含有杀菌剂、杀虫剂、营养素及微量元素、植物生长调节剂等。种子包衣法所使用的剂型是种衣剂，在种衣剂中可根据需要添加其他成分（如微肥、激素等）。

（1）包衣方法　如果购买的是种衣剂，自己动手给种子包衣，则包衣方法如下：根据标签说明称量所需要的种衣剂量、所需水量和种子量，然后用水将种衣剂混合均匀配成包衣液；把种子摊开在塑料薄膜或塑料盆内，将配好的包衣液均匀洒在种子上；搅拌均匀，在阴凉处摊开晾干后播种。包衣时，要使药剂均匀附着在种子上。种衣剂的用药量仅为田间施药的1/50左右，因此是最为节约用药的农药剂型。

（2）包衣种子播种时应注意的问题

① 包衣种子靠种衣（包在种子表面的药膜）防治苗期病虫害，不需要再用其他农药拌种，更不可浸种，以防破坏种衣影响药效。

② 为防止早春和晚秋地温低、发芽慢，春播包衣种子应比未包衣种子推迟3～5d，棉花要推迟5～7d；秋播则要提前3～5d。

③ 足墒播种，精细整地。尤其是播种穴内不能有大土块，应保证种子与土壤密切接触；先浇水后播种，避免种子被水冲走；播后镇压，以加快种子吸水发芽。

④ 精量播种。购来的包衣种子是经过精选的优质种子，可以减少播种量实行精量播种。

⑤ 种肥分开施用。包衣种子播后先带土踩穴，后施种肥覆土，不可与碱性化肥同时使用，以防种衣剂内农药分解。

⑥ 有些种衣剂含有高毒农药，播种时要注意安全操作。种子不能与皮肤接触；剩余种子可播在田边地头，以备补苗用；剩余种子不能食用或饲用；播种结束后，应清洗器具。

2. 浸种、浸苗法

浸种或浸苗法是将一定数量的种子或苗木放在一定浓度的药液中浸泡处理一定时间的施药方法。在播种前将精选过的种子在特定浓度和温度的药液中浸泡一定时间后，捞出晾干（或不需晾干）即可播种。浸种时药液要浸没种子（要比种子高出数厘米以上）。浸种时每隔数小时要搅动1次，以保持药液浓度均匀一致。用于浸种的药剂多为水剂、乳油，有些分散度高的可湿性粉剂、悬浮剂也可以。浸种时还应注意以下几点：

（1）预浸 浸种时有时要预浸，即将待处理的种子装在粗布袋或纱布袋里，先在清水中预浸一下。因为种子浸水后初期吸水力很强，如不经清水预浸就直接浸入药水中，容易发生药害。预浸后沥干水再浸入药水中。要不要预浸，在未取得经验时应进行试验。

（2）掌握药水的浓度、温度和浸种时间 浸种用的药水，药剂处于分散状态，特别是水溶状态的药水，容易对种子直接发生作用。如不注意，很容易引起药害。一般规律是，药水的浓度、温度、浸药时间同药害的危险性呈正相关。在保证药效的前提下，温度高时，药水浓度应低，浸种时间应短；药水浓度高时，应降低温度和缩短浸种时间。或者说，在药水浓度不变的条件下，可以降低温度延长时间，或提高温度缩短时间。浸种时间过长容易引起药害，过短则达不到防病防虫的目的。

具体浸种时间和温度、浓度要严格按照农药标签说明进行操作。浸种时，种子放入药液中要充分搅拌，以排除药液内的气泡，使种子与药液充分接触，提高浸种效果。

（3）临播种前浸种　浸种一般在临播种前进行，不可预先浸种贮存，浸过的种子应及时播种（水稻种子则继续催芽），若遇连阴天无法播种，则需晾干备用。

（4）浸过的种子要冲洗和晾晒　对药剂忍受力差的种子在浸过后，应按要求用清水冲洗，以免发生药害。如果没有具体说明浸后水洗的就不必水洗。不论需要还是不需要水洗，一般浸后都应摊开晾干；但有的也可以浸后直接播种，这要根据农药种类和土壤墒情而定。

（5）浸过药的种子必须播在墒情好的土壤中　浸过的种子已开始萌动，如播在干燥的土壤中，种子会失水，萌动的种子因受伤而出不了苗或苗很弱。

（6）加药温汤法浸种　有些种子不易吸收药剂，需要用温汤进行浸种。先把规定的药量加入 $55\sim60℃$ 热水中配成均匀的药液，再倒入定量种子，浸 $3\sim5min$，立即降温至 $25℃$，再浸 $10min$ 后捞出阴干，以备播种。该处理法必须严格控制水温、用药浓度和浸种时间，以防影响种子发芽。

3. 拌种法

拌种法又可分为干拌种法和湿拌种法。

（1）干拌种法　干拌种法是将农药粉剂按一定比例与种子混拌均匀，使种子表面均匀沾附一层药粉的施药方法。优点是操作简便，对种子安全，拌过药的种子可以贮藏，拌种时间不受播种期的限制；缺点是药效不如浸种，拌种时有药粉飞扬，容易引起吸入中毒。

① 拌种用粉剂。用于拌种的粉剂，要求粉粒细小，一般 $5\mu m$ 以下的微细粉粒最好，容易沾附在种子表面。目前国内外多用专门的拌种剂，一般粉剂不能用于拌种。

② 用药量。用药量要严格按照农药拌种剂标签说明进行操作。禾谷类作物种子表面光滑（水稻除外），粉剂沾附量一般为种子重量的 $0.2\%\sim0.5\%$，即 $50kg$ 种子，用粉剂 $100\sim250g$。棉籽用粉剂一般为棉籽重量的 $0.55\%\sim1.00\%$。一般说，拌种的用药量最多不超过种子重量的 1%。

③ 种子含水量。拌种用的种子一般要求含水量低。有些作物种子在拌种前需经日晒以除去过多的水分。

④ 拌种方法。按照标签用量说明，将种子、拌种剂分别称量好，将拌种剂与种子混合，充分搅拌。注意拌种时要佩戴手套和面罩、防毒口罩及其他必要的防护用品，以免扬起的粉尘吸入体内引起中毒，切记不要用裸手搅拌。

（2）湿拌种法　湿拌种法介于拌种法和浸种法之间，是将农药用少量水稀释后喷拌在种子表面上的施药方法。边喷边拌，直至喷完，拌匀，使种子表面覆上一层药膜。农药的使用量及操作者的安全防护要严格按照标签标明的进行操作。

湿拌后的种子，一般要堆闷数小时至 1d，让某些具有气化性、内吸性或内渗性的药剂可以进入种子内部，同时利用种子的呼吸热提高药剂的毒力，呼吸所产生的呼吸热有利于药剂的渗透并可提高药效。

湿法拌过的种子，不宜存放，应及时播种。若遇连阴雨天，无法播种，需晾干备用。

有些作物种子不宜采用湿拌种法。例如，亚麻种子有遇水变黏的特点，就不能采用湿拌种法，必须采用干法拌种。

四、种子处理应注意的问题

① 使用种子处理剂时，操作者要根据农药标签说明进行个人防护。如果处理不当或滥用可能引起农药中毒。有的种子处理剂毒性较大，有的则有刺激作用，所以即使某些杀菌剂标签上没有特别要求时也要佩戴防毒面具和护目镜。

② 要严格按照农药标签提供的剂量进行种子处理，过量用药可能对种子有药害，用量不够则达不到应有的防病防虫效果。

③ 用于种子处理的器皿如缸、盆等，不能清洗干净后用于盛装粮食。处理过的种子只能用于播种，不能用作粮食或饲料。包装物中的农药要冲洗 3 遍并且将清洗液并入种子处理液中，清洗后的包装物要在批准的垃圾场里粉碎。

第九节　毒饵法

毒饵法是将农药与饵料配成毒饵，用来诱杀害虫、软体动物、害鼠、野兔等有害动物的施药方法。毒饵中的饵料是所要防治的有害动物最喜欢吃的物料，常用的有麦麸、谷糠、米糠、豆饼、花生饼、棉籽饼、茶子饼、甘薯、马铃薯、芋头、花生秧、甘薯秧、鲜水草、野菜、玉米芯、玉米面、麦面、麦粒、谷子、高粱等。在选择饵料时，要考虑有害动物的种类及所生存的环境和地区，不同种类有害动物的喜食性不同，甚至不同地区、不同环境条件下的同一种有害动物其喜食性也不相同。

一、毒饵类型（剂型）

（1）鲜料毒饵　以新鲜的甘薯秧、花生秧、水草、野菜和甘薯、马铃薯、水果、瓜菜等为饵料，与农药采用湿拌法制成的毒饵。湿拌法即将农药配成药液，均匀喷拌到鲜料上的方法。

（2）颗粒毒饵　主要是以麦粒、高粱、谷子、稻谷、粉碎的玉米渣等小粒粮食以及谷物粉、油饼（豆饼、花生饼、棉籽饼、茶子饼）、草籽等为饵料，与农药混合或用药液浸泡，制成的颗粒状的毒饵，其中以谷物为饵料的毒饵又称毒谷。

（3）蜡块毒饵　将配好的普通毒饵倒入熔化的石蜡中，搅拌均匀，冷却后即可做成一定大小的方块、长块或圆块状的蜡块毒饵。配制时一般2份毒饵加1份石蜡。主要用于防治栖息在下水道、阴沟等潮湿处的褐家鼠等，可以防止毒饵受潮后发霉变质，降低适口性。

（4）毒粉　农药剂型为粉剂，这种粉剂又称为追踪粉剂，主要用于灭鼠。鼠类及其他某些害兽有用舌舔爪、整理腹毛、清理体表脏污等修饰行为。将毒粉撒在老鼠常出没的鼠道上，老鼠经过时体表粘毒粉，待其舔舐皮毛时吃入药粉而中毒。使用毒粉灭鼠的缺点是：染毒的害兽在死前的活动会污染食物和水源。

（5）毒水　农药剂型为可溶性粉剂，使用时将其撒于水面或溶于水中制成毒水。一只成年褐家鼠，每天饮水10～25mL，在缺水的仓库、货栈、磨坊、干旱地区，水比食物对鼠更具吸引力。例如，在缺水的仓库、货栈，于平底碟子中加入10～15mm深的2%～3%的食盐水，用毛笔蘸磷化锌药粉，轻轻地撒于水面上，形成薄薄的药层，老鼠喝水时即食入中毒。也可以用毒水灭蝇，方法是将敌百虫、红糖按一定的比例配制成红糖药液，倒入平皿（浅盘）中，置于厩舍或需要灭蝇的场所。这种灭蝇方法如果使用长颈瓶（或长颈酒瓶等）的话，则不需要加入杀虫剂，仅将红糖水灌入瓶中，然后将糖水轻摇至瓶口处使瓶口处挂上糖液即可，苍蝇趋向红糖饱食后，不能飞起，跌入瓶内水中而被淹死。

二、投放毒饵的方法

防治老鼠、陆生有害软体动物、蟋蟀等夜间活动的有害生物，一般都是傍晚投放毒饵，在家庭居室处投放毒饵毒鼠则是晚上投早晨收。

防治农田地面害虫，多将毒饵投放于作物行间或作物根旁，在果园投放在树盘的地面上。防治蜗牛、蛞蝓等软体动物时，一般使用颗粒状毒饵，在农田或果园中每隔1～2m投放一堆（2g左右）；防治蟋蟀时也是将毒饵成堆撒施在田间。

防治农田害鼠及其他害兽，因一般农田、草原的中间老鼠不多，可沿地边、埂边向内5m宽范围，每隔5～10m投毒饵一堆，每堆3～5g，绕地一周，一般每亩投毒饵200g左右。在水稻田，害鼠多栖居于田埂，特别是宽田埂栖鼠多，投毒饵以宽田埂为主，小田埂为辅，即可达到灭鼠目的。防治菜田害鼠，可在菜田四周及菜田投毒饵，重点投放在害鼠经常活动的渠道旁、水沟边、菜田埂上、小桥下、涵洞口。在新鼠道上可多投些，每隔4～10m投放一堆，每堆3～5g；在旧道上可少投些，每隔15～20m投一堆，每堆2～3g。遇有鼠洞，在洞旁可多投些，每堆5～10g。

室内灭鼠，把毒饵投放在家鼠经常走动的墙脚、厨房、窗台上、碗橱下以及厕所内。另外阴沟旁、猪圈、鸡舍等地方也需投放。为防止家畜、家禽及小孩误食，应坚持晚投早收。

第十节 局部施药法

针对病虫草的为害部位和某种特殊的生物行为，利用药剂的触杀、熏蒸和内吸作用以及扩散能力、对害虫的引诱作用，对植物体的一个部分或作物生长地段的某些区段施放农药，而获得全面施药的防治效果，这种施药方法叫局部施药法。局部施药法可大幅度降低农药的使用量，省工、省钱，并可减轻对环境的污染，有利于保护天敌和其他有益生物。

局部施药法包括注射法、包扎法、涂抹法、条带状施药法、堵塞法、埋瓶法、覆膜法、挂网法等。另有在作物行间撒毒饵杀虫、投毒饵灭鼠，在农田插具有熏蒸作用药剂（如敌敌畏）的"毒杀棒"防治大豆食心虫、高粱蚜、玉米螟，在室内悬挂浸有敌敌畏的棉球、布条熏杀蚊蝇，以及穴施、沟施、浇水口滴药等局部施药而获取全面防治效果的施药方法，均可视为局部施药法。

一、注射法

注射法应用的对象主要是一些珍贵的古树、果树等，用于防治系统性病害和缺素症，也可虫洞注射，防治钻蛀性害虫；另外注射法还可用于土壤注射，防治农田局部发生的病害如线虫病或枯萎等土传病害。

1. 树体注射

（1）高压注射法　是用机械泵或手压泵产生的压力将药液通过针管强行注入树体的方法。此法施药速度快，数分钟即可处理一株树。见效快，一般施药10d后效果明显，因药液能迅速均匀地分布到树体各部位，充分被吸收，利用率高，较常规施药方法可节省药液80%左右。有效期长，用于治疗果树缺素症，药效期可达2～3年。在林区为防除杂木，也可在树干上注入除草剂，使其死亡。

（2）自流注入法　通俗地讲是给树"打点滴"，即仿照医疗上的输液法，用输液瓶盛药液挂在树上，把针头插入树体的韧皮部与木质部之间，利用药液的势能，将药液徐徐注入树体内（彩图19）。对于很大的树和珍贵的古树，可在近地面暴露的基干上进行注射。国外有专门用于防除杂木的树干注射器，如Cranco注射器和Jim-Gem注射器，将锋利的刃部扎入树体后，打开开关，药液可自流注入树体，将杂木杀死除掉。

（3）人工注射法　用兽用注射器，将药液徐徐注入树体韧皮部与木质部之间。

（4）虫孔注射法　为害果树和树木的天牛、木蠹蛾、吉丁虫等害虫，常钻蛀枝干，蛀食树体，形成基干孔洞。可将配好的较浓的药液用医用或兽用注射器，直接注入有虫的虫孔内，再用泥或塑料保鲜膜封堵孔洞，以毒杀害虫。

2. 土壤注射

将易挥发的液体药剂注射到表土层以下，以防治土传病害、线虫以及栖息在土壤中生活或越冬的害虫，注射方式有两种。

① 以手持土壤注射器以点施方式进行小面积土壤消毒。

② 拖拉机悬挂式土壤注射机以条施方式进行大面积土壤消毒。机上按施药行数每行装1个凿形铲，由一个小型低压液泵将药液输送到每个计量射口并喷射入土壤。驾驶员可通过流量计监视施药状况。

二、包扎法

包扎法也是针对果树、观赏树等树木病虫害的防治方法。首先将树干翘皮刮掉，然后把含农药的吸水性材料包裹在树干周围，或将药液涂刷在树干周围，再用防止蒸发的材料包扎好，使药剂通过树皮进入树干内。包扎法施药应注意：

① 刮翘皮的深度不宜过深，以见白皮层为准，否则，药剂灼伤树皮，会引起腐烂。

② 涂药包扎时间，以春季和秋初果树和其他树木生长旺盛季节为好。休眠期树液停止活动，包扎无效。

③ 在结果果树上包扎，施药时间至少要距采果70d以上，以防果实内农药残留量超标。

④ 不是全株性的病虫，最好只包扎枝梢（可不刮翘皮），主干不用施药。

⑤ 高温时应降低药液浓度，旱季效果不好，雨季包扎容易引起树皮腐烂。

三、涂抹法

涂抹法是将药液涂抹在植株某一部位的局部施药方法。涂抹用的药剂为内吸剂或触杀剂，涂抹药液要能比较牢固地黏附在植株表面，通常需配加适宜的黏着剂。涂抹法包括：

（1）涂茎法 是内吸性农药涂抹在作物幼株的嫩茎上或涂抹在杂草上以防治作物叶部病虫害或防除杂草的施药方法，与包扎法近似，均是利用内吸性药剂向顶输导的特点。

涂茎法可用于防治害虫、病害和杂草。例如棉田，一般是在棉花幼株期采用。操作方法是将加有黏着剂的内吸杀虫剂（如氧乐果、吡虫啉等）较浓的药液，用涂茎器涂抹在棉花幼株茎秆下部的一侧（一般是横涂，不必上下涂，更不必绕茎涂一圈）。所涂药剂依靠其内吸输导作用输导到植株上部，杀死在棉叶上为害的刺吸式口器害虫或害螨如蚜虫、红蜘蛛等，对天敌基本无害。

（2）涂茎叶法——防治杂草 涂抹法防治杂草，省力，对作物安全，不会产生飘移药害。国外有很多专用于涂抹除草剂的涂抹器（彩图20）。国内曾经出现过的涂抹器，其构造如图 3-4 所示，在 B 管的一端焊上一个和工农-16 型喷雾器喷杆端部螺纹相匹配的螺母。使用时，拧去喷雾器的喷头，按上涂抹器，加入药液，喷雾器的压力保持在药液能湿润海绵而不渗漏成滴为宜。

手持式杂草抹药器见图 3-5，T 形管为盛药器，在其横杆两端，插上绳芯，用螺母拧紧。利用药液自身的重力和毛细管作用，使药液从 T 形管中流出浸透绳芯，涂抹杂草顶部。内吸性除草剂，如草甘膦进入杂草体内，可输送到各部位杀死整株杂草。

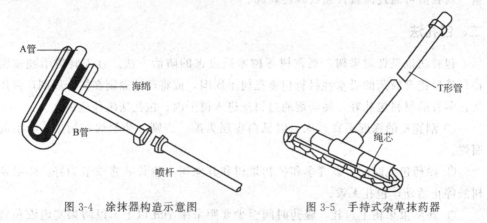

图 3-4　涂抹器构造示意图　　　　图 3-5　手持式杂草抹药器

　　（3）涂树干法　在树干上涂抹杀虫剂、杀菌剂可以防治树干病虫害。如六月中旬在苹果红富士树干上涂抹波尔多浆（硫酸铜：石灰：水＝1：4：16，再调入0.5％豆粉或动、植物油），可以有效地防治树干轮纹粗皮病，保护树干。树干涂刷石硫合剂或石灰涂白中加入农药，可以防治越冬的病原、虫源。

四、虫孔堵塞法

为害果树和树木的天牛、木蠹蛾、吉丁虫等害虫，钻蛀树干，蛀食树体，形成若干孔洞，可用竹木签、脱脂棉蘸取具有熏蒸作用的杀虫剂（如敌敌畏乳油）插入或塞入虫孔内，再用泥封堵孔洞，以毒杀害虫。

用毒签堵塞法防治天牛是经济、安全、效果好的防治办法。防治天牛时，用天牛熏杀棒（有效成分是磷化锌）堵塞最后一个排粪孔；对受天牛为害严重的树，将树体虫道划开，塞入磷化铝，用黏泥封闭。

五、诱引法

将具有诱引作用的物质单用或与毒杀剂混合使用，以诱杀害虫的方法，叫诱引法。目前应用多的是以昆虫性信息素为引诱剂的诱引法。如桃小食心虫、棉红铃虫、苹果蠹蛾等均已开发出以性信息素为引诱剂的诱芯，在生产上可以用水盆或三角黏板作为诱捕器诱杀害虫。性诱剂主要用于害虫测报发生期和监测种群数量变化，指导害虫的防治；或用于干扰成虫交配的迷向防治；少数可用于直接诱杀，达到防治害虫的目的。

某些具有诱引作用的物质，如糖醋、蜂蜜等与农药混合使用，诱引害虫前来取食而杀之。例如，用1%敌百虫毒水加少量的糖诱杀家蝇、厩蝇和蜚蠊。

六、覆膜法和挂网法

这两种施药方法主要应用于果树。

（1）覆膜法　在果树坐果时，对果实施一层覆膜药剂，使果实表面覆盖一层薄的药膜，以防治病虫害。此法用来取代果实套袋。用于膜果的覆膜剂在国外已商品化；在国内生产的高脂膜均用于喷雾防治病害，未曾用于果实覆膜。

（2）挂网法　用纤维质线绳编织成网状物，用较高浓度药液浸渍后，张挂在果树上，以防治害虫。这种施药方法可以延长药效期，减少用药量，减少施药次数。

七、埋瓶法和灌根法

（1）埋瓶法　主要用于治疗果树缺素病。操作方法：在碱性土壤中防治枳椇缺铁黄化花叶病时，挖开树盘土壤，剪断2~3根直径2~5mm的细根，将根部插入用玻璃瓶或塑料瓶盛装的柠檬铁或硫酸亚铁的药液中，并用塑料薄膜封瓶口，再将瓶立放埋于土内。

（2）灌根法　将药液浇灌到作物根区的施药方法。主要用来防治土壤害虫和病菌，如防治棉花枯萎病、黄萎病，多种作物种蝇、金针虫及蛴螬等。防治病害用的杀菌剂必须具有较好的内吸性。

第四章

植保喷雾器械

喷雾器械从功效上可以分成两大类：便携式喷雾器和大型机动喷雾机。便携式喷雾器适合喷洒面积较小、大型机动喷雾机无法到达的作物田。近年来，我国农村许多地区通过土地流转逐步实现了土地集约化、规模化经营，家庭农场、种植大户、大型种植基地等日益增多，现有的小型或便携式植保机械由于劳动强度大、农药利用率低和作业效率低等原因，已不能满足施药要求，对于大型植保药械的需求日益增加。大型植保药械具有工作效率高、防效好、成本低、污染少、劳动强度较轻的优点，并且保证了环境安全、人身安全和农产品质量安全。本章简要介绍便携式喷雾器以及大型机动喷雾机的种类、特点、工作原理及简单维修养护等。

第一节　喷雾器雾化原理

一、雾化原理

喷雾是使药液分散成为雾滴并降落到靶标上的过程，不同喷雾器械产生的雾滴的粗细差异很大，这主要取决于雾化方式和器械的结构、性能。喷雾器雾化的基本原理可分为以下三种类型：

1. 液力式雾化

靠压力泵对药液施加压力。负有一定压力的药液通过一种经过特别设计的雾化部件——喷头时被粉碎成细雾滴喷射出去，雾滴均匀，喷洒量准确。这种喷头也称为液力式喷头，是当前国内外使用最普遍的一种。

常见的压缩式喷雾器、单管喷雾器、背负式喷雾器、喷枪以及拖拉机牵引的喷雾设备，都采用了这种雾化原理。液力雾化方法的特点是喷雾量大，但雾化不均匀，雾滴的粗细程度差异很大。例如，常用的手动背负式喷雾器，雾滴最细的达到数十微米或更细，最粗的可达到 $400\mu m$ 以上，平均雾径为 $150\sim400\mu m$。这种雾化方式由于雾滴粗、喷雾量大，因此通称为大容量喷雾法。

液力式雾化法喷出的雾滴粗，但通过提高喷雾压力可以使雾滴变细。机动喷雾器的压力很大而且可调，因此可通过调节压力来控制雾化性能。但手动喷雾器，因受人的体力所限，提高压力的幅度很小。踏板手压式喷雾器的压力比背负式喷雾器的压力大得多，雾化性能也明显提高。

2. 气力式雾化

利用压缩空气所提供的高速气流对药液的拉伸作用而使药液分散雾化。因为空气和药液都是流体，因此又称为双流体雾化。这种雾化原理能产生比较细而均匀的雾滴，而且在气流压力波动较大的情况下雾滴的细度变化不大。在农村劳动力强弱差别很大的情况下，这种雾化法能保证喷雾质量的相对稳定。而液力式雾化法喷雾质量受劳动力强度的影响很大，强劳力喷得较好而弱劳力喷得就较差；就是同样的强劳力，如果不按照操作要求持续打压而打打停停地喷药，对喷雾质量的影响也很大。常见的药械为背负机动弥雾喷粉机。

3. 离心式雾化

这种雾化方式利用圆盘高速旋转时产生的离心力，在离心力的作用下，药液被抛向盘的边缘并先形成液膜，在接近或到达边缘后形成雾滴。其雾化原理是药液在离心力的作用下脱离转盘边缘而延伸成液丝，液丝断裂后形成细雾滴。

常见的离心雾化法的药械有电动手持超低容量喷雾器、机动弥雾喷粉机改装的超低容量喷雾器。这些器械喷洒容量小，每公顷喷洒超低容量剂仅为 5L 左右。实践证明，在同等有效成分用量下，超低容量喷雾与常量喷雾具有相似的杀虫效果，而超低容量喷雾的工效却高出常量喷雾 $30\sim100$ 倍，可减轻劳动强度且不受水源的限制。但这一施药技术也有其局限性，适宜风速仅为 $1\sim3m/s$，还受阵风及上升气流影响。从作物着药量看，以迎风面或上部为多，下部及内部则较少。适用于喷洒内吸剂或触杀剂以防治具有相当移动能力的害虫；不适用于喷洒保护性杀菌剂、除草剂。适合超低容量喷雾的剂型为油剂或黏度小的乳油。

二、喷头

(一) 喷头类型

1. 扁平扇形喷头

喷孔呈梭形槽，中央有一个圆孔，药液在压力下通过此圆孔，在梭形槽的作用下展散成为扇形液膜，并进而破裂成为雾滴。这样形成的雾头呈扁平的扇形雾，落在地上呈一条狭长的雾带 [图 4-1 (c)]。扁扇喷头因其梭形槽的几何形状、排液孔的孔径与喷雾压力不同而有多种规格，以适应不同的防治要求。其主要用途和特点如下：

（1）用途

① 用于大型喷雾机。扁扇喷头主要使用在工作压力较高的机动喷雾机具上，雾化性能较好。同时，在机动喷雾器的喷雾横杆上用扁扇喷头，可以编组和配置喷头。通过调节喷头的喷雾角度和喷头的离地高度，可以控制药液在作物上的沉积密度。适合喷洒土壤表面和低矮作物，喷洒均匀、全面。

② 用于小型多喷头连杆式喷雾器。扇形喷头也可以安装在小型多喷头连杆式喷雾器上，这种组合设计可以使每个喷头喷出的雾滴在喷雾面均匀地沉积。

（2）特点

① 扁平扇形喷头具有一个透镜状的或椭圆形孔口。喷雾时产生一条狭窄的透镜状雾带，雾滴在喷头下方沉积量很大，而向边缘则逐渐减少，沉积不均匀。这就意味着喷幅必须交叠才能达到均匀沉积，所以这种喷头常用在连杆式多喷头喷雾器上。

② 喷雾角度。这类喷头喷雾时的角度一般控制在80°或110°。110°的角度喷雾，喷幅较宽，但是能够产生小雾滴。

③ 适用范围。扇形喷头适合对平面进行喷雾，如芽前土壤表面喷洒除草剂，建筑物的墙面上喷洒杀虫剂防治病媒害虫或贮粮害虫等。

现在有一种特殊的扁平扇形喷头，单个喷头喷幅内的雾滴可以形成均匀沉积，而不需要多个喷头交叠喷洒，所以这种喷头很适合单喷头的背负式喷雾器，喷洒角度一般为80°。

大部分扁平扇形喷头的喷雾压力为40psi（1psi＝6894.76Pa），但是有些低压力扁平扇形喷头，喷雾压力为15psi，这些低压力喷头产生大雾滴，适合除草剂的喷洒，飘移轻。

2. 空心雾锥喷头

空心雾锥喷头属于大容量雾化喷头，特别适合喷洒杀虫剂和杀菌剂。空心雾锥喷头即切向离心式涡流芯喷头，这种喷头的结构简单，制造方便，成本较低，是我国背负式喷雾器上最常见的喷头。空心雾锥喷头主要由两部分组成——喷嘴或喷孔片、涡流片。药液从孔洞顺斜槽切线方向在涡流片和喷孔片或喷头形成的空间（即涡流室）内沿锥面高速旋转流动并加速。高速旋转的液流通过喷孔时，在喷孔刃口的作用下，药液被剪成薄层液膜喷出，液膜碰到空气破裂后分散成为雾滴，雾滴群呈空心雾锥形状［图4-1（a）］。

空心雾锥喷头的喷雾量、喷洒角度和雾滴大小与喷孔孔径大小、涡流片上孔洞的数量和大小以及液体的压力有很大关系。一般地，液体压力大、涡流片出水孔的孔径小、喷孔孔径大，则喷洒角度大。若在涡流片和喷孔片之间垫一个垫圈使涡流室的深度增加，则喷出的雾滴较大，形成的雾锥空心小。

空心雾锥喷头最适合叶面喷洒药液，因为与扁平扇形喷头形成的单一平面雾滴群相比，空心雾锥的雾滴可以从多个方向接近叶面，可以在许多不同的表面上形成良好的覆盖，所以在作物上喷洒杀虫剂和杀菌剂时是最常用的喷头。

3. 实心雾锥喷头

这类喷头在背负式喷雾器上不常用。如果空心雾锥喷头涡流片上除了周围的斜槽形孔外，中央还有一个孔，那么雾锥的中央将充满雾滴，即形成实心雾锥［图4-1（b）］，这样的喷头就是实心雾锥喷头。这类喷头产生的雾滴较大，喷洒角度小，雾滴向下穿透性强，适合定点喷洒除草剂或一些需要穿透性强的场所喷雾，一般主要用于拖拉机载的喷杆喷雾机的喷杆上。

4. 导流式喷头

导流式喷头也称激射式喷头、撞击式喷头、砧形喷头、冲洗喷头。喷雾时，带压力的液流从圆形喷孔喷出，撞击到喷孔外的一个弧形表面上，发生撞击反射，形成扇形扁平雾头［图4-1（c）］。这种雾头可以形成较宽的喷幅，工作压力一般较低。雾滴直径为 $200\sim400\mu m$，属粗雾滴，飘移轻，特别适合喷洒除草剂。喷头可以近靶标进行喷雾，如在树下喷洒除草剂或对灌木丛进行压顶式喷雾。

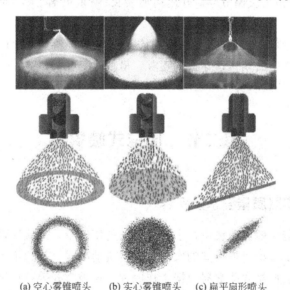

(a) 空心雾锥喷头　　(b) 实心雾锥喷头　　(c) 扁平扇形喷头

图 4-1　喷头及其喷雾面

上：喷头喷雾作业；中：雾化过程；下：喷雾后在靶标上形成的喷雾面

5. 离心喷头

离心喷头由离心电机、喷管和喷盘组成。雾化原理是通过电机带动离心喷头高速旋转，将药液带出后利用离心力甩出。药液雾化均匀，雾化效果好，雾滴直径不大，属于超低容量喷雾。离心喷头是植保无人机上常用的喷头之一。离心喷头喷出的雾基本上没有什么压力，完全凭借无人机机翼产生的风场下压，才能沉积在作物上，所以对高秆作物和果树来说效果差，适于农作物密度不是特别大的情况，如小麦、水稻等大田作物喷洒叶面肥、杀虫剂及杀菌剂。

（二）根据防治对象选择喷头

根据农药类型、作物类型以及防治对象的不同，选择不同的喷头进行农药喷洒，以获得最大的防治效果和最低的环境风险。在选择喷头时（背负式喷雾器），可根据表 4-1 进行选择。

表 4-1　背负式喷雾器喷头的选择

农药类型	作物类型	导流式喷头	扁平扇形喷头	空心雾锥喷头
除草剂、内吸性杀菌剂	低矮作物	好	好	不适合
保护性杀菌剂、杀虫剂	低矮作物	可	好	好
保护性杀菌剂、杀虫剂	灌木、树木	不适合	可	好
飘移风险		低	中等	高

喷除草剂、植物生长调节剂最好用扇形喷头；喷杀虫剂、杀菌剂应用空心圆锥雾喷头。

单喷头适用于作物生长前期或中后期进行针对性喷雾、飘移性喷雾及定向喷雾。双喷头适用于作物中后期压顶穿透性喷雾。横杆式三喷头、四喷头适用于蔬菜、花卉及水、旱田进行压顶式喷雾。

第二节　便携式喷雾器

一、便携式喷雾器质量要求及保养

便携式喷雾器一般体积较小，携带方便，使用简单，适应性强，价格便宜，作业者可以在不需要大型机械喷雾的农田或大型机动喷雾机到达不了的地方进行行间施药或点片施药。便携式喷雾器根据工作原理、携带方式等特点可以分为背负式手动喷雾器、压缩喷雾器、背负式喷粉弥雾机、人力车载小型喷雾机等。非常小的可以是一只手可操作的手持式喷雾器，大的可以是一个人无法搬动而必须用车载的人力或小三轮车载喷雾器。没有一种喷雾器械可以满足所有的施药需要，在施药前应谨慎挑选适宜的喷雾器械，以满足不同目的的喷雾需要，取得理想的防治效果。

（一）便携式喷雾器的质量要求

我国目前喷雾器械质量良莠不齐。质量好的产品，价格相对较贵一些；而有些产品可能很便宜，但喷雾器药桶及其他塑料部件很多是再生塑料制成的，应用寿命很短，往往使用一年就发生泄漏，对操作者和环境不安全。所以在购买喷雾器时，要认真仔细挑选，购买质量可靠的产品。

下面是联合国粮农组织（FAO）对便携式喷雾器的质量指导指南，在选购喷雾器时可以作为参考。

1. 喷雾桶

① 经久耐用，抗压、抗冲击、抗紫外线腐蚀。

② 表面光滑，不存积液体。

③ 内部没有狭窄尖削的棱角，便于清洗。

④ 对背负式喷雾器来说，药桶容积不少于 5L。

⑤ 药桶上要有计量刻度，以便看清药桶内药液的体积，便于配药和喷洒。

⑥ 从 1m 高处掉下，喷雾器各部件不松动，不泄漏。

2. 喷杆

① 从喷嘴到开关距离不低于 50cm。

② 管子长度不影响行走。

③ 开关工作正常，关闭位置能够锁定。

3. 输药管

① 输药软管在没有支撑物的情况下以半径 5cm 折弯 180°，不呈扁平状。

② 软管连接点要有螺母，以便可以用戴手套的手进行调节。

③ 重复使用时，软管连接点无跑冒滴漏现象。

4. 背带

① 背带材质无吸附性。

② 至少 5cm 宽。

③ 喷雾器满载时，能够轻便地背起和放下，并且易于操作（容量适中）。

④ 抗紫外线老化和化学腐蚀。

⑤ 具有腰带。

5. 药桶盖

① 口径大（装入药液时，允许流量为 1.6L/min）。

② 滤网离药桶口有一定的深度。

③ 密封性好（压杆式和机动背负式喷雾器，有通气阀门）。

④ 中间凸起，确保桶盖上不会有药液积存。

6. 重量

喷雾器满载时，总重量不应超过 25kg。

7. 备用件

应有一个备用件箱子，内装易于磨损的部件备用件，且提供通俗易懂的备用件说明书。

8. 产品说明书

所有喷雾器都要附带一个详细介绍产品功能和使用的说明书。

(二) 便携式喷雾器保养

根据产品说明书维修保管喷雾器，使喷雾器始终保持良好的性能。

① 使用后，要及时清洗喷雾器。

② 及时维修跑冒滴漏部位，特别是一些接口处，必要时更换垫圈。

③ 及时更换损毁部件。

④ 经常校准喷雾器的喷出容量，并且做好所有喷雾记录。

⑤ 喷雾器的保管：将喷雾器保存在安全的地方，远离儿童、食物和动物。

二、便携式喷雾器的主要类型

(一) 手动压杆式背负喷雾器

手动压杆式背负喷雾器是目前世界上使用量最大的喷雾器类型。世界上有几百万人使用背负式喷雾器，如菲律宾每年需要 10 万台左右，我国需求量更大。一般用于农田以及藤本作物、果树类作物上，喷洒杀虫剂、杀菌剂和除草剂。这种喷雾器历史悠久，制造技术简单。

其优点为药桶容量最适化，便于携带，使用和维修方便。缺点为喷药时要不断掀动压杆；喷雾者的技能对喷雾质量影响很大；另外存在容易发生跑冒滴漏、耐用性差、稳定性差的问题，对操作者和环境造成安全隐患。

工作效率取决于作物、地势、喷雾容量，同时也不能低估气象条件（如温度）、喷雾器携带时的舒适度的影响。当然，还有人为因素，包括施药者的体力、技能等。

1. 手动压杆式背负喷雾器的设计类型及材料比较

手动压杆式背负喷雾器的结构设计和材质不尽相同，常见的有：

① 药桶（箱）。药桶可以是金属材质或硬质塑料材质制成的。

② 压杆位置。可以是腋下压杆式，也可以是腋上压杆式。

③ 泵的安装位置。有外置式泵和内置式泵两类。

④ 泵的类型。常见的是柱塞泵型，现在也有隔膜泵型。

⑤ 压力室（空气室）的位置。有内置式（药桶内）和外置式（药桶外）两类。

压杆式背负喷雾器水泵有两种基本设计，隔膜泵和柱塞泵，区分二者非常必要，因为不同类型的泵用途也不同。一些柱塞泵喷雾器在喷雾过程中药箱中的药液可以得到某些程度的搅动，隔膜泵类喷雾器或其他任何没有搅拌装置的喷雾器，在喷雾过程中无法对药液进行搅动，所以在喷洒可湿性粉剂等剂型的药液时，在药桶中可能发生沉淀，应该在施药过程中不断停下来，用干净的棍棒对药桶中的药液进行搅拌。

2. 柱塞泵喷雾器和隔膜泵喷雾器的用途差异

（1）压杆式柱塞泵背负喷雾器　压力较高，非常适合杀虫剂和杀菌剂的喷洒，以及需要高容量喷洒的场所。工作时依赖于活塞和汽缸的密封性，活塞极容易磨损，所以这类喷雾器的使用寿命不如隔膜泵类喷雾器，而且使用过程中需要高水平的维修。

（2）压杆式隔膜泵背负喷雾器　经久耐用，是喷洒除草剂的理想喷雾器。如果设计了喷雾操作压力范围，特别是如果安装了压力调节阀，那么这类喷雾器既可喷洒除草剂，也可用于喷洒杀虫剂和杀菌剂。但如果需要大容量喷雾（如安装了多喷头喷杆），操作时必须提高压杆速度，否则可能输出的压力不够，而靠人力提高的压杆速度则维持不了很长时间。

3. 隔膜泵喷雾器和柱塞泵喷雾器的工作原理

（1）隔膜泵喷雾器工作原理　隔膜泵包括：一个可灵活运动的合成橡胶隔膜片，连接到曲轴压杆上；一个硬质隔膜室和扁平形或球形进水阀和出水阀。出水阀连接到压力（空气）室，许多隔膜泵喷雾器的压力室具有压力调节阀，可以输出不同的压力。这种泵的压力一般在 $1\sim3\,bar$（$1\,bar=10^5\,Pa$），所以特别适合除草剂的喷洒，因为雾化的雾滴较大，可以减少飘移。该喷雾器构造和工作原理见图 4-2，具体操作如下：

① 压杆向上运动，隔膜片被下拉，隔膜室的体积增大，压力减少。

② 压力减少导致液体从药液桶通过进水阀进入隔膜室。

③ 压杆向下运动，隔膜片向上移动，挤压隔膜室中的液体，使进水阀关闭，出水阀打开。

④ 液体被压向压力室（空气室），压力室中的空气被压缩。

⑤ 喷雾杆上的喷雾开关关闭，重复上述动作，压力室的水位越来越高，空气体积越来越小，气压不断增大，最终达到所需要气压。有些喷雾器上有压力安全阀，当压力达到一定时，安全阀打开，多余的液体会流回药桶里。

⑥ 然后打开喷雾开关，压力室的气压使药液流向喷头。

⑦ 每分钟掀动压杆 30 个来回或每两步掀动一个来回，以保持压力室的工作压力恒定。

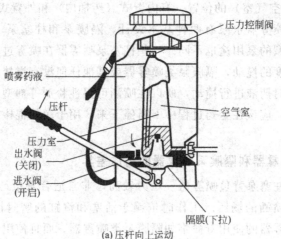

喷雾药液

压杆

压力室

出水阀
(关闭)

进水阀
(开启)

压力控制阀

空气室

隔膜(下拉)

(a) 压杆向上运动

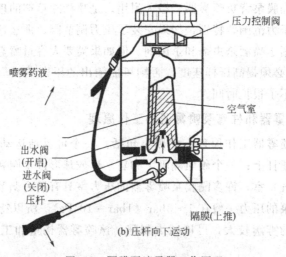

喷雾药液

出水阀
(开启)

进水阀
(关闭)

压杆

压力控制阀

空气室

隔膜(上推)

(b) 压杆向下运动

图 4-2 隔膜泵喷雾器工作原理

（2）柱塞泵喷雾器工作原理 柱塞泵或活塞泵的基本组成包括连接到外部曲轴压杆上的活塞、活塞缸、扁平或球形进水阀和出水阀、压力室等。活塞和活塞缸体壁间要有密封圈。这类喷雾器比隔膜泵喷雾器效率高，可产生 5bar 的压力。所以这类喷雾器更适合喷洒杀虫剂和杀菌剂，雾化好，雾滴小。活塞泵喷雾器的工作原理（图 4-3）与隔膜泵相似，操作如下：

① 压杆向上提起时，活塞向上运动，活塞缸中的压力减少，使药桶里的药液从进水阀涌入活塞缸中。

② 压杆向下压下时，活塞向下运动，活塞缸中压力增大，进水阀关闭，出水阀打开，液体通过出水阀涌入压力室。压力室中的空气被压缩，压力增大。如果打开喷雾器开关，压力室中的液体会冲向喷头。

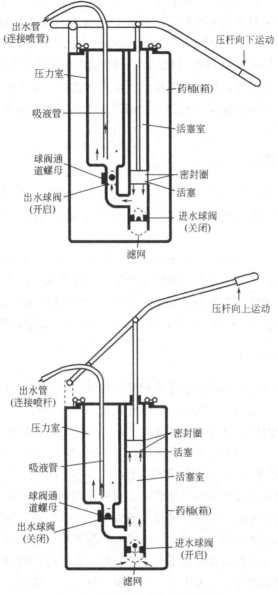

出水管
(连接喷管)
压力室
吸液管
球阀通
道螺母
出水球阀
(开启)
滤网
压杆向下运动
药桶(箱)
活塞室
密封圈
活塞
进水球阀
(关闭)

压杆向上运动
出水管
(连接喷杆)
压力室
吸液管
球阀通
道螺母
出水球阀
(关闭)
滤网
密封圈
活塞
活塞室
药桶(箱)
进水球阀
(开启)

图 4-3 活塞泵喷雾器的工作原理

　　活塞泵喷雾器在设计细节上有许多差异,如有的将泵安装在内部,有的安装在外部。活塞缸有时安装一个压力安全阀以防止过度加压。但这个安全阀与安装在压力室上的压力调节阀不同,没有调节压力的作用。有些活塞泵式喷雾器喷雾桶里有一连接到活塞上的桨状机械搅拌器,用以不断搅动药液,防止沉淀。

　　手动喷雾器具的雾化性能同药液所受的压力有关。在喷雾器本身所能承受的压力和人的手臂所能产生的力量范围内,压力越高则雾滴越细,而压力低时则雾滴较粗。在喷雾时如果不均匀连续地进行压杆，喷雾压力会不断变化。压力的变化将影响喷雾容量、农药剂量和喷头的喷幅，因此在喷雾时要尽量避免喷雾压力的变化。注意，如果喷雾压力从5bar降低到2bar，则喷头的喷出量将减少58%。所以使用这类喷雾器时，要按照使用说明书操作。一般摇动次数保持在每分钟20～25次。不可间歇施压，压压停停；更不可施压达到正常雾化后就停止施压，直到雾头缩小甚至淌水再施压。有些喷雾器上有压力控制阀，可以将喷雾器的压力控制在1bar、1.5bar、2bar和3bar。

（二）背负喷雾机

背负喷雾机的结构在许多方面与手动背负喷雾器相似。不同点在于药泵的动力来源于一个内置的内燃机或一个电机；喷雾压力可高达11bar；药泵不需要手工操作；可连接一喷雾枪。

其缺点为：比手动背负喷雾器复杂；依赖能源；比手动背负喷雾器重，对操作者的体力要求比较高；比手动背负喷雾器价格高；噪声大。优点为：背负喷雾机中的发动机取代了手动喷雾器上的手动压杆，减轻了作业者的劳动强度，省力，不容易疲劳；输出压力恒定，减少了作业过程中压力骤停或不稳的现象，喷雾质量大为提高。

（三）压缩式喷雾器

压缩式喷雾器适宜作业的地点是面积较小的农田和矮化种植的作物，适合喷洒除草剂、杀菌剂和杀虫剂。一般每公顷喷雾量为50～5000L。

压缩式喷雾器的优点是在喷雾作业时不用打气筒，易于使用和维修。缺点则是喷雾罐容积较小，需要多次装载，往返取药；作业时喷雾器的压力逐渐减少，雾滴逐渐增大，喷雾量也逐渐减少，可以在喷雾罐上安装一个压力阀以保持恒定地输出压力。

一般地，压缩式喷雾器最适合喷洒杀虫剂和杀菌剂。对于除草剂来说，压缩式喷雾器的压力太高，可能产生飘移风险。通常大田作物病虫害的防治是用背负式喷雾器，比压缩式喷雾器更结实耐用。压缩式喷雾器则用于一些背负式喷雾器压杆不容易操作的场所，或者背负式喷雾器无法喷到的一些高秆作物的上方等。压缩式喷雾器可用于建筑物周围防治病媒害虫，如苍蝇、蚊子、蟑螂等。另外还可用于一些狭窄区域或墙面，操作者不用考虑摇动压杆的频率，只需专注于喷头的喷洒即可。

1. 压缩式喷雾器的结构组成和性能

（1）药罐（即压力罐）　要求结实耐压，大小一般3～7L，其中1/3的体积作为压力室（空气室），2/3的体积用来装药液。

（2）气泵　手动柱塞气泵，用来往压力室中打气，增加压力室中的气压。

（3）喷杆和喷嘴　与手动背负喷雾器相似，喷嘴是扇形、空心雾锥形，或采用反射型喷嘴。

（4）压力计　显示罐中的压力。用彩色带指示出压力是否过高或过低。

（5）减压阀　可以安全打开压力罐（药罐）的盖子。

（6）压力控制流量阀　有的较为先进的压缩式喷雾器，具有一个压力控制流量阀。

如果压力罐装满了喷雾液，则没有压力室（空气室）了，要保持压缩喷雾器功能的正常发挥，压力罐（即药罐）只能部分装满，液面上要留有约30%的体积作为空气室。若装载液体的量过多，空气室的体积不够，则喷雾时，罐中的压力迅速下降，导致喷雾严重不匀。

并非所有的压缩式喷雾器都具有压力计、压力释放阀或减压阀，但对于一个安全、高效的喷雾器来说，上述条件都应该具备。

2. 压缩式喷雾器的工作原理

压缩式喷雾器的工作原理见图4-4。在药桶中装入2/3体积的药液，盖好药桶盖。喷雾器上有一手动柱塞型气泵可以给药桶打气加压。这个气泵可以是药桶盖的一部分，也可以是药桶上方单独设计的一个装置。操作者可以通过压力表及时看到药桶里的压力大小。桶内的压力不能过大，以免发生危险。有些喷雾器上没有压力计，但是在操作手册上可能有推荐的打气次数，即每次喷雾前用气泵往药桶内打一定的次数，以使药桶内液体的压力达到工作压力。打开喷雾器的开关后，开始喷雾，药桶内的压力逐渐减少，单位时间内的喷雾输出量也逐渐减少，喷幅变窄，药液沉积不均匀。所以在喷雾时要不断地停下向药桶中打气使压力增大，以保证相对的均匀喷洒。

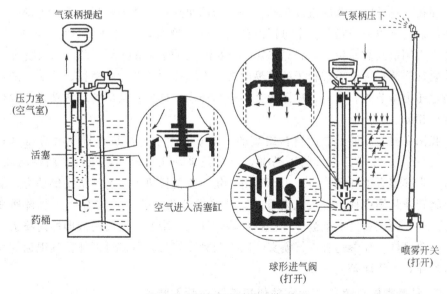

图 4-4　压缩式喷雾器工作原理

有些喷雾器上，在药桶输出口和喷杆之间安装了一个压力调节阀。如果药桶内压力在一定范围内变化，这个阀能够维持喷雾器的输出压力恒定，以保证喷嘴喷出的雾的质量和体积恒定。压缩式喷雾器上还应该安装一个压力释放阀，以便在喷雾桶内压力过大时可以释放气体，以减少危险性。

在完全打开桶盖之前一定要打开减压阀或按钮，将喷雾器内的压力全部释放。如果没有减压阀，小心轻轻旋转桶盖，直到听到咝咝的压力释放的声音，当咝咝声停止后，就可以安全打开桶盖了。操作者要佩戴面罩、手套，以防止压力释放过快时药液喷溅到脸上和手上。

（四）便携式机动喷雾器

1. 主要的性能特征

① 药桶（或贮药容器，如购买的大塑料桶、操作者自建的水泥药池等均可）尺寸大小不等，从 50～200L，或者更大，不能贮存压力。

② 机动药泵（一般是高压活塞泵）。注意药泵产生的水压不要过大，要根据标签说明确定药泵的水压。

③ 药泵上要安装压力调节阀，以控制喷射距离和喷嘴压力。

④ 药管长度一般是 10～50m。

⑤ 喷枪和开关类型变化较大。

⑥ 可以是工厂生产的产品，也可以是农民自己组装的。

⑦ 可以徒手携带也可以用人力或其他动力车运载。

便携式机动喷雾器的组成包括：一个与药泵连成一体的药桶，或者外部的一个单独的贮药装置或设备；一个可以产生高压的活塞泵，一般是汽油发动机驱动的；一个压力调节阀和一根可以长达 50m 的管子。药桶体积很大，人力无法携带。机动药泵往往装在一个不带轮子的简易的架子上，连接着药管和喷杆。喷雾量的控制是通过压力调节阀和喷嘴上喷孔的大小来实现的。这类喷雾器的结构功能与背负式喷雾机相似。

我国农村常见的是农民自行组装的三轮车或手扶拖拉机载机动喷雾器（彩图 21），包括：一个或几个大的贮药桶，一个药泵，几十米甚至几百米的输药软管，药管的端部镶有喷杆和喷头。工作时由三轮车或拖拉机上的柴油机提供动力，带动药泵将药液从桶中抽出，进入药管中，药管靠近药泵的一端装有一个塑料桶气室（压力室），药液在气室中被加压，打开喷药开关，带有压力的药液即冲向喷头。操作者手拿喷杆，拖着药管进行喷雾。因为药管比较长，所以可以拖拉到很远的地段进行作业，工作面较大。

2. 便携式机动喷雾机适宜的使用范围和喷雾特点

便携式喷雾机适于喷洒面积较大的灌木、树木、蔬菜、花卉等，最适宜喷洒的作物是灌木和树木类作物。注意高容量喷洒和拖着药管喷洒农药不适合大田作物，虽然有时用于某些蔬菜上，但不理想。属于大容量喷洒，高压，适宜的喷嘴类型是空心雾锥喷嘴。适合喷洒的农药是杀菌剂和杀虫剂。喷雾容量为 1000～4000L/hm^2。

① 优点：喷药过程中不需要人力不断打气加压，操作者也不需要背负药桶，不用负重，省力，劳动强度低；使用简单，容易维修；适应性广；可以在较大范围内作业。

② 缺点：喷药的准确性差；压力太大，风险性增大；高容量喷洒，造成药液流失，浪费。

(五) 背负式弥雾喷粉机

是一种由小型汽油机提供动力、采用气力式雾化法的喷雾器械。产生的雾滴细（即弥雾），属低容量喷雾，也可以喷撒粉剂和颗粒剂。

1. 背负式弥雾喷粉机的基本结构特征

① 药桶（压力桶）较小，容积 10～15L。
② 有一个内置的发动机驱动的风扇。
③ 气力式雾化，产生细雾滴并被风送向靶标。
④ 适合于高大树木、灌木类（如茶树等作物）。
⑤ 喷雾量主要由流量控制器和开关控制。
⑥ 具喷杆和气动剪切式喷头。

2. 背负式弥雾喷粉机的工作原理

发动机驱动风扇产生的气流有一部分通过软管进入药桶药液上部的空间。药桶容积一般 10L 以上，有一细导管连向喷嘴。药桶内产生轻微的压力（0.2bar）。这个压力可以保证液流平稳地流向喷嘴。喷嘴是气力式喷嘴或双流体喷嘴，双流体由导液管导出的液流和风扇产生的气流两部分组成。气流通过导液管口时产生负压，使药液喷入气流中。液体被剪切成小液滴，雾滴细而均匀。雾滴直径相当于常规大容量喷雾法雾滴直径的1/4；雾滴数量相当于常规喷雾产生的雾滴数量的50～150倍。覆盖面积大，药液使用量少，属于低容量喷洒，药液不会发生流失，节省药液。

弥雾机不能对靶喷雾。由于机具喷雾口的风速很大，能将雾滴送向 10m 甚至14m 以外的地方，近喷头处雾滴密度大，而离喷头越远则雾滴密度越小。喷雾时必须采取喷幅差位交叠的喷洒方式，以提高雾滴在全田作物上的分布均匀度。由于弥雾机喷幅大，不适合小面积作物田，适合中等面积或大面积的作物田以及灌木、树木类上喷洒杀虫剂，某些情况下也可以喷洒杀菌剂。

3. 背负式弥雾喷粉机的优缺点

优点：喷洒容量低，节约成本，工效高；作业时不需要人力操作药泵；可以喷洒高大的树木，高速气流可以帮助药雾穿透树冠层，使着药均匀。缺点：喷雾人员的安全性降低，人处于细的弥雾中，由于是低容量喷洒，所以药液的浓度较高，中毒风险增大；另外，机型比其他机型重，并且作业时噪声大，劳动强度相对较大。

4. 选购背负式弥雾喷粉机应注意的问题

背负式弥雾喷粉机的价格比背负式手动喷雾器高得多，但并不意味着这类喷雾器的喷雾质量高；由于机械结构比较复杂，容易发生故障，所以需要较高的维修保养水平；适合于高大作物、行走困难的田间喷洒作业，弥雾覆盖面积大，沉积较为均匀，但是手动喷雾器的喷洒质量更高，所以除非有必要，否则不要选择弥雾机；弥雾机产生的雾滴有很大一部分是细雾滴，是飘移式喷洒，不适合除草剂的喷施，喷洒除草剂容易使临近田块中的作物产生药害；机器的重量大，操作者负荷较大，容易疲劳；使用时噪声大，对耳朵有伤害，在使用时要采取措施保护耳朵。

（六）旋转离心式超低容量喷雾器

超低容量喷雾在国外已得到普遍应用，我国尚没有得到普及。在背负弥雾喷粉机的喷口部位换装一只转盘雾化器，也可以进行超低容量喷雾。超低容量喷雾产生的雾滴更小，每公顷喷雾量大田作物仅为 5L，果树、灌木等高大作物的喷雾量也仅为 $50L/hm^2$，即使用最小的喷雾量，达到经济有效地防治有害生物的目的。与大容量喷雾器相比，超低容量喷雾器喷出的雾滴细而均匀，这种雾滴更适合喷布靶标。

超低容量喷雾器械包括手持式超低容量喷雾器、机动超低容量喷雾机和拖拉机载超低容量喷雾机。这里只讨论手持式超低容量喷雾器。

1. 手持式超低容量喷雾器的主要优点

① 使用专用超低容量喷雾剂，不需兑水，在干旱缺水地区使用具有很大优势。

② 单位面积上用药量少，重量轻，对作业者来说劳动强度低，不易疲劳。

③ 由于雾滴细，雾径小，易被昆虫等靶标捕捉；浪费少，更加经济，且对非靶标有益昆虫伤害小。所以是有害生物综合治理（IPM）策略中理想的施药方法。

④ 由于喷雾时不需要配制农药，直接使用，免去了一个可能发生危险的环节，对作业者来说相对更安全。

⑤ 一次没有用完的农药制剂可以贮藏起来，留待下次再用。

目前使用的超低容量喷雾器大多是旋转式或转盘式电动喷雾器或静电喷雾器。

2. 手持式超低容量喷雾器的基本构造

基本构造包括：一个圆盘；一个驱动圆盘的电机；一个装有限流阀的小喷雾瓶（工作时不断有药液流到圆盘上）；一个长柄，通常内部装有电源（有些类型可使用外部电源）。

与液力式喷雾器的喷头相似，圆盘是手持式超低容量喷雾器的重要雾化部件，多数圆盘边缘具齿，协助雾滴形成。有些圆盘上有沟槽，可使流体平稳地流向边缘；有些喷雾器具有两个圆盘，确保前一个圆盘背面的药液可以在后一个圆盘上被雾化，避免药液飞溅。圆盘旋转时，圆盘上的药液在离心力作用下脱离转盘边缘而伸展成为液丝，液丝断裂后形成细雾。所以离心雾化法也称为液丝断裂雾化法。

装有药液的小瓶倒置放在圆盘的上方，药液在重力的作用下通过限流阀不断流向圆盘。限流阀有不同规格，用不同颜色进行标记，使用时可以根据喷雾液黏度的大小进行调换。

圆盘设计有不同类型，有高速旋转圆盘到低速旋转圆盘，分别产生小雾滴和大雾滴。不同类型的圆盘适合喷洒不同类型的农药，高速圆盘适合喷洒杀虫剂和杀菌剂，低速圆盘适合喷洒除草剂。高速圆盘的转速一般是 $5000\sim15000r/min$，产生小雾滴，雾径小于 $100\mu m$，喷雾时需要一定的风速将雾滴吹向靶标，贮药瓶体积为 500mL 或更小。低速圆盘转速一般为 2000r/min，产生雾滴较大，雾径 $200\sim500\mu m$，贮药瓶容量大于 500mL。通常，除了贮药瓶外，还有一个 5L 的背负式的药桶。

适合喷洒的剂型为高浓度的油剂，不需要配制。

第三节　大型喷雾机械

一、喷杆喷雾机械

喷杆喷雾机是一种将喷头装在横向喷杆或竖立喷杆上的液力喷雾机。用四轮拖拉机带动，生产效率高，适用范围广，操作、维修方便，广泛用于大豆、小麦、玉米和棉花等农作物的播前、苗前土壤处理以及作物生长前期灭草及病虫害防治。装有吊杆的喷杆喷雾机与高地隙拖拉机配套使用可进行棉花、玉米等作物生长后期病虫害防治。

(一) 喷杆喷雾机的种类

喷杆喷雾机根据不同的方式可分成多种类型。按照动力源不同可分为自走式和非自走式。按照与拖拉机的连接方式不同，可分为悬挂式（喷雾机通过拖拉机三点悬挂装置与拖拉机相连接）、固定式（喷雾机各部件分别固定地装在拖拉机上）、牵引式（喷雾机自身带有底盘和行走轮，通过牵引杆与拖拉机相连接）（图4-5）。按机具作业幅宽可分为大型（喷幅18m以上）、中型（喷幅10～18m）、小型（喷幅10m以下）三种类型。

根据喷杆类型不同可分为：

（1）横喷杆式 喷杆水平配置，喷头直接安装在喷杆下面，这是最常见的机型。

（2）吊杆式 在横喷杆下面平行地垂吊着若干根竖喷杆（图4-6），作业时横喷杆和竖喷杆的喷头对作物形成"门"字形喷洒，使作物的叶面、叶背等处能较均匀地被雾滴覆盖。主要用在棉花等作物的生长中后期喷洒杀虫剂、杀菌剂等。

（3）气袋式 在喷杆上方装有一条气袋，气袋下方对着喷头的位置开有一排出气孔。作业时，利用风机产生的强大气流往气袋里供气，经气袋下方小孔产生下压气流，将喷头喷出的雾滴二次雾化，并将细小雾滴带入株冠丛中，提高雾滴在作物各个部位的沉积量，增强雾滴的穿透性，减少飘移污染。

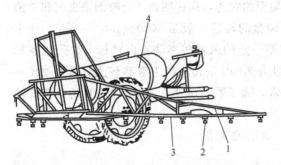

图 4-5 牵引式喷杆喷雾机的结构
1—喷杆桁架；2—喷头；3—喷杆；4—药液箱

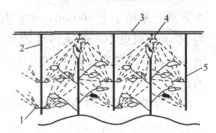

图 4-6 吊杆喷雾机作业示意图
1—吊杆喷头；2—吊挂喷杆；3—横喷杆；
4—顶喷头；5—边吊挂喷杆

（二）喷杆喷雾机的整机结构和工作原理

1. 整机结构

喷杆喷雾机主要由悬挂架、喷雾控制系统、药液箱、升降机构、喷杆架平衡机构、喷杆架及液压系统等组成（如图4-6所示）。喷杆架包括中间喷杆架和两侧展臂。两侧展臂由液压缸完成展开折叠运动。

2. 工作原理

工作时通过拖拉机液压驱动升降油缸调节喷杆架到指定高度后，折叠油缸驱动两侧展臂喷杆展开，拖拉机的动力经过万向节输入到液泵，液泵工作，将药液箱内的药液经三通开关、过滤器吸入隔膜泵，药液经隔膜泵加压后，送出至喷雾控制总成。喷雾控制总成将药液分为两部分输出：一部分药液经手动恒压调压阀及自动调压阀回流至药液，手动恒压调压阀回流药液的同时实现药箱内药液的全工作过程的搅拌；另一部分药液经喷雾分配阀送至喷杆，最后经喷头雾化喷出。在喷雾同步变量控制系统设定好的程序自动控制下，实现每组的开关、压力、流量可调，以保证单位面积内药液均匀喷洒。

喷雾部分主要部件包括：液泵、药液箱、喷头、防滴装置、搅拌器、喷杆桁架机构和管路控制部件等。

（1）液泵　是喷雾机的主要工作部件，在一定的压力下提供足够的药液，供应喷头喷雾。泵的压力需要 5～10atm（1atm＝101325Pa），液泵要装调压阀，可按需调节压力，要耐腐蚀，封闭严密，不滴漏。常用的液泵有活塞泵、柱塞泵、隔膜泵、滚子泵、齿轮泵和离心泵等。液泵不同，液体的总流量、压力和药液种类也不同。以 2～6 缸隔膜泵最常见，工作压力为 0.2～0.4MPa。

（2）药液箱　小中型 200～1000L，大型可达 2000L。箱的上方有加液口，装有加液口滤网，箱的下方有出液口，箱内装有搅拌器。药液箱材质常用玻璃钢或聚乙烯塑料，耐农药腐蚀。

（3）喷头　主要为扇形喷头和空心雾锥喷头两类。

（4）防滴装置　喷杆喷雾机在喷除草剂时，为了消除停喷时药液在残压作用下沿喷头滴漏而造成的药害，多配有防滴装置。防滴装置共有三种部件：膜片式防滴阀、球式防滴阀、真空回吸三通阀。

（5）搅拌器　喷雾机作业时，为使药液箱中的药剂与水充分混合，防止药剂（如可湿性粉剂）沉淀，保证喷出的药液具有均匀一致的浓度，喷杆喷雾机多配有搅拌器。搅拌器有机械式、气力式和液力式三种。

（6）喷杆桁架机构　喷杆桁架的作用是安装喷头、折叠和展开喷杆。按喷杆长度的不同，喷杆桁架可以是三节的、五节的或七节的，除中央喷杆外，其余的各节可以向后、向上或两侧折叠，以便于运输和停放。

（7）管路控制部件　一般由调压阀、安全阀、截止阀、分配阀和压力指示器等组成。分配阀的主要作用是把从泵流出的药液均匀分配到各节喷杆中去，它可以让所有喷杆全部喷雾，也可以让其中一节或几节喷杆喷雾。

二、果园风送式喷雾机

果园风送式喷雾机是一种依靠风机产生的强大气流将雾滴吹送至果树的各个部位的大型机具。风机的高速气流有助于雾滴穿透茂密的果树枝叶，并促使叶片翻动，提高药液附着率且不会损伤果树的枝条或损坏果实，所喷出的雾滴粒径小，附着力强，用药液量少，且不易发生药害。但雾滴可能发生蒸发，风速大时，药液粒子容易流失。果园风送式喷雾机具有喷雾质量好、用药省、用水少、生产效率高等优点。

果园风送式喷雾机有悬挂式、牵引式和自走式等。牵引式又包括动力输出轴驱动式和自带发动机型两种。

（一）果园风送式喷雾机的主要结构

果园风送式喷雾机分为动力和喷雾两部分。喷雾部分由药液箱、轴流风机、药泵、调压分配阀、过滤器、吸水阀、传动轴和喷洒装置等组成（图 4-7）。

（1）药液箱　用玻璃钢或聚乙烯塑料制成，箱底部装有射流液力搅拌装置，通过 3 个安装方向不同的射流喷嘴，依靠液泵的高压水流进行药液搅拌，使药液混合均匀，从而提高喷雾质量。

（2）轴流风机　为喷雾机的主要工作部件，由叶轮、叶片、导风板、风机壳和安全罩等组成。为了引导气流进入风机壳内，风机壳入口处特制成较大圆弧的集流口。在风机壳的后半部分设有固定的出口导风板，以保证气流轴向进入，径向流出，从而提高风机的效率。

（3）药泵　为四缸活塞式隔膜泵或三缸柱塞泵。

（4）调压分配阀　由调压阀、总开关、分置开关、压力表等组成。调压阀可根据工作需要调节压力。总开关控制喷雾机作业的启闭，分置开关可按作业要求分别控制左右侧喷管的启闭，以保证经济用药。

（5）过滤器　一般为 40 目尼龙滤网。过滤器滤网拆洗应方便，同时要有足够的过滤面积。

（6）喷洒装置　由径吹式喷嘴和左右两侧分置的弧形喷管部件组成。喷管上每侧装置喷头 10 只，扇形排列。在径吹式喷嘴的顶部和底部装有挡风板，以调节喷雾的范围。

（二）果园风送式喷雾机的工作原理

当拖拉机驱动液泵运转时，药箱中的水经吸水头、开关、过滤器进入液泵，然后经调压分配阀总开关的回水管及搅拌管进入药液箱，在向药箱加水的同时，将农药按所需的比例加入药箱，这样就边加水边混合农药。喷雾时，药箱中的药液经出水管、过滤器与液泵的进水管进入液泵，在泵的作用下，药液由泵的出水管路进入调压分配阀的总开关。在总开关开启时，一部分药液经 2 个分置开关，通过输药管进入喷洒装置的喷管中。进入喷管的具有压力的药液经喷头喷出雾化，并通过风机产生的强大气流，将雾滴吹开实现第二次雾化。同时，气流将雾化后的细雾滴吹送到果树株冠层内。图 4-8 是果园风送式喷雾机的喷雾容量（mL/min）（左右喷管可根据果园布局选择性启闭）。

三、植保无人机

植保无人机是用于农林植物保护作业的无人驾驶飞机（UAV），主要通过地面遥控或 GPS 飞控，来实现农药喷洒作业。近年来，植保无人机农药喷洒作业的使

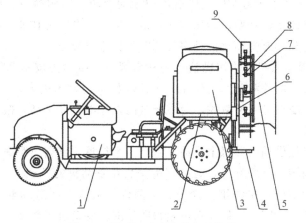

图 4-7　果园风送式喷雾机的结构

1—动力底盘；2—机架；3—药箱；4—药液回收槽；5—风机；
6—药液管道；7—喷头支架；8—喷头；9—导流板

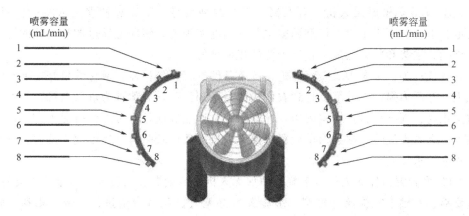

图 4-8　果园风送喷雾机喷雾容量（单位：mL/min）

用量日益增长，应用的农作物范围也越来越广，尤其在地面喷杆喷雾机难以进地作业地区具有广阔的发展应用前景。与传统植保器械比，植保无人机具有高效精准、智能化、操作简单、劳动强度小、省工省时、节药节水、安全环保等优点，并且可以夜间作业。特别适于水稻、中后期玉米、丘陵地带种植的经作物等地面机械难以进地进行农药喷雾作业的情况。目前，我国已经研发了多种适用于不同环境地区的植保无人机，据 2016 年市场调查，我国约有 200 多个厂家生产植保无人机，所生产的机型有 178 种。

（一）植保无人机类型

（1）按照动力划分　有电动多旋翼植保无人机、油动植保无人机。

① 电动多旋翼植保无人机。以电池作为动力源，结构简单，易操控，便于维修保养；机器整体重量轻便，转场方便，适于地形复杂环境作业。缺点是抗风能力比较弱，在载重和续航方面比油动多旋翼差，且难以突破。

② 油动植保无人机。采用燃油作为动力源，直接动力成本低于电动植保无人机，载重能力大，同等载荷的植保无人机油动机型的风场更大，下压效果更明显，抗风效果较强。缺点是不易掌控，对飞行员的操作能力要求高，振动也比较大，控制精准度比较低。

多个发动机提供动力，每个发动机带动一个旋翼，旋翼螺距固定，通过调整发动机节气门控制转速改变升力，旋翼直接安装在发动机的转轴上，无需传动结构。优点是无需传动结构，机械维护简单；零部件个数少，制造成本低；维护费用较低；载重大，续航时间长。但缺点也是很明显的：发动机个数多，发动机维护工作量大。

（2）按机型结构划分　有单旋翼植保无人机、多旋翼植保无人机、固定翼植保无人机。

① 单旋翼植保无人机。有双桨、三桨两种型号。单旋翼植保无人机的前进、后退、上升、下降主要是依靠调整主桨的角度实现的，转向是通过调整尾部的尾桨实现的，主桨和尾桨的风场相互干扰的概率极低。

其优点为：旋翼大，飞行稳定，抗风条件好；风场稳定，雾化效果好，下旋气流大，穿透力强，农药可以打到农作物的根茎部位；核心部件为进口电机，构件为航空铝材、碳纤材料，结实耐用，性能稳定；作业周期长，可连续植保 10 万亩/次以上，无重大故障。缺点为单旋翼植保无人机的造价较高，操控难度比较大，对飞手素质要求较高。

② 多旋翼植保无人机。多旋翼植保无人机有四旋翼、六旋翼、六轴十二旋翼、八旋翼、八轴十六旋翼等机型。多旋翼植保无人机飞行中前进、后退、横移、转向、升高、降低主要依靠调整桨叶的转速实施，特点是相邻的两个桨叶旋转方向是相反的，所以它们之间的风场是有相互干扰的，也会造成一定的风场紊乱。

其优点为：技术门槛低，造价相对便宜；简单易学，短时间即可上手作业，多旋翼植保无人机的自动化程度领先于其他机型；一般电机都是国产的航模电机和配件，能垂直起降、空中悬停。缺点为抗风性能较低，连续作业能力较差，效率不高。

（二）植保无人机喷洒系统

主要包括药箱、药泵、软管和喷头。

（1）药箱　药箱采用防震荡设计，避免飞行时药液晃动影响飞行，一般为 PE 材质，耐农药腐蚀，耐低温，耐磨损。

（2）药泵　常为蠕动泵、齿轮泵和高压隔膜泵。

（3）喷头 主要采用扁平扇形压力喷头、离心喷头。压力喷头药雾下压力大，穿透性强，产生的药液飘移量较小，不易因温度高、干旱等蒸发而散失，适合高密度作物喷雾作业。缺点是药液雾化不均匀，雾滴直径相差较大，而且喷头易堵塞。离心喷头通过电机带动喷头高速旋转，通过离心力将药液破碎成细小雾滴颗粒，成雾粒径主要受电机电压的影响。离心喷头药液雾化均匀，雾化效果好，雾滴直径相差不大，但雾滴基本没有什么下压力，完全凭借无人机的风场下压，飘移量较大，不适合高秆作物和果树等高密度作物喷雾作业，但较适合小麦、水稻等低密度作物喷雾作业。

第五章
农药主要品种使用技术

第一节　杀虫剂

一、新烟碱类杀虫剂

新烟碱类杀虫剂是烟碱的仿生物，作用机制与烟碱相同，占领烟碱样乙酰胆碱受体。昆虫中毒后表现典型的神经中毒病状，即行动失控、发抖、麻痹直到死亡。用该类杀虫剂防治对有机磷、氨基甲酸酯及拟除虫菊酯类等杀虫剂产生抗性的害虫效果较好。

吡虫啉 （imidacloprid）

$C_9H_{10}ClN_5O_2$，255.66

其他名称　咪蚜胺、高巧。

特点　第一代新烟碱类杀虫剂，广谱、高效、低残留，对人、畜、植物和天敌安全。具有触杀、胃毒和内吸作用。药效和温度呈正相关，温度高，杀虫效果好。

毒性　低毒。

制剂　70％、80％水分散粒剂，5％、15％、25％、35％、48％、60％悬浮剂，2.5％、5％、10％、25％、50％、70％可湿性粉剂，3％、5％乳油，4％、5％、10％、20％、30％微乳剂，20％可溶液剂，60％悬浮种衣剂。吡虫啉还可与很多种杀虫剂制成混配制剂，如吡虫·异丙威、高氯·吡虫啉、吡虫·毒死蜱、阿维·吡虫啉等。

使用技术　用于防治蔬菜、果树、茶树、小麦、棉花、水稻等上的半翅目害虫。防治苹果黄蚜用有效成分28～50mg/kg药液喷雾；防治稻田飞虱、棉田蚜虫、麦田蚜虫、烟草蚜虫、茶小绿叶蝉等按有效成分 21～42g/hm² 用量兑水喷雾；防治番茄田粉虱按有效成分 42～63g/hm² 用量兑水喷雾。防治花生、马铃薯、棉花、水稻、小麦、玉米等田地下害虫及苗期蚜虫可用悬浮种衣剂对种子进行包衣。

安全间隔期 吡虫啉在以下作物上使用的安全间隔期及一季最多使用次数分别是：茶树 7d，2 次；番茄和茄子 3d，2 次；十字花科蔬菜 14d，2 次；棉花 14d，1 次；苹果、梨树、水稻 14d，2 次；小麦 20d，1 次。

注意事项 对蜜蜂高毒；不要与碱性农药或其他碱性物质混用；不宜在强阳光下喷雾，以免药效降低。

啶虫脒 （acetamiprid）

$C_{10}H_{11}ClN_4$，222.67

其他名称 莫比朗。

特点 第一代新烟碱类杀虫剂，对半翅目害虫防效好，高效、广谱。具有触杀、胃毒和内吸作用。持效期约 20d。

毒性 低毒。

制剂 40%水分散粒剂，5%、20%可湿性粉剂，3%、5%、20%乳油，3%、20%可溶液剂，20%、40%可溶粉剂，30%水乳剂，3%微乳剂。含有啶虫脒的混配制剂很多，可与多种农药制成混配制剂，如甲维·啶虫脒、氯氟·啶虫脒、啶虫·仲丁威等。

使用技术 用于防治苹果、柑橘、黄瓜、棉花、水稻、小麦、烟草等作物上的蚜虫、粉虱、飞虱等。防治苹果黄蚜、柑橘蚜虫用有效成分 12～15mg/kg 药液喷雾；防治棉花蚜虫，按有效成分 9～13.5g/hm² 兑水喷雾。

安全间隔期 啶虫脒在柑橘上使用的安全间隔期为 30d，每季最多使用 2 次；在黄瓜上的安全间隔期为 1d，每季最多使用 3 次；在棉花上的安全间隔期为 14d，每季最多使用 2 次；在苹果上的安全间隔期为 7d，每季最多使用 1 次。

注意事项 对桑蚕有毒；不可与碱性农药或其他碱性物质混用。

呋虫胺 （dinotefuran）

$C_7H_{14}N_4O_3$，202.211

其他名称　呋啶胺、护瑞。

特点　第三代新烟碱类杀虫剂，呋虫胺的四氢呋喃基取代了以前的氯代吡啶基、氯代噻唑基，并不含卤族元素。具有触杀、胃毒及内吸作用。杀虫谱广，对刺吸式口器害虫有优异防效，主要用于防治多种作物上的飞虱、蓟马、粉虱、蚜虫等，并可用于鳞翅目二化螟的防治。

毒性　低毒。

制剂　20%可溶粒剂，20%水分散粒剂，25%可湿性粉剂，20%悬浮剂。

使用技术　防治保护地黄瓜上的粉虱用有效成分 $90\sim150g/hm^2$，蓟马用有效成分 $60\sim120g/hm^2$，兑水喷雾；稻飞虱卵孵化高峰期及若虫高峰期，按有效成分 $60\sim120g/hm^2$ 喷雾；在二化螟卵孵化盛期及低龄幼虫期，按有效成分 $120\sim150g/hm^2$ 兑水喷雾；防治小麦蚜虫用有效成分 $60\sim120g/hm^2$ 喷雾。

安全间隔期　呋虫胺在黄瓜上的安全间隔期为 3d，每季最多使用 2 次；在水稻上的安全间隔期为 21d，每季最多使用 3 次。

注意事项　不能与其他新烟碱类杀虫剂混用；对蜜蜂、家蚕有毒。

氟啶虫胺腈（sulfoxaflor）

$$C_{10}H_{10}F_3N_3OS,\ 277.2661$$

其他名称　特福力。

特点　氟啶虫胺腈属新烟碱类杀虫剂，作用于昆虫的烟碱类乙酰胆碱受体，但与其他新烟碱类杀虫剂以及其他作用于烟碱类受体的杀虫剂不同，无交互抗性，对因新烟碱类农药产生耐药性的刺吸性昆虫具有较高防效。具有内吸性、触杀性和渗透性，适宜于防治果树、蔬菜、水稻、棉花、小麦等作物上的多种刺吸式口器害虫。

毒性　低毒。

制剂　50%水分散粒剂，22%悬浮剂。

使用技术　可用于防治棉田的多种刺吸式口器害虫，如蚜虫、盲蝽、粉虱等，有效成分用量分别是，盲蝽 $52.5\sim75g/hm^2$，烟粉虱 $75\sim97.5g/hm^2$，蚜虫 $15\sim30g/hm^2$。防治烟粉虱时应在成虫始盛期及卵孵化盛期喷雾，而且尤其注意喷洒叶背。防治麦田蚜虫，于始盛期按有效成分 $15\sim22.5g/hm^2$ 配制成药液喷雾。防治稻田飞虱于低龄若虫盛发期，按有效成分 $49.5\sim66g/hm^2$ 兑水喷雾。防治苹果树、桃树蚜虫，分别配制成有效成分 $14.7\sim22mg/kg$ 和 $25\sim33.3mg/kg$ 的药液，于蚜虫发生初期喷雾。防治柑橘矢尖蚧等蚧类用有效成分 $36.67\sim48.8mg/kg$ 药液于孵化盛期喷雾。防治黄瓜等蔬菜田烟粉虱按有效成分 $50\sim75g/hm^2$ 喷雾，注意喷施到叶片背面。防治西瓜田蚜虫按有效成分 22.5～37.5g/hm² 兑水喷雾。

安全间隔期　氟啶虫胺腈在黄瓜上使用的安全间隔期为 3d，每季最多使用 2 次；在水稻上使用的安全间隔期为 14d，每季最多使用 2 次；在苹果、柑橘树上使用的安全间隔期为 14d，每年最多使用 1 次；在棉花和小麦上的安全间隔期为 14d，每季最多使用 2 次。

注意事项　对蜜蜂、家蚕有毒。

氟啶虫酰胺（flonicamid）

$C_9H_6F_3N_3O$，229.16

特点　氟啶虫酰胺对蚜虫等具有触杀、胃毒、拒食作用。作用机理独特，该药剂通过阻碍害虫吮吸作用而起效，害虫摄入药剂后半小时停止吮吸，最后饥饿而死。该药剂在植物上具有较强的渗透作用，可从根部向茎部、叶部渗透，但由叶部向茎部、根部的渗透作用相对较弱。

毒性　低毒。

制剂　10%水分散粒剂。

使用技术　在蚜虫发生初盛期用药。防治黄瓜蚜虫按有效成分 45～75g/hm² 喷雾；防治马铃薯蚜虫按有效成分 52.5～75g/hm² 喷雾；防治苹果上的蚜虫配制成有效成分 20～40mg/kg 药液喷雾。

安全间隔期　氟啶虫酰胺在以下作物使用的安全间隔期和每季最多使用次数分别是：黄瓜 3d，3 次；马铃薯 7d，2 次；苹果 21d，2 次。

注意事项　死亡较慢，药后 2～3d 死亡。

噻虫胺（clothianidin）

$C_6H_8ClN_5O_2S$，249.7

特点　第二代新烟碱类杀虫剂，与第一代的烯啶虫胺相比，其分子结构的主要差别为：一是用氯代噻唑基团取代了吡啶基团；二是用硝基亚胺取代了硝基亚甲基部分。5 位上的甲基提高了对刺吸害虫的活性，而 2-氯-5-噻唑基杂环则对咀嚼式口器害虫产生更高的效果。具有内吸、触杀和胃毒作用。适用于叶面喷雾和土壤处理防治刺吸式口器害虫及其他害虫，可用于防治蔬菜、果树、水稻及其他作物上的粉虱、蚜虫、叶蝉、蓟马、飞虱、跳甲等害虫。

毒性 低毒。

制剂 50%、30%水分散粒剂，18%种子处理悬浮剂，0.5%颗粒剂，10%、30%、48%悬浮剂，5%可湿性粉剂。

使用技术 防治番茄等蔬菜田烟粉虱，用有效成分45~60g/hm²喷雾；防治稻飞虱用有效成分90~150g/hm²喷雾。水稻田防治蓟马等，浸种催芽后，按推荐用药量的种子处理悬浮剂，将药剂加少量水稀释，每千克水稻种子用药液量以20mL为宜，与浸种、催芽露白的种子充分搅拌均匀，使药剂均匀附着在稻种表面，再摊晾25min左右播种。韭菜迟眼蕈蚊幼虫（韭蛆）盛发初期，噻虫胺药液灌根1次。按照包装上推荐用量，将所需制剂在喷雾器内稀释，去掉喷头将药液顺垄灌入韭菜根部。用噻虫胺颗粒剂防治甘蓝田跳甲，按有效成分300~375g/hm²施用，于种苗移栽前将药剂施于定植穴中。

安全间隔期 噻虫胺在番茄上使用的安全间隔期为7d，每生长季最多使用3次；韭菜上安全间隔期为14d，每季最多使用1次；在水稻上使用的安全间隔期为14d，每季最多使用2次。

注意事项 不能与其他新烟碱类杀虫剂混用；对蜜蜂有毒。

噻虫啉（thiacloprid）

$C_{10}H_9ClN_4S$，252.72

特点 噻虫啉是一种新烟碱类杀虫剂，作用于昆虫中枢神经系统突触后膜，与烟碱乙酰胆碱受体结合，引起神经通道的阻塞，干扰昆虫神经系统正常传导，造成乙酰胆碱的大量积累，从而使昆虫异常兴奋，全身痉挛、麻痹而死。对刺吸式和咀嚼式口器害虫均有效，具有较强的触杀、胃毒和内吸作用。

毒性 低毒。

制剂 1%、2%、3%微囊悬浮剂，25%、40%悬浮剂，21%可分散油悬浮剂，36%、50%水分散粒剂。常见的混配制剂有溴氰·噻虫啉。

使用技术 防治林木钻蛀性害虫天牛，于成虫羽化盛期，用微囊悬浮剂按有效成分15.38~22.22mg/kg进行林间喷雾。防治稻田飞虱，于飞虱低龄若虫盛发期施药，使用量为有效成分72~96g/hm²，兑水均匀喷雾。防治黄瓜、甘蓝上的蚜虫，于蚜虫发生初盛期施药，按有效成分48.6~100g/hm²兑水喷雾。

安全间隔期 噻虫啉在黄瓜上使用的安全间隔期为2d，每季最多使用2次；

在水稻上使用的安全间隔期为14d，每季最多使用2次；在甘蓝上的安全间隔期为7d，每季最多使用3次。

注意事项　不能与其他新烟碱类杀虫剂混用；不可与碱性农药等物质混用；对蜜蜂、家蚕有毒。

噻虫嗪（thiamethoxam）

$C_8H_{10}ClN_5O_3S$，291.71

其他名称　阿克泰、快胜。

特点　第二代新烟碱类杀虫剂，高效、低毒、安全、广谱。对害虫具有胃毒、触杀、内吸、拒食和驱避作用。使用后可被植物吸收，特别是当施于土壤或种子上时，可以被根部或刚萌芽的种苗吸收，并通过木质部向地上部输送，到达植株各部位，对刺吸式口器害虫（如蚜虫、飞虱、叶蝉、粉虱等）有良好的防效。

毒性　低毒。

制剂　25％水分散粒剂，21％、30％悬浮剂，70％种子处理可分散粉剂，30％种子处理悬浮剂。噻虫嗪的混配制剂有氯虫·噻虫嗪、噻虫·高氯氟、烯啶·噻虫嗪、噻虫·吡蚜酮、阿维·噻虫嗪等。

使用技术　用来防治多种蔬菜、果树、花卉、棉花、茶树、水稻、油菜等的刺吸式口器害虫，如粉虱、介壳虫、蚜虫、蓟马、飞虱、叶蝉等，还可用来防治油菜田的黄条跳甲。在害虫发生期，用25％水分散粒剂兑水喷雾。防治番茄、辣椒、茄子苗期粉虱，在定植前3～5d喷雾防治，也可采用药液灌根的方法防治蔬菜苗期粉虱。21％悬浮剂只登记用于观赏菊花上蚜虫、观赏玫瑰上蓟马的防治。用70％种子处理可分散粉剂进行种子包衣或拌种，可防治油菜、马铃薯、棉花和玉米田苗期刺吸式口器害虫。

安全间隔期　噻虫嗪在以下作物上按推荐剂量使用的安全间隔期及每季最多使用次数分别为：黄瓜上安全间隔期5d，4次；在番茄、辣椒、茄子上喷雾的安全间隔期推荐值3d，2次；在番茄、辣椒、茄子上灌根防治害虫的安全间隔期推荐值7d，1次；茶树上3d，4次；甘蔗上15d，2次；柑橘上14d，3次；防治花卉蓟马等一季最多施用2次；节瓜喷雾时7d，2次；马铃薯7d，2次；棉花上28d，3次；葡萄上7d，2次；十字花科蔬菜上喷雾防治害虫安全间隔期推荐值7d，2次；十字花科蔬菜灌根时，安全间隔期推荐值14d，一季最多施用1次；水稻上28d，2次；西瓜为7d，2次；烟草上14d，2次；油菜上21d，2次。

注意事项　避免在低于−10℃和高于35℃的环境中贮存。

烯啶虫胺（nitenpyram）

$$C_{11}H_{15}ClN_4O_2, 270.72$$

特点 第一代新烟碱类杀虫剂，高效、广谱，具有内吸、渗透作用。用量少，毒性低，持效期长，对作物安全。用于防治半翅目害虫，持效期可达 14d 左右。

毒性 低毒。

制剂 10％水剂，10％、50％可溶液剂，20％水分散粒剂。

使用技术 用于防治各种蚜虫、粉虱、叶蝉及蓟马等刺吸式口器害虫。防治柑橘蚜虫及棉田蚜虫，按有效成分 20～30mg/kg 药液喷雾；防治观赏菊花烟粉虱，用有效成分 44～66mg/kg 药液喷雾；防治甘蓝等上的蚜虫按有效成分 22.5～30g/hm^2 配制药液喷雾。

安全间隔期 烯啶虫胺在甘蓝上使用的安全间隔期为 14d，每季最多使用 2 次；棉花上安全间隔期 14d，每季最多使用 3 次；水稻上的安全间隔期为 14d，每季最多使用 2 次。

注意事项 不可与碱性农药及其他碱性物质混用；对桑蚕、蜜蜂高毒。

二、二酰胺类杀虫剂

二酰胺类杀虫剂（鱼尼丁受体杀虫剂）的作用机理是激活昆虫肌肉上的鱼尼丁受体，使肌肉细胞过度释放钙离子，引起肌肉调节衰弱、麻痹，导致昆虫停止活动和取食，最终瘫痪死亡，与其他类杀虫剂机理完全不同。对哺乳动物和害虫鱼尼丁受体表现极显著的选择性差异，大大提高了对哺乳动物和其他脊椎动物的安全性。与现有其他类别的杀虫剂无交互抗性。

氟苯虫酰胺（flubendiamide）

$$C_{23}H_{22}F_7IN_2O_4S, 682.39$$

特点 氟苯虫酰胺具有胃毒作用，渗透性强，药物渗透进植株体内后通过木质部略有传导，耐雨水冲刷。

毒性 低毒。

制剂　20％水分散粒剂。混配制剂有10％阿维·双酰胺悬浮剂。

使用技术　主要用于防治鳞翅目害虫。防治蔬菜田甜菜夜蛾和小菜蛾，按有效成分45～50g/hm²兑水喷雾，持效期15d以上。玉米螟卵孵化盛期至低龄幼虫期，按有效成分24～36g/hm²喷雾，30d后才能使用第2次。

安全间隔期　氟苯虫酰胺在以下作物上使用的安全间隔期及每季最多使用次数分别是：白菜3d 3次；甘蔗7d 2次；玉米14d 2次。

注意事项　避免与二酰胺类其他农药交替施用；对大型溞剧毒，对藻类高毒，自2018年10月1日起，禁止氟苯虫酰胺及其混配制剂在水稻上使用。

氯虫苯甲酰胺（chlorantraniliprole）

$C_{18}H_{14}N_5O_2BrCl_2$，483.15

特点　氯虫苯甲酰胺具有胃毒作用，渗透性强，是防治蔬菜等上鳞翅目害虫的良好药剂，持效性好。可降低多种夜蛾科成虫的产卵量。持效期15d以上，对农产品无残留影响，同其他农药混合性能好。

毒性　微毒。

制剂　5％、200g/L悬浮剂。混配制剂有氯虫·噻虫嗪、阿维·氯苯酰等。

使用技术　主要用于防治鳞翅目害虫。5％悬浮剂防治蔬菜上的甜菜夜蛾、斜纹夜蛾、小菜蛾、棉铃虫等，按有效成分22.5～41.25g/hm²用量兑水喷雾。20％悬浮剂防治稻纵卷叶螟、二化螟、三化螟、大螟，按有效成分15～30g/hm²兑水于卵孵化高峰期茎叶均匀喷雾；防治玉米上玉米螟、黏虫、二点委夜蛾、小地老虎等鳞翅目害虫，有效成分用量分别为9～15g/hm²、30～45g/hm²、21～30g/hm²、10～20g/hm²。菜用大豆豆荚螟产卵高峰期，按有效成分18～36g/hm²兑水均匀茎叶喷雾。

安全间隔期　氯虫苯甲酰胺在以下作物上使用的推荐安全间隔期及每季最多使用次数分别为：甘蓝1d，2次；花椰菜、辣椒为5d，2次；西瓜为10d，2次；豇豆为5d，2次；水稻为7d，2次；玉米为21d，2次；菜用大豆为7d，2次；棉花为14d，2次。

注意事项　避免与二酰胺类其他农药交替施用。

溴氰虫酰胺（cyantraniliprole）

$$C_{19}H_{14}BrClN_6O_2，473.72$$

其他名称　倍内威。

特点　新型苯甲酰胺类杀虫剂，以胃毒作用为主，兼具触杀作用，杀虫谱广，既能防治咀嚼式口器害虫，又能防治刺吸式、锉吸式及刮吸式口器害虫，对鳞翅目、半翅目（粉虱、蚜虫等）、双翅目（潜叶蝇）、鞘翅目（跳甲）、缨翅目（蓟马）等害虫皆有效。当蔬菜、农作物上鳞翅目害虫、蚜虫、粉虱、蓟马、潜叶蝇等混合发生时，选用该药剂能达到一次用药、兼治多种类型害虫的目的。

毒性　微毒。

制剂　10%可分散油悬浮剂，10%悬乳剂，19%悬浮剂。

使用技术　溴氰虫酰胺可用于防治下列害虫。葱斑潜蝇用有效成分 21～36g/hm²，蓟马用有效成分 27～36g/hm²，甜菜夜蛾用有效成分 15～27g/hm²，发生初期兑水喷雾。防治为害十字花科蔬菜的黄条跳甲用有效成分 36～42g/hm²，蚜虫用有效成分 45～60g/hm²，于发现为害时使用。防治小菜蛾、斜纹夜蛾、菜青虫等鳞翅目食叶害虫，按有效成分 15～21g/hm² 于卵孵化盛期及低龄幼虫盛期喷雾。防治番茄、黄瓜田粉虱类，按有效成分 65～85g/hm² 兑水喷雾，尤其注意喷洒到叶片背面，7d 后再使用一次。防治豇豆上的蓟马、蚜虫，按有效成分 21～27g/hm² 于初见为害时使用。防治豆荚螟及棉铃虫等钻蛀性害虫，按有效成分 56～60g/hm² 于初见为害时喷雾。防治水稻鳞翅目害虫如二化螟、稻纵卷叶螟等，按有效成分 30～39g/hm²，于卵孵化盛期及低龄幼虫期使用。

安全间隔期　溴氰虫酰胺在豇豆、小白菜、大葱、黄瓜、番茄上使用的推荐安全间隔期都是 3d，每季最多使用 3 次；在西瓜上的安全间隔期 5d，每季最多使用 3 次；棉花上的安全间隔期 14d，每季最多使用 3 次；水稻上使用的安全间隔期 21d，每季最多使用 2 次。

注意事项　避免与二酰胺类其他农药交替施用；不可与强酸、强碱性物质混用；对蜜蜂、家蚕有毒；配制后在 3h 内使用。

三、昆虫生长调节剂

昆虫生长调节剂是破坏昆虫正常生长发育而使昆虫个体死亡或生活能力减弱的

杀虫剂。这类杀虫剂作用机制独特，对环境安全，杀虫谱广，杀虫活性高。

昆虫生长调节剂包括三种类型，即保幼激素类似物、具蜕皮激素活性化合物以及几丁质合成抑制剂。其中几丁质合成抑制剂最为常见，多数是苯甲酰脲类化合物，也有其他类化合物如灭蝇胺、噻嗪酮等，作用结果是使昆虫新表皮不能正常形成，导致昆虫不能正常蜕皮而死亡。昆虫中毒后，并不立即死亡，必须等发育到蜕皮阶段才死亡，一般需经过2～3d后才显出杀虫作用。只对蜕皮过程的虫态起作用，对鳞翅目幼虫表现为很好的杀虫活性，而且对低龄幼虫效果更好，所以需要在低龄幼虫期施药。虽对成虫无效，但有不育作用，可使成虫产卵量减少，卵孵化率降低。当害虫严重发生时，应与速效性杀虫剂混用。苯甲酰脲类杀虫剂表现为胃毒作用，兼有触杀作用，无内吸作用。对人类安全，与其他类别杀虫剂无交互抗性。对蜜蜂安全，但对家蚕毒性大，对虾、蟹幼体有害。苯甲酰脲类化合物常用种类有灭幼脲、除虫脲、氟虫脲、氟铃脲、杀铃脲、氟啶脲等。

吡丙醚 （pyriproxyfen）

$C_{20}H_{19}NO_3$，321.37

特点　苯醚类昆虫生长调节剂，是保幼激素类型的几丁质合成抑制剂，抑制昆虫胚胎发育及卵的孵化，即具杀卵活性。吡丙醚还广泛用于卫生害虫的防治。

毒性　低毒。

制剂　100g/L乳油。

使用技术　登记用于番茄上粉虱、柑橘上木虱的防治。粉虱发生初期，按有效成分72～90g/hm² 兑水喷雾，尤其注意喷透叶片背面。防治柑橘木虱按有效成分67～100mg/kg 兑水，于若虫孵化初期喷雾。

安全间隔期　吡丙醚在番茄上使用的安全间隔期为7d，每季最多使用2次；在柑橘上的安全间隔期为28d，每季最多使用2次。

注意事项　对蚕、水生生物有毒。

虫酰肼 （tebufenozide）

$C_{22}H_{28}N_2O_2$，352.47

其他名称　米满。

特点　双酰肼类化合物，具有蜕皮激素活性，促使幼虫停止取食、提早蜕皮而死于蜕皮障碍。具胃毒和触杀作用，杀虫活性高，选择性强，并有杀卵活性，对所有鳞翅目幼虫均有效。

毒性　低毒。

制剂　20%、10%、30%悬浮剂，10%乳油。含有虫酰肼的混配制剂有甲维·虫酰肼、虫酰·毒死蜱、虫酰·辛硫磷等。

使用技术　用于防治蔬菜、果树、林木上的鳞翅目幼虫，在幼虫低龄期兑水喷雾。防治十字花科蔬菜甜菜夜蛾有效成分用量为 210～300g/hm²，防治苹果卷叶蛾用有效成分 100～140mg/kg 药液喷雾，防治马尾松毛虫用有效成分 60～120mg/kg 药液喷雾。

安全间隔期　虫酰肼在甘蓝上使用的安全间隔期是 7d，每季最多使用 2 次。

注意事项　适宜在幼虫低龄期施用；药效慢；对家蚕、蜜蜂高毒。

除虫脲 （diflubenzuron）

$C_{14}H_9ClF_2N_2O_2$，310.68

其他名称　伏虫脲、氟脲杀、敌灭灵。

特点　具有胃毒和触杀作用，对鳞翅目害虫防效好，对刺吸式口器昆虫无效。用药 3d 后害虫死亡，5d 达死亡高峰。

毒性　低毒。

制剂　25%、5%、75%可湿性粉剂，20%悬浮剂，5%乳油。混配制剂有除脲·辛硫磷、阿维·除虫脲等。

使用技术　主要用于防治鳞翅目害虫。防治十字花科蔬菜的菜青虫、小菜蛾，按有效成分 189～236g/hm² 用量兑水喷雾；防治苹果金纹细蛾，用有效成分 125～250mg/kg 药液喷雾；防治林木上的松毛虫，用有效成分 40～60mg/kg 药液喷雾，或按有效成分 30～45g/hm² 用量进行超低容量喷雾；防治麦田黏虫，按有效成分 22.5～75g/hm² 用量兑水喷雾；防治柑橘锈壁虱、潜叶蛾等，用有效成分 62～125mg/kg 药液喷雾；防治茶尺蠖，用有效成分 33～35mg/kg 药液喷雾。

安全间隔期　除虫脲在十字花科蔬菜上使用的安全间隔期为 7d，每季最多使用 3 次。

注意事项　害虫低龄期用药；对蜜蜂、蚕有毒。

丁醚脲（diafenthiuron）

$$C_{23}H_{32}N_2OS,\ 384.58$$

其他名称　杀螨脲、宝路。

特点　杀虫杀螨剂，具有触杀、胃毒作用，防治对氨基甲酸酯、有机磷和拟除虫菊酯类杀虫剂产生抗性的害虫具有较好的效果。

毒性　低毒。

制剂　25％乳油，50％可湿性粉剂。

使用技术　登记用于防治十字花科蔬菜小菜蛾和菜青虫，防治小菜蛾用量为有效成分 $300\sim450g/hm^2$，防治菜青虫用有效成分 $225\sim375g/hm^2$，兑水喷雾。

安全间隔期　丁醚脲在十字花科蔬菜上使用的安全间隔期为 7d，每季最多使用 1 次。

注意事项　对蜜蜂、家蚕有毒；与不同作用机理杀虫剂交替使用。

氟虫脲（flufenoxuron）

$$C_{21}H_{11}ClF_6N_2O_3,\ 488.77$$

其他名称　卡死克。

特点　是一种杀虫杀螨剂，作用缓慢，一般施药后 10d 才有明显药效，对天敌安全。具有胃毒作用和触杀作用。不仅对鳞翅目害虫有效，而且具有杀螨作用。氟虫脲杀幼螨、若螨效果好，不能直接杀死成螨，但接触药剂的雌成螨产卵量减少，并且不育或产的卵不孵化。

毒性　低毒。

制剂　5％可分散液剂。

使用技术　防治柑橘红蜘蛛、锈壁虱和苹果红蜘蛛，用有效成分 $50\sim70mg/kg$ 药液喷雾；防治柑橘潜叶蛾用有效成分 $25\sim50mg/kg$ 药液喷雾。

安全间隔期　氟虫脲在柑橘、苹果上使用的安全间隔期为 30d，每季最多使用 2 次。

注意事项　害虫低龄期用药；对蚕有毒。

氟啶脲（chlorfluazuron）

$C_{20}H_9Cl_3F_5N_3O_3$，540.65

其他名称 抑太保、定虫脲、氟虫脲。

特点 氟啶脲具有胃毒作用和触杀作用，但作用速度较慢。

毒性 低毒。

制剂 5％乳油。混配制剂有甲维·氟啶脲、高氯·氟啶脲、氟啶·毒死蜱等。

使用技术 对鳞翅目害虫防效好，但对蚜虫、叶蝉、飞虱等半翅目害虫无效。5％乳油防治十字花科蔬菜小菜蛾、菜青虫、甜菜夜蛾等，按有效成分 30～60g/hm^2 用量兑水喷雾；防治棉田棉铃虫，按有效成分 75～105g/hm^2 用量兑水喷雾；防治柑橘潜叶蛾，用有效成分 16.7～25mg/kg 药液喷雾。

安全间隔期 氟啶脲在甘蓝、萝卜等十字花科蔬菜上使用的安全间隔期为 7d，每季最多使用 3 次。

注意事项 害虫低龄期用药；对蜜蜂、家蚕有毒。

氟铃脲（hexaflumuron）

$C_{16}H_8Cl_2F_6N_2O_3$，461.14

其他名称 盖虫散。

特点 具胃毒和触杀作用，击倒力强；作用迅速，兼有杀卵作用。

毒性 低毒。

制剂 5％乳油，20％水分散粒剂。氟铃脲可与多种杀虫剂制成混配制剂，如氟铃·毒死蜱、甲维·氟铃脲、高氯·氟铃脲等。

使用技术 用于鳞翅目害虫的防治，在幼虫低龄期均匀喷雾，注意喷洒到叶片背面。防治十字花科蔬菜小菜蛾、甜菜夜蛾，按有效成分 45～60g/hm^2 用量兑水喷雾；防治棉田棉铃虫按有效成分 90～120g/hm^2 用量兑水喷雾。

安全间隔期 氟铃脲在甘蓝上使用的安全间隔期为 7d，每季最多使用 2 次。

注意事项 害虫低龄期用药；钻蛀性害虫应在产卵盛期、卵孵化盛期施药；喷洒均匀；对家蚕高毒。

甲氧虫酰肼（methoxy-fenozide）

$C_{22}H_{28}N_2O_3$，368.47

特点 双酰肼类昆虫生长调节剂，可诱使害虫过早蜕皮，从而相对快速地抑制昆虫进食。

毒性 低毒。

制剂 24%悬浮剂。

使用技术 用于防治蔬菜、果树上鳞翅目害虫，幼虫低龄期兑水喷雾。防治苹果小卷叶蛾用有效成分 $48\sim80mg/kg$ 药液于新梢抽发期喷雾 $1\sim2$ 次；防治甘蓝田甜菜夜蛾有效成分用量为 $36\sim72g/hm^2$；防治稻田二化螟用有效成分 $70\sim100g/hm^2$ 药液喷雾。

安全间隔期 甲氧虫酰肼在水稻上使用的安全间隔期是 45d，每季最多使用 2 次；甘蓝上使用是 7d，4 次；苹果上使用是 70d，2 次。

注意事项 适宜在幼虫低龄期施用；药效慢；对蜜蜂、家蚕有毒。

灭蝇胺（cyromazine）

$C_6H_{10}N_6$，166.18

特点 昆虫生长调节剂，抑制昆虫几丁质的合成，具有内吸、触杀和胃毒作用。其特点是有强内吸传导作用，使双翅目幼虫和蛹在发育过程中发生形态畸变，成虫羽化受抑制或不完全。

毒性 低毒。

制剂 30%、50%、70%、75%可湿性粉剂，20%、50%可溶粉剂，80%、70%、60%水分散粒剂，10%、20%、30%悬浮剂。含有灭蝇胺的混配制剂有灭胺·杀虫单、灭胺·毒死蜱等。

使用技术 用于防治双翅目害虫。防治多种蔬菜上的潜叶蝇，在初见症状时兑水喷雾，$7\sim10d$ 后再使用一次，有效成分使用量为 $187\sim225g/hm^2$。生产上还用于防治韭蛆，10%灭蝇胺悬浮剂亩用 $75\sim90g$，用高压喷雾器顺垄喷药。

安全间隔期 灭蝇胺在黄瓜上使用的安全间隔期为 7d，每季最多使用 2 次；

在菜豆上的安全间隔期为 5d，每季最多使用 3 次。

注意事项　不能与强碱性农药等化学物质混用；在潜叶蝇发生量大时应配合其他药剂使用。

灭幼脲 （chlorbenzuron）

$C_{14}H_{10}Cl_2N_2O_2$，308

其他名称　灭幼脲三号、苏脲一号、一氯苯隆。

特点　以胃毒作用为主，对鳞翅目幼虫表现为很好的杀虫活性，对益虫和蜜蜂等膜翅目昆虫和森林鸟类几乎无害。

毒性　低毒。

制剂　25％、20％悬浮剂，25％可湿性粉剂。常见的混配制剂有阿维·灭幼脲、哒螨·灭幼脲、灭脲·吡虫啉等。

使用技术　用于防治鳞翅目害虫，在幼虫低龄期均匀施药。防治苹果金纹细蛾等鳞翅目害虫，按有效成分 $100\sim167mg/hm^2$ 用量兑水喷雾；防治菜青虫按有效成分 $37.5\sim75g/hm^2$ 用量兑水喷雾；防治松毛虫按有效成分 $112\sim150g/hm^2$ 用量兑水喷雾。

安全间隔期　灭幼脲在甘蓝上使用的安全间隔期为 7d，每季最多使用 2 次。

注意事项　害虫低龄期用药；对蚕高毒。

噻嗪酮 （buprofezin）

$C_{16}H_{23}N_3OS$，305.44

其他名称　优乐得、扑虱灵、稻虱净、稻虱灵。

特点　噻嗪酮是一种杂环类昆虫几丁质合成抑制剂，使昆虫不能形成新表皮而导致害虫死亡，药效慢，害虫在药后 $3\sim7d$ 才能达到死亡高峰，药效持效期长达 30d 以上。以触杀作用为主，兼具胃毒作用，具渗透性。虽然对成虫无直接杀死作用，但可减少成虫的产卵量并降低卵的孵化率。由于其独特的作用机理，防治对有机磷类、氨基甲酸酯类以及拟除虫菊酯类等农药产生耐药性的害虫具有较好效果。

毒性　低毒。

制剂　25％、65％、80％可湿性粉剂，25％、40％、50％悬浮剂，40％、20％

水分散粒剂等。含有噻嗪酮的混配制剂很多，如噻嗪·异丙威、噻嗪·杀扑磷等。

使用技术 用于防治果树、茶树、水稻等上的刺吸式害虫如叶蝉、飞虱、介壳虫等，各种制剂兑水喷雾。防治稻田飞虱、叶蝉类，有效成分 $90\sim150g/hm^2$；防治柑橘矢尖蚧，用有效成分 $166.7\sim250mg/kg$ 药液；防治茶小绿叶蝉，用有效成分 $166.7\sim250mg/kg$ 药液。

安全间隔期 噻嗪酮在以下作物上使用的安全间隔期及每季最多使用次数分别为：水稻 14d，2 次；柑橘 35d，2 次；茶树 10d，1 次。

注意事项 在防治对象的低龄期喷雾；尽量喷洒均匀。

杀铃脲（triflumuron）

$C_{15}H_{10}ClF_3N_2O_3$，358.7

其他名称 杀虫脲、氟幼灵。

特点 具有触杀和胃毒作用，但无内吸作用。

毒性 微毒。

制剂 5％、20％、40％悬浮剂，5％乳油。

使用技术 用于鳞翅目害虫的防治，幼虫低龄期兑水喷雾。防治十字花科蔬菜小菜蛾、菜青虫，有效成分用量为 $37.5\sim52.5g/hm^2$；防治苹果园金纹细蛾用有效成分 $33\sim50mg/kg$ 药液喷雾；防治柑橘潜叶蛾，用有效成分 $57\sim80mg/kg$ 药液喷雾。

安全间隔期 杀铃脲在甘蓝上使用的安全间隔期为 21d，每季最多使用 1 次。

注意事项 害虫低龄期用药；对蚕高毒。

虱螨脲（lufenuron）

$C_{17}H_8Cl_2F_8N_2O_3$，511.15

其他名称 美除。

特点 可用于防治对拟除虫菊酯类和有机磷酸酯类产生抗性的害虫。持效期长，耐雨水冲刷。具有胃毒和触杀作用，首次作用缓慢，且有杀卵作用，可杀灭新产虫卵，施药后 $2\sim3d$ 见效果。主要用于防治鳞翅目害虫，也可用于锈壁虱等害螨的防治。

毒性 低毒。对蜜蜂和大黄蜂低毒，对哺乳动物低毒，蜜蜂采蜜时可以使用。

制剂 5%乳油。

使用技术 适用于防治鳞翅目害虫，在卵孵化盛期喷雾。防治豆荚螟、甘蓝田甜菜夜蛾、番茄田棉铃虫等，按有效成分 30～37.5g/hm² 兑水喷雾；防治果树卷叶蛾、柑橘潜叶蛾及锈壁虱等，用有效成分 25～50mg/kg 药液喷雾；防治棉田棉铃虫，按有效成分 37.5～45g/hm² 兑水喷雾；防治马铃薯块茎蛾，按有效成分 30～45g/hm² 用量兑水喷雾。

安全间隔期 虱螨脲在苹果树上使用的安全间隔期为 21d，每季最多使用 3次；在柑橘上使用为 28d，2次；在甘蓝上使用为 10d，2次。

注意事项 幼虫钻蛀前即卵孵化盛期喷雾。

四、拟除虫菊酯类杀虫剂

拟除虫菊酯类杀虫剂是模拟天然除虫菊素的化学结构人工合成的一类杀虫剂，杀虫谱广、高效，速效性好，击倒力强，害虫严重发生时见效快。这类杀虫剂作用于神经纤维膜，改变膜对钠离子的通透性，从而干扰神经传导而使害虫死亡。可用于防治农林、园艺、仓库、畜牧、卫生等多种害虫，对咀嚼式口器和刺吸式口器的害虫均有良好防治效果。有些含氟基团的品种可作为杀虫杀螨剂使用。具有触杀和胃毒作用，但无内吸作用。害虫易产生耐药性，为此应在害虫发生严重且关键世代使用该类杀虫剂，且一年内只使用 1～2 次。拟除虫菊酯类杀虫剂是一类负温度系数的药剂，即在一定的温度范围内（20～30℃），随着温度的降低而药效提高。该类杀虫剂对人畜毒性一般比有机磷类和氨基甲酸酯类杀虫剂低。在自然界易分解，使用后残留量低，不易污染环境。

氟氯氰菊酯 （cyfluthrin）

$C_{22}H_{18}Cl_2FNO_3$，434.29

其他名称 百树菊酯、百树得、氟氯氰醚菊酯。

毒性 中等毒。

制剂 5%、5.7%乳油，5.7%水乳剂。常与有机磷杀虫剂制成混配制剂，如氟氯·丙溴磷、氟氯·毒死蜱、唑磷·氟氯氰等。

使用技术 用于防治蔬菜、棉花上的鳞翅目和半翅目害虫。防治菜青虫，按有效成分 25～34g/hm² 用量兑水喷雾；防治十字花科蔬菜蚜虫，按有效成分 20～25g/hm² 用量兑水喷雾；防治棉田棉铃虫及棉红铃虫，按有效成分 24～37.5g/hm²，于卵孵化高峰期和低龄幼虫高峰期兑水喷雾。

高效氟氯氰菊酯 （*beta*-cyfluthrin）是氟氯氰菊酯的高效异构体，商品名为保得，制剂有 2.5％乳油、2.5％微乳剂、2.5％水乳剂。使用技术和防治对象同氟氯氰菊酯，但用量小，有效成分 15g/hm² 左右，兑水喷雾。

安全间隔期 在以下作物上使用的安全间隔期及每季最多使用次数分别是：甘蓝 7d，2 次；棉花、苹果 15d，3 次。

注意事项 对家蚕、蜜蜂有毒；与不同作用机理的杀虫剂交替使用；在气温低时防效更好。

高效氯氟氰菊酯 （*lambda*-cyhalothrin）

$C_{23}H_{19}ClF_3NO_3$，449.85

其他名称 功夫。

特点 含氟拟除虫菊酯类杀虫剂，具有触杀和胃毒作用，无内吸作用，击倒性强。负温度系数药剂，防治低温的早春发生的害虫也有较好的防效。

毒性 中等毒。

制剂 2.5％水乳剂，2.5％乳油，5％微乳剂，2.5％可湿性粉剂，10％种子处理微胶囊悬浮剂。混配制剂有甲维·高氟氯、氟氯·毒死蜱、氟氯·啶虫脒等。

使用技术 可用于防治蔬菜、果树、小麦、大豆、棉花等多种作物上的鳞翅目、半翅目害虫及螨类，如蔬菜上的菜青虫、蚜虫、红蜘蛛，棉花上的棉铃虫、棉蚜、棉红蜘蛛，荔枝上的蝽类，茶树的茶尺蠖、小绿叶蝉，麦田的麦蚜、黏虫，梨树的梨小食心虫，苹果园的桃小食心虫、红蜘蛛，大豆食心虫等。每公顷有效成分用量在 15g 左右，兑水喷雾。10％种子处理微胶囊悬浮剂用于玉米种子包衣，防治蛴螬。防治钻蛀性害虫如桃小食心虫、柑橘树潜叶蛾等，应在卵孵化高峰期、幼虫还未钻蛀前用药。

安全间隔期 高效氯氟氰菊酯在以下作物上使用的安全间隔期及每季最多使用次数分别为：茶树 5d，1 次；大豆 20d，2 次；柑橘 21d，3 次；果菜类 3d，3 次；叶菜类 7d，3 次；梨树 21d，3 次；棉花 21d，3 次；苹果 21d，2 次。

注意事项 喷洒均匀；与其他类型杀虫剂交替使用；对鱼、蚕、蜜蜂、蚯蚓有毒；勿与碱性介质混用；在钻蛀性害虫孵化盛期喷雾；在气温低时防效更好，因此使用时应避开高温天气。

高效氯氰菊酯（*beta*-cypermethrin）

(S)-α-氰基-3-苯氧基苄基-(1R)-顺-3-(2,2-
二氯乙烯基)-2,2-二甲基环丙烷羧酸酯

(R)-α-氰基-3-苯氧基苄基-(1S)-顺-3-(2,2-
二氯乙烯基)-2,2-二甲基环丙烷羧酸酯

(S)-α-氰基-3-苯氧基苄基-(1R)-反-3-(2,2-
二氯乙烯基)-2,2-二甲基环丙烷羧酸酯

(R)-α-氰基-3-苯氧基苄基-(1S)-反-3-(2,2-
二氯乙烯基)-2,2-二甲基环丙烷羧酸酯

$C_{22}H_{19}Cl_2NO_3$，416.30

毒性　中等毒。

制剂　4.5%、2.5%、10%乳油，4.5%水乳剂，4.5%、5%可湿性粉剂，4.5%、5%微乳剂，5%悬浮剂等。高效氯氰菊酯可与多种农药制成混配制剂，如阿维·高氯、高氯·灭幼脲、高氯·马等。高效氯氰菊酯由顺式体和反式体的两个对映体组成（比例为1:1）。

使用技术　广泛用于防治农业害虫和卫生害虫。对鳞翅目、半翅目、双翅目、鞘翅目等害虫均有良好的防效。防治蔬菜、果树、大田作物等害虫，一般用量为有效成分20.25～27g/hm²，兑水喷雾。

安全间隔期　高效氯氰菊酯在以下作物上使用的安全间隔期及每季最多使用次数分别为：茶树10d，1次；十字花科蔬菜7d，3次；柑橘40d，3次；辣椒7d，2次；棉花14d，3次；苹果树21d，4次。

注意事项　对蚕、蜜蜂有毒；与其他类型杀虫剂交替使用，以延缓害虫抗性发展；在气温低时防效更好。

甲氰菊酯（fenpropathrin）

$C_{22}H_{23}NO_3$，349.42

其他名称　灭扫利。

毒性 中等毒。

制剂 20%乳油。含甲氰菊酯的混配制剂很多，如甲氰·噻螨酮、阿维·甲氰、甲氰·氧乐果等。

使用技术 甲氰菊酯是一种杀虫杀螨剂，对害虫、害螨均有良好的防治效果。可用于棉花、果树、茶树、蔬菜等作物上，防治鳞翅目、半翅目、双翅目、鞘翅目等害虫和害螨，尤其在虫、螨同时发生时，可收到两者兼治效果。

安全间隔期 甲氰菊酯在以下作物上使用的安全间隔期及每季最多使用次数分别是：茶树 7d，1 次；甘蓝 3d，3 次；柑橘树和苹果树 30d，3 次；棉花 14d，3 次。

注意事项 对家蚕、蜜蜂有毒；与不同作用机理的杀虫剂交替使用；在气温低时防效更好，因此使用时应避开高温天气。

联苯菊酯（bifenthrin）

$C_{23}H_{22}ClF_3O_2$，422.87

其他名称 氟氯菊酯、天王星、虫螨灵等。

特点 具有触杀和胃毒作用，无内吸作用。

毒性 中等毒。

制剂 2.5%、10%乳油。混配制剂很多，如联菊·啶虫脒、阿维·联苯菊、联苯·吡虫啉、联苯·炔螨特等。

使用技术 用于防治蔬菜、果树、茶树、棉花等上的红蜘蛛、叶蝉、粉虱、鳞翅目潜叶蛾、食心虫等。防治茶树叶蝉、粉虱，按有效成分 $30\sim37.5g/hm^2$ 用量兑水喷雾；防治苹果、柑橘螨类，用有效成分 $20\sim30mg/kg$ 药液喷雾；防治棉田棉铃虫按有效成分 $38\sim52g/hm^2$ 用量兑水喷雾；防治番茄田粉虱按有效成分 $7.5\sim15g/hm^2$ 兑水喷雾。

安全间隔期 联苯菊酯在以下作物上使用的安全间隔期及每季最多使用次数分别为：茶树 7d，1 次；番茄 4d，3 次；棉花 14d，3 次；苹果树 10d，3 次；柑橘 21d，3 次。

注意事项 喷洒均匀；与其他类型杀虫剂交替使用；对鱼、蚕、蜜蜂、蚯蚓有毒；勿与碱性介质混用；在钻蛀性害虫孵化盛期喷雾；在气温低时防效更好，因此使用时应避开高温天气。

氯氰菊酯 （cypermethrin）

$$C_{22}H_{19}Cl_2NO_3，416.30$$

其他名称　安绿保、兴棉宝、韩乐宝、阿锐克、赛波凯、灭百可等。

特点　具有触杀和胃毒作用，无内吸作用。

毒性　中等毒。

制剂　5％、10％、20％乳油。氯氰菊酯与多种其他类杀虫剂制成混配制剂，如氯氰·毒死蜱、氯氰·辛硫磷、氯氰·吡虫啉、甲维盐·氯氰等。

使用技术　兑水喷雾，防治蔬菜、果树、茶树、棉花、油菜等上的鳞翅目、鞘翅目、半翅目、双翅目和缨翅目害虫，如蚜虫、蓟马、尺蠖、棉铃虫、菜青虫、小菜蛾、甜菜夜蛾、豆荚螟、潜叶蛾、黄条跳甲、瓜实蝇、椿象等，对钻蛀性害虫，在卵孵化盛期、幼虫钻蛀前用药。

安全间隔期　氯氰菊酯在十字花科叶菜类上使用的安全间隔期为 7d，每季最多使用 2 次；苹果树为 21d，每季最多使用 3 次。

注意事项　喷洒均匀；与其他类型杀虫剂交替使用；对鱼、蚕、蜜蜂、蚯蚓有毒；勿与碱性介质混用；在钻蛀性害虫孵化盛期喷雾；在气温低时防效更好，因此使用时应避开高温天气。

氰戊菊酯 （fenvalerate）

$$C_{25}H_{22}ClNO_3，419.9$$

其他名称　速灭杀丁、速灭菊酯。

毒性　中等毒。

制剂　20％乳油。氰戊菊酯与多种有机磷杀虫剂制成混配制剂，如氰戊·丙溴磷、氰戊·辛硫磷、氰戊·马拉松等。

使用技术　用于防治棉花、果树、蔬菜、大豆、小麦等上的鳞翅目害虫和半翅目害虫，如棉铃虫、潜叶蛾、食心虫、菜青虫、小菜蛾、蚜虫、介壳虫等。

安全间隔期　氰戊菊酯在甘蓝上使用的安全间隔期是 3d，每季最多使用 3 次；在苹果树上的安全间隔期是 14d，每季最多使用 3 次。

注意事项　茶树上禁用；在气温低时防效更好，因此使用时应避开高温天气。

溴氰菊酯（deltamethrin）

$C_{22}H_{19}Br_2NO_3$，505.20

其他名称　敌杀死、凯素灵、凯安保。

特点　具有触杀、胃毒作用，兼有驱避和拒食作用，无内吸作用。负温度系数药剂。

毒性　中等毒。

制剂　2.5%、5%乳油，2.5%水乳剂，2.5%悬浮剂，2.5%可湿性粉剂等。混配制剂有溴氰·氧乐果、溴氰·辛硫磷等。

使用技术　防治茶树、柑橘、苹果、梨、小麦、白菜、花生、油菜、玉米、烟草、大豆、谷子、烟草等多种果树、蔬菜、作物上的鳞翅目、半翅目害虫。防治蔬菜、大田作物害虫，按有效成分 $7.5\sim15g/hm^2$ 用量兑水喷雾；防治果树害虫用有效成分 $5\sim10mg/kg$ 药液喷雾；防治玉米螟按有效成分 $7.5\sim10.5g/hm^2$ 用量，制成毒土或毒沙，喇叭口期撒施。

安全间隔期　溴氰菊酯在以下作物上使用的安全间隔期及每季最多使用次数分别为：大白菜 2d，3 次；茶树 5d，1 次；梨树、苹果树 5d，3 次；大豆 7d，2 次；棉花和花生 14d，3 次；柑橘树及荔枝树 28d，3 次。

注意事项　喷洒均匀；与其他类型杀虫剂交替使用；勿与碱性介质混用；在孵化盛期喷雾；在气温低时防效更好，因此使用时应避开高温天气。

五、有机磷酸酯类杀虫剂

有机磷酸酯类杀虫剂的作用机制是抑制乙酰胆碱酯酶的活性，破坏昆虫正常的神经传导，引起异常兴奋、痉挛、麻痹等中毒症状，直至死亡。有机磷杀虫剂多数品种属高毒或中等毒性，少数低毒。有机磷酸酯类杀虫剂具有如下特点：

① 杀虫谱较宽。目前常用品种可以防治多种农林害虫，有些可用于防治卫生害虫及家畜、禽体外寄生虫。

② 作用方式多样。大多数品种具有触杀和胃毒作用，有些品种具有内吸作用或渗透作用，个别品种具有熏蒸作用。

③ 施用方法多种多样。喷雾、涂抹、地下施用，防治地上、地下、钻蛀、刺吸式等不同类型的农林害虫。

④ 有些品种毒性较高，使用时应注意安全。

⑤ 中毒解救。有机磷杀虫剂虽然毒性偏高，易造成人、畜中毒，但有高效解

毒药如阿托品、解磷定。

⑥ 抗性产生较慢，对作物较安全。

⑦ 绝大多数品种在碱性条件下易分解，因此，不能与碱性物质混用。

高毒的有机磷农药已逐步被禁用，毒死蜱、三唑磷等中等毒性的种类已被限用，乙酰甲胺磷将被限用。自 2007 年 1 月 1 日起，我国已全面禁止甲胺磷、甲基对硫磷、对硫磷、久效磷、磷胺 5 种高毒有机磷杀虫剂的生产、流通和使用，禁止在任何作物、任何情况下使用以上 5 种有机磷杀虫剂。自 2013 年 10 月 31 日起，停止销售和使用苯线磷、地虫硫磷、甲基硫环磷、硫线磷、蝇毒磷、治螟磷、特丁硫磷。自 2016 年 12 月 31 日起，禁止毒死蜱和三唑磷在蔬菜上使用。自 2019 年 8 月 1 日起，将禁止乙酰甲胺磷、乐果在蔬菜、瓜果、茶叶、菌类和中草药植物上使用。

倍硫磷 （fenthion）

$C_{10}H_{15}O_3PS_2$；278.33

其他名称 百治屠。

特点 具有触杀和胃毒作用，对植物具有一定渗透作用，无内吸性，杀虫谱广，持效期长达 40d。

毒性 中等毒。

制剂 50%乳油。

使用技术 防治十字花科蔬菜蚜虫，按有效成分 300～450g/hm² 兑水喷雾；防治大豆食心虫，按有效成分 900～1200g/hm² 兑水喷雾；防治小麦吸浆虫，按有效成分 375～750g/hm² 兑水喷雾；防治桃小食心虫，用 1000～2000 倍液喷雾；防治棉田棉铃虫及棉蚜，按有效成分 375～750g/hm² 兑水喷雾；防治水稻螟虫，按有效成分 562.5～1125g/hm² 兑水喷雾，或按有效成分 1125g/hm² 兑水泼浇或撒毒土。

安全间隔期 倍硫磷在十字花科蔬菜上使用的安全间隔期为 10d，每季最多使用 2 次；小麦为 30d，最多 2 次。

注意事项 对十字花科蔬菜的幼苗及梨、桃、高粱、啤酒花易产生药害；不能与碱性物质混用。

丙溴磷 （profenofos）

$C_{11}H_{15}BrClO_3PS$，373.63

其他名称　溴氯磷。

特点　杀虫杀螨剂,对害虫具有触杀和胃毒作用,渗透性强,可迅速杀死叶片背面害虫,击倒力强。

毒性　中等毒。

制剂　50%、40%乳油,10%颗粒剂。丙溴磷与多种杀虫剂的混配制剂:丙溴·氟铃脲、丙溴·噻嗪酮、甲维·丙溴磷、氯氰·丙溴磷、丙·辛、丙溴·炔螨特等。

使用技术　主要用于防治鳞翅目害虫。防治棉田棉铃虫、稻纵卷叶螟、二化螟,按有效成分480~600g/hm²,于卵孵化盛期兑水喷雾;防治十字花科蔬菜小菜蛾、斜纹夜蛾等,按有效成分360~450g/hm²,兑水喷雾;防治甘薯茎线虫,用10%颗粒剂按有效成分3000~4500g/hm²,穴施或沟施。

安全间隔期　丙溴磷在甘蓝上的安全间隔期为7d,每季最多使用2次;棉花12d,2次;水稻28d,2次。

注意事项　丙溴磷与氯氰菊酯混用增效明显;对苜蓿和高粱有药害;不能与碱性物质混用。

敌百虫（trichlorphon）

$$CH_3O-\overset{\overset{O}{\|}}{P}(CH_3O)-\overset{CCl_3}{\underset{OH}{CH}}$$

$C_4H_8Cl_3O_4P$, 257.45

特点　具有胃毒和触杀作用,无内吸作用,高效、低毒、低残留,水溶性好。

毒性　低毒。

制剂　30%乳油,90%可溶粉剂,25%油剂。常见的混配制剂有敌百·辛硫磷、敌百·毒死蜱、丙溴·敌百虫等。

使用技术　敌百虫可用于防治蔬菜、果树、茶树及农作物害虫及林业害虫,也可用于防治家畜、渔业、卫生害虫。对鳞翅目害虫效果好。防治十字花科蔬菜上的小菜蛾,按有效成分450~900g/hm²兑水喷雾。防治林业害虫,用25%油剂进行超低容量喷雾,有效成分用量为560~750g/hm²。

安全间隔期　敌百虫在甘蓝和萝卜上使用的安全间隔期为14d,小油菜上为7d,每季最多使用2次。

注意事项　口服中毒禁用小苏打洗胃;高粱、豆类对敌百虫敏感。

敌敌畏（dichlorvos）

$$CH_3O-\overset{\overset{O}{\|}}{P}(CH_3O)-O-CH=C\overset{Cl}{\underset{Cl}{}}$$

$C_4H_7Cl_2O_4P$, 220.98

特点 具有触杀、胃毒和熏蒸作用，广谱、速效性好。

毒性 中等毒。

制剂 48%、50%、77.5%、80%乳油，2%、15%、17%、22%、30%烟剂，28%缓释剂，90%可溶性液剂，22.5%油剂。敌敌畏可与多种类型的杀虫剂混合使用，混配制剂有溴氰·敌敌畏、敌畏·毒死蜱、阿维·敌敌畏、敌畏·仲丁威等。

使用技术 用于防治果树、蔬菜、棉花、茶树、农作物、贮粮及卫生害虫等。防治苹果小卷叶蛾、蚜虫，用有效成分 400～500mg/kg 药液喷雾。防治十字花科蔬菜菜青虫、茶树食叶害虫、麦田蚜虫和黏虫、桑树尺蠖，按有效成分 600g/hm² 用量兑水喷雾。防治棉田蚜虫、造桥虫，按有效成分 600～1200g/hm² 用量兑水喷雾。防治多种贮粮害虫，按有效成分 0.4～0.5g/m³ 挂条熏蒸。防治多种卫生害虫，按有效成分 0.08g/m³ 挂条熏蒸。防治贮粮害虫和卫生害虫还可用乳油稀释喷雾。防治保护地黄瓜蚜虫、粉虱可用 17%、22%、30%烟剂进行熏蒸，用量按有效成分 1125～1350g/hm²，点燃放烟。防治林木上松毛虫、杨柳毒蛾、天幕毛虫、竹蝗等，用 2%烟剂按有效成分 150～300g/hm²，点燃放烟；防治林木害虫还可用 22.5%油剂，按有效成分 1200～2400g/hm²，地面超低容量喷雾，或按有效成分 600～1200g/hm²，飞机超低容量喷雾。

安全间隔期 敌敌畏烟剂在保护地黄瓜上使用的安全间隔期为 3d，每季最多使用 3 次；在甘蓝等蔬菜上的安全间隔期为 7d，每季最多使用 2 次。

注意事项 玉米、豆类和瓜类的幼苗对敌敌畏敏感，易产生药害，使用浓度不能偏高；高粱极易产生药害；本品水溶液分解快，应随配随用；禽、鱼、蜜蜂对本品敏感，应慎用。

毒死蜱 (chlorpyrifos)

$C_9H_{11}Cl_3NO_3PS$，350.59

其他名称 乐斯本。

特点 广谱杀虫杀螨剂，具有胃毒、触杀、熏蒸作用，对地下害虫持效期长达 30d 以上。

毒性 中等毒。

制剂 48%、40.7%、40%、25%乳油，5%、10%、15%颗粒剂。可与多类作用机理不同的杀虫剂混合使用，混配制剂很多，如氯氰·毒死蜱、丙威·毒死蜱、啶虫·毒死蜱、毒·唑磷、多素·毒死蜱、氟铃·毒死蜱、毒·辛等

使用技术 防治果树、小麦、水稻、棉田等上的多种害虫，如蚜虫、飞虱、介壳虫及二化螟、桃小食心虫等鳞翅目害虫，用乳油兑水喷雾，有效成分用量为：防

治稻飞虱、稻纵卷叶螟 576～720g/hm²；防治小麦蚜虫 120～180g/hm²；防治苹果绵蚜用 192～320mg/kg 药液。防治稻瘿蚊按有效成分 1350～1500g/hm² 拌细土撒施在苗床上及四周，避免稻种直接接触药剂；移栽后 5～7d 拌细土撒施。

安全间隔期 毒死蜱在以下作物上使用的安全间隔期及每季最多使用次数分别是：水稻 30d，2 次；柑橘 28d，1 次；苹果 30d，2 次；棉花 21d，4 次。

注意事项 自 2016 年 12 月 31 日起，已禁止毒死蜱在蔬菜上使用；烟草苗期敏感；不能与碱性物质混用。

二嗪磷 （diazinon）

$$C_{12}H_{21}N_2O_3PS,\ 304.35$$

其他名称 二嗪农、地亚农。

特点 具有触杀、胃毒和一定的内吸作用，杀虫谱广。

毒性 中等毒。

制剂 50％乳油，5％、4％颗粒剂。混配制剂有阿维·二嗪磷、二嗪·辛硫磷。

使用技术 防治棉田、稻田鳞翅目和半翅目害虫及多种作物的地下害虫。防治稻田二化螟、三化螟、飞虱以及棉田棉蚜，按有效成分 675～900g/hm² 用量兑水喷雾，注意使用前后 2 周内不能使用敌稗；防治麦田地下害虫用 50％乳油按种子量的 0.1％～0.2％拌种；防治花生蛴螬，播种前撒施或花期穴施颗粒剂，按有效成分 600～900g/hm² 施药。

安全间隔期 二嗪磷在水稻上使用的安全间隔期为 30d，每季最多使用 2 次。

注意事项 对蜜蜂毒性高；对玉米敏感。

甲基毒死蜱 （chlorpyrifos-methyl）

$$C_7H_7Cl_3NO_3PS,\ 322.53$$

特点 有机磷杀虫剂，作用于昆虫的神经系统，具有触杀、胃毒和熏蒸作用。

毒性 低毒。

制剂 400g/L 乳油。

使用技术 防治十字花科蔬菜菜青虫，按有效成分 360～480g/hm²，于卵孵化盛期及低龄幼虫盛期喷雾。防治棉田棉铃虫按有效成分 600～1050g/hm²，在低龄幼虫钻蛀前施药 1～2 次，施药间隔 5～7d。

安全间隔期　甲基毒死蜱在甘蓝上使用的推荐安全间隔期为 7d，每季最多使用 3 次；在棉花上使用的推荐安全间隔期为 30d，每季最多使用 3 次。

注意事项　瓜类（特别在大棚中）、莴苣苗期、芹菜及烟草对该药敏感，施药时应避免药液飘移到上述作物上，以防产生药害；不可与呈碱性的农药等物质混合使用。

喹硫磷（quinalphos）

$C_{12}H_{15}N_2O_3PS$，298.3

其他名称　爱卡士、喹噁磷、克铃死。

特点　杀虫杀螨剂，具有触杀和胃毒作用，无内吸和熏蒸作用。不仅对昆虫有效，还具有杀螨作用。在植物上降解速度快，持效期短。

毒性　中等毒。

制剂　25％、10％乳油。混配制剂有喹硫·毒死蜱、喹硫·辛硫磷等。

使用技术　用于防治水稻、棉花和柑橘害虫。防治稻纵卷叶螟、二化螟、三化螟以及棉田棉铃虫，按有效成分 375～525g/hm² 用量兑水喷雾；防治棉蚜每亩用 25％乳油 50～60mL，兑水 50kg 喷雾；防治柑橘介壳虫用有效成分 125～167mg/kg 药液喷雾。

安全间隔期　喹硫磷在棉花和水稻上使用的安全间隔期分别是 25d 和 14d，每季最多允许使用 3 次。

注意事项　喹硫磷对鱼、蜜蜂具有较高毒性；不能与碱性物质混用。

乐果（dimethoate）

$C_5H_{12}NO_3PS_2$，229.25

特点　杀虫杀螨剂，具有内吸、触杀和胃毒作用。在昆虫体内能氧化成活性更高的氧乐果。杀虫谱广，对多种作物上的刺吸式口器害虫，如蚜虫、叶蝉、粉虱、潜叶性害虫及某些蚧类有良好的防治效果，对螨也有一定的防效。

毒性　中等毒。

制剂　40％、50％乳油。

使用技术　用于防治棉花、水稻、烟草等作物的多种刺吸式口器和咀嚼式口器害虫和叶螨。有效成分用量为 375～600g/hm²。

安全间隔期 乐果在水稻上使用的安全间隔期为 30d，每季最多使用 1 次。

注意事项 自 2019 年 8 月 1 日起，禁止乐果在蔬菜、瓜果、茶叶、菌类和中草药植物上使用；啤酒花、菊科植物、高粱某些品种及烟草、枣树、桃、杏、梅树、橄榄、无花果、柑橘等作物对乐果敏感；不能与碱性物质混用。

马拉硫磷 （malathion）

$C_{10}H_{19}O_6PS_2$，330.36

其他名称 马拉松。

特点 具有良好的触杀、胃毒作用，并有一定的熏蒸作用。马拉硫磷进入温血动物体内，能被肝脏中的羧酸酯酶水解，因而失去毒性，而昆虫体内羧酸酯酶活性极低，所以对昆虫高效，而对温血动物非常安全，表现了良好的选择毒性。马拉硫磷持效期短，对刺吸式口器和咀嚼式口器的害虫都有效。

毒性 低毒。

制剂 45％乳油，25％油剂，70％乳油。马拉硫磷多与其他杀虫剂制成混配制剂，如高氯·马、氰戊·马拉松、马拉·异丙威、丁硫·马、马拉·矿物油等。

使用技术 适用于防治果树、蔬菜、农作物、仓库害虫及卫生害虫等。防治农业害虫选用 45％乳油，具体用量如下：防治稻田叶蝉、飞虱、蓟马，1000 倍液喷雾，每亩喷液量 75～100kg；防治麦类作物黏虫、蚜虫、麦叶蜂等，1000 倍液喷雾；防治豆类作物大豆食心虫、大豆造桥虫、豌豆象，1000 倍液喷雾；防治棉田盲蝽，1500 倍液喷雾；防治果树上的各种刺蛾、螨类、蚜虫，1500 倍液喷雾；防治茶树茶象甲、介壳虫等，500～800 倍液喷雾；防治蔬菜上的菜青虫、菜蚜、黄条跳甲等，1000 倍液喷雾。防治林木害虫用 25％油剂，按有效成分 562.5～930g/hm²，超低容量喷雾或喷烟。用 70％乳油防治小麦、大麦、玉米、高粱、稻谷原粮害虫，用有效成分 10～30mg/kg 药液喷雾或用砻糠载体法施药。

安全间隔期 马拉硫磷在十字花科蔬菜上使用的安全间隔期为 10d，每季最多使用 2 次；茶树上为 10d，1 次；水稻上为 14d，3 次。

注意事项 在瓜类、豇豆、葡萄等作物上慎用，以免产生药害；不能与碱性物质混用。

三唑磷 （triazophos）

$C_{12}H_{16}N_3O_3PS$，313.31

其他名称 三唑硫磷。

特点 三唑磷具有强烈触杀和胃毒作用，而且有杀卵作用，渗透性强，广谱。

毒性 中等毒。

制剂 20％、40％、30％乳油，15％微乳剂。三唑磷可与许多杀虫剂混配使用，混配制剂有辛硫·三唑磷、唑磷·毒死蜱、阿维·三唑磷、水胺·三唑磷、甲氰·三唑磷、稻丰·三唑磷、吡虫·三唑磷、唑磷·杀虫单等。

使用技术 用于防治棉花、粮食类作物上的多种害虫。主要用于防治水稻二化螟和三化螟，按有效成分 $360\sim450g/hm^2$ 用量兑水喷雾，喷雾应在卵孵化盛期至低龄幼虫高峰期进行，此用量也可防治水稻象甲；防治水稻瘿蚊，按有效成分 $1200\sim1500g/hm^2$ 用量兑水喷雾；防治棉田棉铃虫、棉红铃虫用有效成分 $375\sim450g/hm^2$ 喷雾；防治草地草地螟，按有效成分 $300\sim375g/hm^2$ 用量兑水喷雾。

安全间隔期 三唑磷在水稻上使用的安全间隔期为 30d，每季最多使用 2 次；在棉花上的安全间隔期为 40d，每季最多使用 3 次。

注意事项 自 2016 年 12 月 31 日起，已禁止三唑磷在蔬菜上使用；不能与碱性物质混用。

杀螟硫磷 （fenitrothion）

$C_9H_{12}NO_5PS$，277.23

其他名称 杀螟松、速灭松。

特点 触杀作用强烈，也有胃毒作用，有渗透性，但无内吸作用，杀虫谱广。

毒性 中等毒。

制剂 45％、50％乳油。混配制剂有马拉·杀螟松、杀螟·辛硫磷、氰戊·杀螟松等。

使用技术 用于防治果树、茶树、水稻、棉花、甘薯的鳞翅目、半翅目及鞘翅目害虫。防治果树毛虫、卷叶蛾、食心虫，用有效成分 $250\sim500mg/kg$ 药液喷雾；防治茶树毛虫、茶尺蠖、茶小绿叶蝉，用有效成分 $250\sim500mg/kg$ 药液喷雾；防治棉田棉铃虫、棉红铃虫，用有效成分 $375\sim750g/hm^2$ 药液喷雾；防治叶蝉、蚜虫、造桥虫，按有效成分 $375\sim562.5g/hm^2$ 喷雾；防治水稻螟虫、飞虱、叶蝉，按有效成分 $375\sim562.5g/hm^2$ 兑水喷雾；防治甘薯小象甲，按有效成分 $525\sim900g/hm^2$ 喷雾。

安全间隔期 杀螟硫磷在以下作物上使用的安全间隔期和每季最多使用次数分别是：茶树 10d，1 次；苹果树 15d，3 次；水稻 21d，3 次；棉花 14d，5 次。

注意事项 遇高温易分解失效；碱性介质中水解，铁、锡、铝、铜等会引起杀螟硫磷分解，玻璃瓶中可贮存较长时间；对鱼、家蚕高毒；高粱、玉米及白菜、油菜、萝卜、花椰菜、甘蓝、卷心菜等十字花科蔬菜对该药敏感。

水胺硫磷（isocarbophos）

$C_{11}H_{16}NO_4PS$，289.29

特点　水胺硫磷是一种广谱性、高毒有机磷类杀虫杀螨剂，具有触杀和胃毒作用，兼有杀卵作用。

毒性　高毒。

制剂　30％、40％乳油。

使用技术　登记用于棉田及稻田害虫的防治，禁止在果、菜、烟、茶、中草药植物上使用。防治棉花田棉铃虫按有效成分 $300\sim600g/hm^2$ 于卵孵化高峰期至低龄幼虫期喷雾，虫害发生严重时可连用两次。防治稻田蓟马及螟虫按有效成分 $450\sim900g/hm^2$ 于螟虫卵孵化盛期、蓟马发生期喷雾。

安全间隔期　水胺硫磷在棉花上使用的安全间隔期为28d，每季最多使用2次；在水稻上的安全间隔期为28d，每季最多使用3次。

注意事项　水胺硫磷禁止用于果树、蔬菜、茶叶及中草药植物上；不能与碱性物质混用。

辛硫磷（phoxim）

$C_{12}H_{15}N_2O_3PS$，298.3

特点　辛硫磷以触杀和胃毒作用为主，有一定的熏蒸作用和渗透性，但无内吸作用。对虫卵也有杀伤力，杀虫谱广，对害虫击倒快。茎叶喷洒时持效期短，有效期仅 $2\sim3d$，但地下使用有效期长达 $30\sim60d$。

毒性　低毒。

制剂　40％乳油，1.5％、3％颗粒剂，35％微囊悬浮剂。含有辛硫磷的登记混配制剂很多，如除脲·辛硫磷、啶虫·辛硫磷、高氯·辛硫磷、丙溴·辛硫磷、毒·辛、辛硫·灭多威、辛硫·喹硫磷、辛硫·氟氯氰等。

使用技术　广泛应用于果树、蔬菜、农作物等防治鳞翅目、双翅目、半翅目、鞘翅目等害虫。防治菜青虫、棉铃虫、稻纵卷叶螟、蚜虫等害虫，用 40% 乳油兑水喷雾。颗粒剂适用于地下害虫的防治，花生田、玉米田、油菜田、根菜类蔬菜等，播种前沟施颗粒剂，可防治蝼蛄、蛴螬、地老虎、金针虫等地下害虫；防治玉米螟幼虫，在喇叭口期心叶内撒施颗粒剂。防治韭蛆、蒜蛆等用 35% 微囊悬浮剂兑水灌根，用量为有效成分 $2730 \sim 3675 g/hm^2$。

安全间隔期　辛硫磷在苹果树上使用的安全间隔期是 14d，每季最多使用 3 次；在甘蓝、萝卜上使用的安全间隔期为 7d，每季最多使用 3 次。

注意事项　辛硫磷易光解失效，应在傍晚或阴天时喷药，避免阳光照射影响药效；黄瓜、菜豆、甜菜、玉米、高粱等作物对辛硫磷敏感。

氧乐果（omethoate）

$C_5H_{12}NO_4PS$，213.21

特点　具有较强的内吸、触杀作用和一定的胃毒作用。杀虫谱广，对作物上的刺吸式口器害虫及咀嚼式口器害虫均有效，如对蚜虫、飞虱、蚧类有良好的防治效果，对螨也有一定的防效。

毒性　中等毒（原药高毒）。

制剂　40% 乳油。氧乐果的混配制剂很多。

使用技术　防治棉花蚜虫及螨、稻纵卷叶螟及稻飞虱，在害虫发生的初盛期，按有效成分 $375 \sim 600 g/hm^2$ 兑水喷雾；防治小麦蚜虫，按有效成分 $300 \sim 450 g/hm^2$ 喷雾；防治松毛虫及松干蚧，将 40% 乳油稀释成 500 倍液喷雾或涂干。

安全间隔期　氧乐果在小麦、水稻、棉花上使用的安全间隔期为 21d，每季最多使用 2 次。

注意事项　对蜜蜂有毒；不能与碱性物质混用；啤酒花、菊科植物、高粱的某些品种、烟草、枣、桃、梨、柑橘、杏、梅、榆叶梅、贴梗海棠、樱花、橄榄、无花果等对氧乐果敏感，喷雾时应避免飘移到此类作物上；蔬菜、瓜果、茶叶、菌类和中草药植物上禁用。

乙酰甲胺磷（acephate）

$C_4H_{10}NO_3PS$，183.17

特点　具有内吸、胃毒和触杀作用的杀虫杀螨剂，并可杀卵，有一定的熏蒸作用。

毒性 中等毒。

制剂 30％、40％、20％乳油，25％可湿性粉剂，75％可溶性粉剂。

使用技术 兑水喷雾防治烟草、棉花、水稻、小麦、玉米等作物上的鳞翅目、半翅目害虫及螨类。防治稻纵卷叶螟和二化螟，按有效成分计用量为 $562\sim1012$g/hm²；防治稻飞虱、叶蝉，按有效成分计用量为 $810\sim1020$g/hm²，使用前后 1 周内不能使用敌稗；防治棉蚜、棉铃虫，用量为有效成分 $675\sim900$g/hm²；防治玉米螟及黏虫，可在 3 龄幼虫前，按有效成分 $810\sim1080$g/hm² 用量兑水喷雾。防治烟草烟青虫，在 3 龄幼虫期前，用有效成分 $675\sim900$g/hm² 喷雾。

安全间隔期 乙酰甲胺磷在水稻上使用的安全间隔期为 30d，每季最多使用 3 次；在玉米、棉花上使用的安全间隔期为 21d，每季最多使用 2 次。

注意事项 自 2019 年 8 月 1 日起，将禁止乙酰甲胺磷在蔬菜、瓜果、茶叶、菌类和中草药植物上使用；对蜜蜂高毒；不能与碱性物质混用。

六、氨基甲酸酯类杀虫剂

氨基甲酸酯类杀虫剂的杀虫机理与有机磷杀虫剂相同，也是抑制乙酰胆碱酯酶，从而影响神经冲动的传递，使昆虫中毒死亡。

丁硫克百威（carbosulfan）

$C_{20}H_{32}N_2O_3S$，380.55

其他名称 好年冬、丁硫威。

特点 具有内吸、胃毒和触杀作用，杀虫谱广，见效快，持效期长。

毒性 中等毒。

制剂 20％乳油，35％种子处理干粉剂，5％颗粒剂。混配制剂有丁硫·吡虫啉、阿维·丁硫、丁硫·毒死蜱等。丁硫克百威也是某些种子处理剂的组成成分。

使用技术 用于防治水稻、小麦、玉米、棉花、甘蔗等作物上的多种害虫、地下害虫和线虫。20％乳油防治棉田棉蚜，按有效成分 $90\sim180$g/hm² 用量兑水喷雾；防治稻田三化螟有效成分用量 $750\sim900$g/hm²，稻飞虱有效成分用量 $525\sim600$g/hm²，兑水喷雾；也可用于防治甘蔗线虫、蔗龟、蔗螟。35％种子处理干粉剂，防治水稻秧苗蓟马，按有效成分 $350\sim420$g/100kg 种子用量进行拌种；防治稻瘿蚊按有效成分 $600\sim800$g/100kg 种子用量进行拌种。

安全间隔期 丁硫克百威在以下作物上使用的安全间隔期以及每季最多使用次

数分别为：棉花 30d，2 次；水稻 30d，2 次。

注意事项　自 2019 年 8 月 1 日起，禁止丁硫克百威在蔬菜、瓜果、茶叶、菌类和中草药植物上使用；在稻田使用时，避免同时使用敌稗和灭草灵，以防产生药害；不得与碱性药剂混用。

甲萘威 （carbaryl）

$C_{12}H_{11}NO_2$，201.22

其他名称　西维因。

特点　具有触杀、胃毒作用，有轻微内吸性。

毒性　中等毒。

制剂　25%、85%可湿性粉剂。混配制剂有聚醛·甲萘威颗粒剂（4.5%四聚乙醛＋1.5%甲萘威）。

使用技术　可湿性粉剂可用于棉花、水稻防治鳞翅目、半翅目（蚜虫、飞虱、叶蝉等）等害虫。聚醛·甲萘威颗粒剂用来防治农田、草地、蔬菜田蜗牛，有效成分用量为 $510 \sim 675 g/hm^2$。

安全间隔期　甲萘威在棉花上使用的安全间隔期为 7d，每季最多使用 3 次；水稻上安全间隔期为 21d，每季最多使用 3 次。

注意事项　西瓜对甲萘威敏感；对蜜蜂高毒。

抗蚜威 （pirimicarb）

$C_{11}H_{18}N_4O_2$，238.29

其他名称　辟蚜雾。

特点　具有触杀、熏蒸和渗透作用。杀虫迅速，施药后几分钟即可杀灭蚜虫。持效期短，对作物、天敌安全，对蜜蜂亦安全。

毒性　中等毒。

制剂　50%可湿性粉剂，50%、25%水分散粒剂。

使用技术　用于防治除棉蚜外的所有蚜虫。各种制剂兑水喷雾可防治十字花科蔬菜及小麦、大豆、烟草上的蚜虫，于蚜虫始盛期按有效成分 $75 \sim 150 g/hm^2$ 兑水喷雾。

安全间隔期　抗蚜威在以下作物上使用的安全间隔期及每季最多使用次数分别为：甘蓝 11d，3 次；烟草 7d，3 次；大豆 10d，3 次；小麦 14d，2 次；油菜 14d，2 次。

注意事项　对棉蚜效果差，不宜用于防治棉蚜。

克百威（carbofuran）

$C_{12}H_{15}NO_3$，221.25

其他名称　呋喃丹、大扶农。

特点　具有内吸、触杀和胃毒作用，为广谱性杀虫、杀线虫剂。

毒性　高毒。

制剂　3% 颗粒剂，35% 悬浮种衣剂。克百威是许多种衣剂的组成成分。

使用技术　克百威只能进行种子处理和土壤施用颗粒剂。防治稻田螟虫、稻飞虱、稻蓟马、稻叶蝉、稻瘿蚊等，按有效成分 990～1350g/hm² 用量撒施颗粒剂。防治棉花棉蚜、蓟马、地老虎及线虫等，根据各地条件，可选用以下方法：播种前沟施或条施颗粒剂，有效成分用量 675～900g/hm²；或用 35% 悬浮种衣剂处理种子，用药量为干种子质量的 1%；棉花出苗后还可根侧追施颗粒剂。防治花生线虫，条施或沟施颗粒剂，用量为有效成分 1800～2250g/hm²。防治玉米、甜菜地下害虫，用悬浮种衣剂进行种子处理。

安全间隔期　克百威在水稻上使用的安全间隔期为 60d，每季最多使用 2 次；允许花生和棉花播种时使用 1 次。

注意事项　适用作物播种前，种子处理使用 1 次；在稻田施用克百威，不能与敌稗、灭草灵混用，以免产生药害；允许用于水稻、棉花、烟草、大豆、花生等作物，蔬菜、果树、茶叶、中草药植物上禁用；2018 年 10 月 1 日起，禁止克百威用于甘蔗。

硫双威（thiodicarb）

$C_{10}H_{18}N_4O_4S_3$，354.47

其他名称　拉维因、硫双灭多威、双灭多威。

特点　以胃毒作用为主，兼具一定触杀作用。既杀幼虫又杀卵。杀虫谱广，持效期长。

毒性 中等毒。是灭多威的低毒化结构改造体。

制剂 75％可湿性粉剂，375g/L悬浮剂，80％水分散粒剂。

使用技术 用于防治棉田、十字花科蔬菜上的鳞翅目害虫，在卵孵化盛期施用该药剂效果最好。防治棉田棉铃虫用量为有效成分 420～525g/hm²，兑水喷雾；防治十字花科蔬菜斜纹夜蛾有效成分用量 780～900g/hm²，防治菜青虫有效成分用量 240～300g/hm²。

安全间隔期 硫双威在甘蓝上使用的安全间隔期为 7d，每季最多使用 1 次；在棉花上使用的安全间隔期为 21d，每季最多使用 3 次。

注意事项 如需同时防治蚜虫、蓟马等，要与其他药剂混用；不能与碱性或强酸性农药混用，也不能与代森锰锌类等农药混用。

灭多威 （methomyl）

$$C_5H_{10}N_2O_2S, 162.21$$

其他名称 万灵、灭多虫、乙肟威。

特点 具有触杀和胃毒作用，无内吸、熏蒸作用，具有一定的杀卵效果。

毒性 原药高毒。

制剂 20％乳油，24％可溶性液剂，10％可湿性粉剂，90％可溶粉剂。含灭多威的混配制剂很多，如高氯·灭多威、辛硫·灭多威、吡虫·灭多威、阿维·灭多威等。

使用技术 用于防治棉花、烟草等上的鳞翅目、半翅目及其他害虫。防治棉花蚜虫、棉铃虫，按有效成分 270～360g/hm² 兑水喷雾，可兼治蓟马等；防治烟草烟蚜、烟青虫，按有效成分 180～270g/hm² 兑水喷雾。

安全间隔期 灭多威在棉花上使用的安全间隔期为 7d，每季最多使用 3 次；在烟草上使用的安全间隔期为 5d，每季最多使用 2 次。

注意事项 严禁在茶树、蔬菜、中草药植物及果树上使用；灭多威挥发性强，有风天气不要喷药，以免飘移，引起中毒；不要与碱性物质混用；对鱼类高毒。

涕灭威 （aldicarb）

$$C_7H_{14}N_2O_2S, 190.26$$

其他名称 铁灭克。

特点 具有内吸、触杀和胃毒作用。不仅具有杀虫作用，还可杀线虫和螨，持效期较长。

毒性 剧毒。

制剂 15％、5％颗粒剂。

使用技术 只用于棉花、烟草、花卉、林木等，防治线虫、苗期蚜虫、螨类等刺吸式口器害虫，在作物播种或出苗后使用，而且只用1次，可采用沟施、穴施或在播种前或出土后根侧土中追施。防治棉田棉蚜、棉红蜘蛛、绿盲蝽、粉虱、蓟马、线虫等，沟施或穴施15％颗粒剂，用量为有效成分450～900g/hm²，施药后覆土；或棉花出苗后，现蕾时追施，施后覆土。涕灭威还可用于花卉、烟草蚜虫和螨类的防治。

注意事项 严禁在蔬菜、果树、茶叶、中草药植物等上使用；对鱼类、鸟类、蜜蜂高毒；涕灭威不能用于拌种。

茚虫威（indoxacarb）

$C_{22}H_{17}ClF_3N_3O_7$，527.83

其他名称 安打、安美。

特点 具有触杀和胃毒作用，通过阻断昆虫神经纤维膜上的钠离子通道，使神经细胞丧失功能。对环境中的非靶标生物非常安全，在作物中残留量低，用后第2天即可采收，尤其适用于蔬菜等多次采收类作物。

毒性 低毒。

制剂 30％水分散粒剂，150g/L悬浮剂，150g/L乳油。

使用技术 登记用于鳞翅目害虫的防治。防治十字花科蔬菜上的菜青虫、甜菜夜蛾、小菜蛾，按有效成分22.5～40.5g/hm²用量，在卵孵化盛期及低龄幼虫期兑水喷雾；防治棉田棉铃虫用量为有效成分22.5～40.5g/hm²，于卵孵化盛期喷雾；于茶小绿叶蝉若虫高峰期，按有效成分37.5～50g/hm²兑水喷雾；防治稻纵卷叶螟，按有效成分26～36g/hm²用量，于卵孵化盛期及低龄幼虫期兑水喷雾。

安全间隔期 茚虫威在蔬菜上使用的安全间隔期为5d，每季使用不超过3次；水稻及棉花上安全间隔期是14d，每季最多使用3次；茶树上安全间隔期为10d，每季最多使用1次。

注意事项 在卵孵化盛期用药效果更好；傍晚是喷雾的最佳时机；建议与其他

不同作用机理的杀虫剂交替使用。

七、沙蚕毒素类杀虫剂

该类杀虫剂是参照环形动物沙蚕所含有的"沙蚕毒素"的化学结构而人工合成的沙蚕毒素的类似物。神经毒剂，作用于乙酰胆碱受体。昆虫接触和取食药剂后，其中毒症状没有兴奋期，表现出迟钝、行动缓慢、失去侵害作物的能力、停止发育、虫体软化、麻痹瘫痪，直至死亡。该类杀虫剂对家蚕高毒。

杀虫单（monosultap）

$C_5H_{12}O_6NS_4Na \cdot H_2O$，333.40

其他名称　杀螟克。

特点　具有较强的触杀、胃毒和内吸传导作用。

毒性　中等毒。

制剂　80%、90%可溶粉剂。杀虫单的混配制剂有吡虫·杀虫单、高氯·杀虫单、杀单·毒死蜱等。

使用技术　杀虫单用于防治水稻螟虫，兼治稻蓟马，用有效成分 $675\sim810g/hm^2$，兑水喷雾。

安全间隔期　杀虫单在水稻上使用的安全间隔期为30d，每季最多使用2次。

注意事项　棉花、某些豆类对该药敏感，不能在此类作物上使用。

杀虫双（bisultap）

$C_5H_{11}O_6NS_4Na_2 \cdot 2H_2O$，355.37

特点　杀虫双对害虫具有较强的触杀、胃毒和内吸作用，并兼有一定的熏蒸作用。

毒性　中等毒。

制剂　18%、29%水剂，3.6%颗粒剂。混配制剂有杀双·毒死蜱、甲维·杀虫双、杀双·灭多威等。

使用技术 防治水稻螟虫，撒施颗粒剂，用量为有效成分 540～675g/hm²。18%水剂可用于防治蔬菜、水稻、小麦、玉米、甘蔗上的多种害虫，按有效成分 540～675g/hm²用量兑水喷雾；防治果树上的多种害虫，用有效成分 225～360mg/kg 药液喷雾。

安全间隔期 杀虫双在水稻、蔬菜、果树、玉米、甘蔗、小麦上使用的安全间隔期为 15d，每季最多使用 3 次。

注意事项 夏季高温时有药害，使用时应注意；豆类、棉花及甘蓝、白菜等十字花科蔬菜对该药敏感。

杀螟丹（cartap）

$C_7H_{15}N_3O_2S_2$，237.32

其他名称 巴丹。

特点 具有触杀和胃毒作用。

毒性 中等毒。

制剂 50%、98%可溶性粉剂，4%颗粒剂。

使用技术 杀螟丹用于防治水稻、十字花科蔬菜、茶树、柑橘、甘蔗上的鳞翅目和半翅目害虫。可溶性粉剂兑水喷雾，防治水稻螟虫用量为有效成分 588～882g/hm²；防治十字花科蔬菜小菜蛾和菜青虫用量为有效成分 411～735g/hm²；防治茶小绿叶蝉用有效成分 499～653mg/kg 药液喷雾；防治柑橘潜叶蛾用有效成分 500～550mg/kg 药液喷雾。防治稻纵卷叶螟，在喇叭口期撒施 4%颗粒剂，用量为有效成分 900～1350g/hm²。

安全间隔期 杀螟丹在以下作物上使用的安全间隔期及每季最多使用次数分别为：水稻 21d，3 次；白菜、甘蓝 7d，3 次；茶树 7d，2 次；柑橘 21d，2 次。

注意事项 十字花科蔬菜苗期对该药敏感。

八、抗生素类杀虫剂

抗生素类杀虫剂是从细菌或放线菌的发酵液中提取的，或是提取液后经化学修饰而成的。

阿维菌素（avermectins）

B_{1a}（R＝—CH_2CH_3）：$C_{48}H_{72}O_{14}$，873.09；B_{1b}（R＝—CH_3）：$C_{47}H_{70}O_{14}$，859.06

其他名称 齐螨素、害极灭、杀虫丁、螨克素。

特点 杀虫杀螨剂。阿维菌素是阿维链霉菌（*Streptonmyces avermitilis*）发酵产生的天然产物，从其发酵液中共分离出 8 个结构十分相近的化合物，目前市售的为 avermectin B_{1a} 和 avermectin B_{1b} 的混合物。作用机制与一般杀虫剂不同，阿维菌素是抑制性神经递质 γ-氨基丁酸的拮抗剂，能与氯离子通道结合，打开氯通道，从而使大量氯离子进入神经膜内，扰乱神经传导，使神经处于抑制状态。幼虫接触阿维菌素后马上停止进食，发生不可逆转的麻痹。具有触杀和胃毒作用，并有微弱的熏蒸作用，无内吸作用，对叶片有很强的渗透作用，可杀死表皮下的害虫，且持效期长，但不杀卵。对昆虫、线虫和螨类有致死作用，可以同时应用于农业和畜牧业。

毒性 中等毒（原药高毒）。

制剂 1.8%、5%、0.5%、3.2%、2%、1% 乳油，0.5% 颗粒剂，1%、1.8%可湿性粉剂。阿维菌素与多种杀虫、杀螨剂的混配制剂有阿维·哒螨灵、阿维·高氯、阿维·氟铃脲、阿维·辛硫磷、阿维·苏云金、阿维·三唑磷、阿维·杀虫单等。

使用技术 用于防治蔬菜、果树、水稻、林木等上的多种鳞翅目、半翅目、双翅目害虫、害螨和线虫。防治黄瓜根结线虫，0.5% 颗粒剂按有效成分 225～262.5g/hm^2用量沟施或穴施；防治十字花科蔬菜上小菜蛾、菜青虫用有效成分6～9g/hm^2兑水喷雾；防治苹果红蜘蛛按有效成分 3.3～4mg/kg 药液喷雾；防治蔬菜斑潜蝇用有效成分10.8～21.6g/hm^2兑水喷雾；防治梨木虱用有效成分2.5～5.33mg/kg 药液喷雾。

安全间隔期 阿维菌素在以下作物上使用的安全间隔期及每季最多使用次数分别是：甘蓝 7d，3 次；柑橘树 21d，2 次；黄瓜 7d，3 次；梨树、苹果树 14d，3 次。

注意事项 对鱼、蜜蜂、蚕高毒；该药无内吸作用，喷药时应注意喷洒均匀、细致周密；不能与碱性农药或其他碱性物质混用。

多杀霉素（spinosad）

spinosyn A（R=H）：$C_{41}H_{65}NO_{10}$，731.98；spinosyn D（R=—CH_3）：$C_{42}H_{67}NO_{10}$：746.00

特点　多杀霉素是由放线菌分泌的大环内酯类化合物，活性物质主要是多杀霉素 A（spinosyn A）和多杀霉素 D（spinosyn D）的混合物。作用于昆虫的神经系统，可以持续激活靶标昆虫乙酰胆碱烟碱型受体，但是其结合位点又不同于烟碱和吡虫啉等新烟碱类杀虫剂。对害虫具有快速的触杀和胃毒作用，对叶片有较强的渗透作用，无内吸作用，可杀死表皮下的害虫，持效期较长，对一些害虫具有一定的杀卵作用。

毒性　低毒。

制剂　25g/L、480g/L 悬浮剂。

使用技术　防治棉田棉铃虫，按有效成分 30.2～40.3g/hm² 兑水喷雾；防治蔬菜小菜蛾按有效成分 12.5～25g/hm² 兑水喷雾；防治蓟马，在蓟马发生初期，按有效成分 25～37.5g/hm² 兑水喷雾，隔 5～7d 施药 1 次。

安全间隔期　多杀霉素在茄子上使用的推荐安全间隔期为3d，每季最多使用 1 次；在甘蓝上使用的推荐安全间隔期为 1d，每季最多使用 4 次。

注意事项　喷雾要均匀；对蜜蜂、家蚕有毒；可能对鱼或其他水生生物有毒，应避免污染水源和池塘等。

甲氨基阿维菌素苯甲酸盐（emamectin benzoate）

B_{1a}（R=—CH_2CH_3）：$C_{49}H_{75}NO_{13}$·$C_7H_6O_2$，1008.24；

B_{1b}（R=—CH_3）：$C_{48}H_{73}NO_{13}$·$C_7H_6O_2$，994.23

特点　是阿维菌素的类似物，即把阿维菌素 4 位上的羟基置换成甲氨基，是从阿维菌素开始进行半人工合成的杀虫剂，杀虫机理与阿维菌素相同，杀虫活性高于阿维菌素，对鳞翅目昆虫的幼虫和其他许多害虫的活性极高，既有胃毒作用又兼触杀作用，但没有杀螨作用。

毒性　低毒。

制剂　0.5%、1%、1.5%、2%乳油。甲氨基阿维菌素苯甲酸盐多与其他杀虫剂制成混配制剂，如高氯·甲维盐、甲维·氟铃脲、甲维·毒死蜱、甲维·丙溴磷、甲维·仲丁威等。

使用技术　用于鳞翅目害虫防治，在卵孵化盛期和低龄幼虫期兑水喷雾。防治小菜蛾，亩用 1%乳油 10～12mL；防治甜菜夜蛾，亩用 0.5%乳油 20～30mL 或 1.5%乳油 10～16mL，兑水 50～60kg 喷雾；防治菜青虫，按有效成分 1.5～2.25g/hm² 用量兑水喷雾；防治棉铃虫，亩用 1%乳油 50～75mL 或 0.5%乳油 100～150mL，兑水 50～60kg 喷雾。

安全间隔期　甲氨基阿维菌素苯甲酸盐在以下作物上使用的安全间隔期及每季最多使用次数分别是：甘蓝 5d，2 次；水稻 14d，2 次。

注意事项　对蜜蜂和蚕剧毒。

乙基多杀菌素（spinetoram）

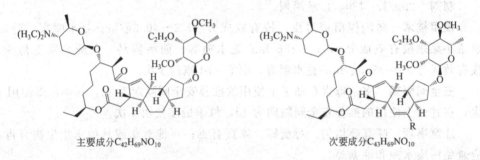

主要成分 $C_{42}H_{69}NO_{10}$　　　　次要成分 $C_{43}H_{69}NO_{10}$

XDE-175-J：$C_{42}H_{69}NO_{10}$，747；XDE-175-L：$C_{43}H_{69}NO_{10}$，759

其他名称　艾绿士。

特点　是放线菌代谢物经化学修饰的化合物，作用于昆虫的中枢神经系统。具有触杀作用和胃毒作用，无内吸性。

毒性　低毒。可用于出口蔬菜害虫的防治。

制剂　60g/L悬浮剂。

使用技术　乙基多杀菌素无内吸性，喷雾时要均匀周到，叶面、叶背、心叶及花等部位均需着药，施药后 6h 内遇雨，需重喷。可用于蔬菜及农作物鳞翅目害虫及蓟马的防治。防治茄子上蓟马，按有效成分 9～18g/hm² 喷雾；防治甘蓝小菜蛾及甜菜夜蛾，按有效成分 18～36g/hm² 喷雾。防治杨梅果蝇，在采摘前 7～10d 施药，按有效成分 24～40mg/kg 喷雾。防治稻纵卷叶螟，按有效成分 18～27g/hm²

在低龄幼虫期喷雾。

安全间隔期 乙基多杀菌素在甘蓝上使用的推荐安全间隔期为7d，每季最多用3次；在茄子上使用的推荐安全间隔期为5d，每季最多用3次；在水稻上使用的推荐安全间隔期为21d，每季最多用2次；在杨梅上使用的推荐安全间隔期为3d，每季最多用1次。

注意事项 在鳞翅目幼虫低龄期施药；对蜜蜂、家蚕等益虫有毒，施药期间应避免影响周围蜂群；与其他不同作用机制的杀虫剂轮换使用，以延缓抗性的产生。

九、生物类杀虫剂

核型多角体病毒（NPV）

特点 核型多角体病毒是一种大型昆虫病毒，具有胃毒作用，被昆虫取食后，在昆虫体内大量繁殖，破坏昆虫的内部器官，导致昆虫死亡。病毒杀虫剂专一性强，一种核型多角体病毒只对一种昆虫有致死作用。昆虫核型多角体病毒对人及其他动物安全。

毒性 低毒。

制剂 悬浮剂、可湿性粉剂。

使用技术 适用于防治蔬菜、果树、农作物、林木等上的鳞翅目害虫，在卵孵化高峰期及低龄幼虫期使用。将病毒制剂兑水稀释，均匀喷洒在植物上。目前登记的核型多角体病毒有以下种类：甘蓝夜蛾核型多角体病毒、甜菜夜蛾核型多角体病毒、斜纹夜蛾核型多角体病毒、棉铃虫核型多角体病毒、茶尺蠖核型多角体病毒、苜蓿银纹夜蛾核型多角体病毒。

注意事项 见效较慢；发生量大时使用其他类型杀虫剂。

松毛虫赤眼蜂（*Trichogramma dendrolimi* Matsumura）

特点 松毛虫赤眼蜂是许多鳞翅目害虫的卵寄生蜂，它将卵产在鳞翅目幼虫的卵内，幼虫在其内发育，直至变成成虫离开寄主的卵。

毒性 低毒。

制剂 1000粒卵/卡片。

使用技术 用于林业、苗圃中松毛虫的防治。在松毛虫产卵盛期，按25000～50000粒卵/亩，挂蜂卡放蜂。

注意事项 松毛虫产卵盛期使用。

苏云金杆菌（*Bacillus thuringiensis*）

其他名称 Bt乳剂。

特点 苏云金杆菌是一种细菌性杀虫剂，杀虫有效成分是其分泌的毒素。具有胃毒作用，昆虫取食后，表现为食欲减退，伴有呕吐和下痢。但药效缓慢，一般害虫取食后1～2d才见效。

毒性　低毒。

制剂　15000IU/mg、8000IU/mg、16000IU/mg、32000IU/mg可湿性粉剂。

使用技术　适用于防治蔬菜、果树、农作物、林木等的鳞翅目幼虫，在卵孵化盛期兑水均匀喷雾。16000IU/mg可湿性粉剂用量为：防治甜菜夜蛾、菜青虫、小菜蛾750～1500g(制剂)/hm²喷雾；防治枣尺蠖1200～1600倍液喷雾；防治茶毛虫800～1600倍液喷雾；防治玉米螟750～1500g(制剂)/hm²，加细沙灌心；防治棉田二代棉铃虫、稻田稻纵卷叶螟1500～2250g(制剂)/hm²喷雾；防治森林毛虫用1200～1600倍液喷雾。

注意事项　不能与杀菌剂混用；对蚕有毒害；持效期10d。

十、生物源杀虫剂

除虫菊素 （pyrethrins）

特点　除虫菊素是由除虫菊花中分离提取的具有杀虫效果的活性成分，它包括除虫菊素Ⅰ、除虫菊素Ⅱ、瓜菊素Ⅰ、瓜菊素Ⅱ、茉莉菊素Ⅰ、茉莉菊素Ⅱ等，是纯天然杀虫物质。天然除虫菊素见光慢慢分解，因此用其配制的农药或卫生杀虫剂等使用后无残留，对人畜无副作用，是国际公认的最安全的无公害杀虫剂。除虫菊素作用于昆虫的中枢神经系统，使昆虫麻痹死亡。为触杀性杀虫剂，击倒性强，杀虫速度快，杀虫谱广，但持效期短。

毒性　低毒。

制剂　5%乳油，1.5%水乳剂。

使用技术　对蔬菜、果树、花卉、大田作物及家庭卫生害虫具有很好的防治效果。防治十字花科蔬菜、烟草蚜虫，按有效成分27～40.5g/hm²用量兑水喷雾。喷雾时间宜在清晨或者傍晚，即上午9点左右或傍晚5点以后进行，喷雾时需均匀周到，以便药液能够充分接触到虫体。

安全间隔期　除虫菊素安全间隔期为2d，在作物生长周期用药次数不超过3次。

注意事项　避开强光使用；对鱼类等水生生物和蜜蜂有毒；本制剂为酸性的，勿与碱性物质混用。

苦参碱 （matrine）

特点　苦参碱是从豆科植物苦参根中提取的，对害虫具有触杀和胃毒作用。

毒性　低毒。

制剂　0.3%、0.5%、0.6%水剂，1%可溶液剂。

使用技术 登记用于防治鳞翅目、半翅目害虫，对螨类也有防效。防治菜青虫、小菜蛾、蚜虫，按有效成分7.5～9g/hm²用量兑水喷雾；防治苹果红蜘蛛，用有效成分7.5～22.5g/hm²喷雾；防治茶毛虫，用有效成分4.05～6.75g/hm²喷雾；防治烟草上的烟青虫、蚜虫，用有效成分4.5～6g/hm²喷雾。

安全间隔期 苦参碱在以下作物上使用的安全间隔期及每季最多使用次数分别为：茶树3d，2次；甘蓝14d，1次；萝卜21d，1次；青菜7d，1次。

注意事项 不能与强酸、强碱性农药混用；桑园禁用。

印楝素 （azadirachtin）

特点 是从楝树（主要是种子）中提取的杀虫成分，具有拒食、忌避、内吸和抑制生长发育及生殖等作用。

毒性 低毒。

制剂 0.3%、0.5%乳油，1%微乳剂。

使用技术 于害虫低龄幼虫期喷雾防治。防治小菜蛾按有效成分9.375～11.25g/hm²兑水喷雾；防治斜纹夜蛾按有效成分7.5～9g/hm²兑水喷雾；防治茶树小绿叶蝉按有效成分4.05～6.75g/hm²喷雾。

安全间隔期 印楝素在十字花科蔬菜上使用的安全间隔期为3d，每季最多使用3次；在茶树上使用的安全间隔期为5d，每季最多使用3次。

注意事项 不能与碱性药剂混用；对蜜蜂、鱼类和家蚕有毒。

鱼藤酮 （rotenone）

特点 鱼藤酮广泛地存在于植物的根皮部，是从鱼藤属、灰叶属、鸡血藤属、梭果属、紫穗槐、猪屎豆等植物中提取出来的一种有杀虫活性的物质，具有触杀、胃毒、生长发育抑制和拒食作用。影响害虫的呼吸代谢，最终使害虫得不到能量供应，行动迟滞、麻痹而缓慢死亡。易光解变成无毒或低毒的化合物，在环境中残留时间短，对环境无污染。

毒性 低毒。

制剂 2.5%、4%、7.5%乳油。

使用技术 防治十字花科蔬菜蚜虫，按有效成分37.5～56.25g/hm²兑水喷雾。

安全间隔期 鱼藤酮在十字花科蔬菜上使用的安全间隔期为5d，每季最多使用3次。

注意事项 鱼藤酮不能与碱性药剂混用；对家畜、鱼类和家蚕高毒。

十一、性信息素类杀虫剂

昆虫性信息素是由性成熟的某一性别的个体分泌于体外，被同种异性个体的感受器所接受，并引起异性个体产生一定的生殖行为反应（如觅偶定向、求偶交配等）的微量化学物质。在生产中可用来进行预测预报，还可通过定向诱杀和迷向法防治害虫。

梨小性迷向素

特点 在充满性信息素分子的环境中，梨小食心虫雄虫丧失寻找雌虫的定向能力，致使田间雌雄间的交配概率大为降低，雌虫产下非受精卵，从而使下一代虫口密度急剧下降。

毒性 微毒。

制剂 240mg/条缓释剂。

使用技术 在梨小食心虫成虫发生初期，将缓释剂挂于离地面 1.5～1.8m 通风较好的树枝条上，每公顷悬挂 495 条。

注意事项 成虫期使用；大面积使用效果好。

十二、其他杀虫剂

吡蚜酮 （pymetrozine）

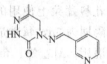

$C_{10}H_{11}N_5O$，217.23

特点 使刺吸式口器害虫的口器麻痹且不可恢复，害虫因无法正常进食而迅速停止为害，后因饥饿而死亡。具有触杀作用和内吸作用。

毒性 低毒。

制剂 50％、70％水分散粒剂，25％、50％可湿性粉剂。

使用技术 稻田灰飞虱低龄若虫发生盛期，按有效成分 90～150g/hm^2 均匀喷雾，尽量喷到水稻中下部，施药时保持水田有 5～7cm 的浅水层，药后保水 3～5d，喷洒时，水量要足，保证药液均匀分布在整个田块或者害虫发生点。麦田蚜虫发生期，按有效成分 60～75g/hm^2 喷雾。防治黄瓜蚜虫，按有效成分 75～112.5g/hm^2 喷雾。防治菠菜蚜虫，按有效成分 75～93.75g/hm^2 喷雾。防治莲藕莲缢管蚜，按有效成分 45～67.5g/hm^2 喷雾。

安全间隔期 吡蚜酮在黄瓜上使用的安全间隔期为 3d，每季推荐使用次数 2 次；在水稻上的安全间隔期为 21d，一季最多使用 2 次；在小麦上的安全间隔期为 14d，一季最多使用 1 次。

注意事项 预计 1h 有大雨或大风的天气不能喷施，施药后 6h 内遇雨，等天晴后应补喷。

虫螨腈 （chlorfenapyr）

$C_{15}H_{11}BrClF_3N_2O$，407.61

其他名称　溴虫腈、除尽。

特点　杂环类杀虫杀螨剂，对害虫具有胃毒及触杀作用，虫螨腈是一种杀虫剂前体，其本身对昆虫无毒杀作用，在昆虫体内虫螨腈在多功能氧化酶的作用下转变为具有杀虫活性的化合物，使害虫活动变弱，出现斑点，颜色发生变化，活动停止，昏迷，瘫软，最终死亡。

毒性　低毒。

制剂　240g/L、10%悬浮剂。

使用技术　用于防治蔬菜、果树、茶树上的鳞翅目、半翅目、缨翅目害虫及螨类，在卵孵化盛期或在低龄幼虫期使用。防治十字花科蔬菜小菜蛾和甜菜夜蛾，按有效成分 90～120g/hm² 用量兑水喷雾；防治黄瓜斜纹夜蛾用量为有效成分 108～180g/hm²；防治茄子上的蓟马和朱砂叶螨用量为有效成分 72～108g/hm²；防治茶树茶小绿叶蝉，按有效成分 72～108g/hm² 用量兑水喷雾。

安全间隔期　虫螨腈在以下作物上使用的安全间隔期及每季最多使用次数分别为：甘蓝 14d，2 次；黄瓜 2d，2 次；茄子 7d，2 次；茶树 7d，1 次；苹果树、梨树 14d，2 次。

注意事项　对鱼有毒；与其他类型杀虫剂交替使用。

螺虫乙酯 （spirotetramat）

$C_{21}H_{27}NO_5$，373.44

其他名称　亩旺特。

特点　螺虫乙酯是季酮酸类化合物，作用机理比较独特，抑制昆虫体内类脂合成，造成昆虫中毒并死亡。具有双向内吸传导性能，可以在整个植物体内经木质部和韧皮部分别向上向下移动，这种独特的内吸性能可以保护新生茎、叶和根部，持效期较长。

毒性 低毒。

制剂 22.4%悬浮剂。

使用技术 用螺虫乙酯防治番茄等蔬菜田的粉虱，按有效成分 72～108g/hm²用量兑水喷雾；防治柑橘蚧类及螨类，用有效成分 48～60mg/kg 药液喷雾，防治关键期是蚧类卵孵化初期和螨类发生初期；于梨木虱卵盛期用有效成分 48～60mg/kg 药液喷雾；防治苹果绵蚜于苹果落花后，用有效成分 60～80mg/kg 药液喷雾。

安全间隔期 螺虫乙酯在下列作物上使用的安全间隔期及每季最多使用次数分别是：柑橘 20d 2 次；番茄 5d 1 次；苹果树、梨树 21d 2 次。

注意事项 应与其他农药交替使用，避免耐药性的产生。

三氟苯嘧啶（triflumezopyrim）

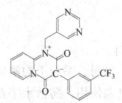

C$_{20}$H$_{13}$F$_3$N$_4$O$_2$，398.3

其他名称 佰靓珑。

特点 介离子类杀虫剂，亦为新型嘧啶酮类化合物。作用于烟碱乙酰胆碱受体，但其作用机理不同于现有的新烟碱类杀虫剂，无交互抗性。对环境友好，对传粉昆虫无不利影响。

毒性 微毒。

制剂 10%悬浮剂。

使用技术 登记用于稻田飞虱的防治。若虫发生期，按有效成分 16～25g/hm²喷雾。

安全间隔期 三氟苯嘧啶在水稻上使用的安全间隔期为 21d，每季最多使用一次。

注意事项 与其他作用机制杀虫剂交替使用，减缓抗性的产生。

乙虫腈（ethiprole）

C$_{13}$H$_9$Cl$_2$F$_3$N$_4$OS，397.20

特点 苯吡唑类杀虫剂，作用于昆虫中枢神经系统中 γ-氨基丁酸受体，阻断害虫正常的神经传递，最终杀死害虫。与其他类型杀虫剂，尤其是与防治水稻稻飞虱的药剂之间没有交互抗性。持效期长达 21～28d。

毒性 低毒。

制剂 100g/L 悬浮剂。

使用技术 目前登记用于防治稻田飞虱，按有效成分 45～60g/hm² 用量兑水喷雾，在低龄若虫高峰期使用。

安全间隔期 乙虫腈在水稻上使用的安全间隔期为 21d，每季最多使用 1 次。

注意事项 对蜜蜂高毒。

第二节 杀螨剂、杀线虫剂及杀螺剂

一、杀螨剂

兼有杀螨作用的杀虫剂叫杀虫杀螨剂，常见的有阿维菌素、螺虫乙酯、高效氯氟氰菊酯、高效氟氯氰菊酯、甲氰菊酯、联苯菊酯、丙溴磷、水胺硫磷、氟虫脲、丁醚脲、虫螨腈等，这部分药剂见本章第一节杀虫剂部分。

只能杀螨而不能杀虫的农药称为杀螨剂，如乙螨唑、联苯肼酯、四螨嗪、炔螨特、哒螨灵、螺螨酯、双甲脒、三唑锡、噻螨酮、唑螨酯、溴螨酯等。

哒螨灵（pyridaben）

$C_{19}H_{25}ClN_2OS$，364.9

其他名称 速螨酮、哒螨酮、扫螨净。

特点 哒螨灵属哒嗪酮类杀螨剂，具有触杀和胃毒作用，无内吸作用。对卵、幼螨、若螨和成螨各个发育阶段均有效，持效期长达 30d，是对红蜘蛛越冬卵杀伤率最高的一种杀螨剂。

毒性 中等毒。

制剂 15%乳油，20%可湿性粉剂。哒螨灵混配制剂有阿维·哒螨灵、四螨·哒螨灵、哒灵·炔螨特等。

使用技术 用于防治果树、棉花、蔬菜、烟草及观赏植物的叶螨和锈螨的成螨、若螨、幼螨与卵。防治苹果、柑橘红蜘蛛，用有效成分 50～67mg/kg 药液喷雾；防治棉花红蜘蛛，按有效成分 90～135g/hm² 用量兑水喷雾。

安全间隔期 哒螨灵在柑橘上使用的安全间隔期为 21d，每季最多使用 2 次；在苹果上使用的安全间隔期为 14d，每季最多使用 2 次。

注意事项 对蜜蜂有毒害作用；不能与碱性物质混合使用；对光不稳定，需避光，阴凉处保存。

联苯肼酯 （bifenazate）

$$C_{17}H_{20}N_2O_3，300.3523$$

特点 联苯肼酯作用于螨类的中枢神经传导系统抑制性神经递质 γ-氨基丁酸（GABA）的受体。对螨的各个发育阶段有效，具有杀卵活性和对成螨的击倒活性，螨体接触该药剂后 48～72h 内死亡。推荐使用剂量范围内对作物安全。对寄生蜂、捕食螨、草蛉低风险。

毒性 低毒。

制剂 43%悬浮剂，2.5%水乳剂。

使用技术 防治辣椒茶黄螨按有效成分 129～193.6g/hm² 兑水均匀喷洒，全株喷雾；苹果树防治二斑叶螨、山楂叶螨和苹果全爪螨等害螨，用有效成分 160～240mg/kg 的药液喷洒全株。

安全间隔期 联苯肼酯在苹果树上使用的安全间隔期为 7d，辣椒上为 5d，每季最多使用 2 次。

注意事项 与其他杀螨剂交替使用。

螺螨酯 （spirodiclofen）

$$C_{21}H_{24}Cl_2O_4，411.32$$

其他名称 螨危。

特点 螺螨酯抑制害螨体内脂肪合成，阻断能量代谢。以触杀作用为主，对卵、幼螨、若螨和雌成螨有效。与常规其他杀螨剂无交互抗性。持效期长。

毒性 低毒。

制剂 240g/L 悬浮剂。

使用技术 防治柑橘红蜘蛛、锈壁虱，防治苹果红蜘蛛，用有效成分 40～60mg/kg 药液喷雾；防治棉花红蜘蛛按有效成分 36～72g/hm² 用量兑水喷雾。喷雾要喷透。

安全间隔期　螺螨酯在柑橘、苹果、棉花上使用的安全间隔期为 30d，每季最多使用 1 次。

注意事项　建议与其他作用机制不同的杀螨剂轮用；避免在作物花期施药，以免对蜂群产生影响；对鱼类等水生生物有毒。

炔螨特（propargite）

C$_{19}$H$_{26}$O$_4$S，350.47

其他名称　克螨特。

特点　有机硫杀螨剂，具有触杀作用，无内吸和渗透作用，对成螨和若螨有好的防治效果，杀卵效果差。20℃以上施用效果好，低温时使用效果较差。防治对其他杀螨剂产生抗性的害螨有良好防效。

毒性　低毒。

制剂　40%、57%、73%乳油；50%水乳剂。

使用技术　防治苹果树、柑橘树、棉花红蜘蛛用有效成分 243～365mg/kg 药液，于幼螨及若螨盛发期用药，注意均匀喷雾。

安全间隔期　炔螨特在苹果树、柑橘树上使用的安全间隔期是 30d，每季最多使用 3 次；在棉花上的安全间隔期是 21d，每季最多使用 3 次。

注意事项　高温高湿易出现药害，尤其是嫩梢及嫩叶，应严格控制用量。

噻螨酮（hexythiazox）

C$_{17}$H$_{21}$ClN$_2$O$_2$S，352.88

其他名称　尼索朗。

特点　具有触杀作用，可杀卵、幼螨及若螨，对成螨无效，但对接触到药液的雌成螨所产的卵具有抑制孵化的作用。可与波尔多液、石硫合剂等多种农药混用。对植物组织有良好的渗透性，无内吸作用。

毒性　中等毒。

制剂　5%乳油，5%可湿性粉剂。混配制剂有噻螨·哒螨灵、阿维·噻螨酮、甲氰·噻螨酮等。

使用技术　防治果树、棉花叶螨，但对锈螨、瘿螨防效较差。防治柑橘、苹果叶螨，用有效成分 25~31mg/kg 药液，在幼螨、若螨盛发期喷雾；防治棉花叶螨，按有效成分 22.5~49.5g/hm² 用量兑水喷雾。

安全间隔期　噻螨酮在柑橘、苹果、棉花上使用的安全间隔期为 30d，每季最多使用 2 次。

注意事项　噻螨酮对成螨效果差，喷药防治时应掌握在螨卵孵化至幼螨、若螨盛发期；该药无内吸性，要求喷药均匀周到；应与其他杀螨剂轮换使用。

三唑锡（azocyclotin）

$C_{20}H_{35}N_3Sn$，436.22

其他名称　倍尔霸、三唑环锡。

特点　三唑锡触杀作用强，广谱，可杀灭幼螨、若螨、成螨和夏卵，但对冬卵无效。对光稳定，持效期长，对作物安全。

毒性　中等毒。

制剂　25％、20％可湿性粉剂，20％悬浮剂，10％乳油。与其他杀虫、杀螨剂混配使用，常见的混配制剂有哒螨·三唑锡、阿维·三唑锡、吡虫·三唑锡等。

使用技术　用于果树红蜘蛛的防治。防治柑橘和苹果红蜘蛛，在红蜘蛛发生初期，用有效成分 100~200mg/kg 药液喷雾。

安全间隔期　三唑锡在柑橘、苹果上使用的安全间隔期为 30d，每季最多使用 2 次。

注意事项　对鱼毒性高；不能与波尔多液、石硫合剂等碱性农药混用。

双甲脒（amitraz）

$C_{19}H_{23}N_3$，293.41

其他名称　螨克。

特点　主要是抑制单胺氧化酶的活性。具有触杀、拒食、驱避作用，也有一定的内吸、熏蒸作用，广谱，兼具有杀虫作用。

毒性　低毒。

制剂 20％乳油。

使用技术 防治苹果叶螨、柑橘红蜘蛛、介壳虫、锈壁虱，用有效成分 130～200mg/kg 药液喷雾。防治棉花红蜘蛛，按有效成分 160～200g/hm² 用量兑水喷雾，同时对棉铃虫、红铃虫有一定兼治作用。防治梨木虱用有效成分 125～250mg/kg 药液喷雾。双甲脒还用来防治蜂螨。

安全间隔期 双甲脒在柑橘上使用的安全间隔期为 21d，春梢期最多使用 3 次，夏梢期最多使用 2 次；棉花上使用为 7d，最多使用 2 次；梨树及苹果树上为 20d，每季最多使用 3 次。

注意事项 不要与碱性农药混合使用。

四螨嗪（clofentezine）

$C_{14}H_8Cl_2N_4$，303.15

其他名称 阿波罗。

特点 四螨嗪为有机氮杂环类杀螨剂，对害螨具有很强的触杀作用，对螨卵杀伤力很高，对幼螨、若螨也有较强杀伤力，对成螨基本无效，但能抑制雌成螨的产卵量和所产卵的孵化率。药效发挥较慢，一般施药后 7～10d 才有显著效果，2～3 周才达到药效高峰，但药效期较长，一般可达 50～60d。

毒性 低毒。

制剂 20％、50％悬浮剂，10％、20％可湿性粉剂，75％、80％水分散粒剂。混配制剂有四螨·哒螨灵、四螨·炔螨特、四螨·三唑锡、阿维·四螨嗪等。

使用技术 用于防治苹果、梨树和柑橘等果树上的各类红蜘蛛和锈壁虱，用有效成分 100～200mg/kg 药液，在卵孵化盛期均匀喷雾。

安全间隔期 四螨嗪在柑橘、苹果上使用的安全间隔期为 30d，每季最多使用 2 次。

注意事项 当成螨数量较多或害螨大发生时，可与速效性杀螨剂混用；与噻螨酮有交互抗性，对噻螨酮有抗性的害螨不宜使用。

溴螨酯（bromopropylate）

$C_{17}H_{16}Br_2O_3$，428.12

其他名称 螨代治。

特点 触杀性较强，无内吸作用，对成螨、若螨和卵均有一定杀伤作用，药效受温度影响不大。杀螨谱广，持效期长。

毒性 低毒。

制剂 50％乳油。

使用技术 适用于果树害螨防治，防治柑橘、苹果红蜘蛛用有效成分 330～500mg/kg 药液喷雾，喷雾要均匀。

安全间隔期 溴螨酯在柑橘、苹果上使用的安全间隔期为 21d，每季最多使用 2 次。

注意事项 对鱼高毒，对蜜蜂、鸟高毒。

乙螨唑 （etoxazole）

$C_{21}H_{23}F_2NO_2$，359.41

其他名称 来福禄。

特点 具有触杀作用，抑制螨卵的胚胎形成以及从幼螨到成螨的蜕皮过程，因而对卵及幼螨、若螨有效，对成螨无效，但是对雌性成螨具有不育作用。因此其最佳的防治时间是害螨危害初期。

毒性 低毒。

制剂 110g/L 悬浮剂，15％、20％、30％悬浮剂。

使用技术 防治苹果、柑橘等害螨，在幼螨、若螨发生盛期，用有效成分 14.7～22mg/kg 药液均匀喷雾。

安全间隔期 乙螨唑在苹果树、柑橘树上使用的安全间隔期为 30d，每季使用 1 次。

注意事项 与不同作用机制的杀螨剂交替使用。

唑螨酯 （fenpyroximate）

$C_{24}H_{27}N_3O_4$，421.49

其他名称　霸螨灵。

特点　唑螨酯为苯氧吡唑（肟）类杀螨剂，杀螨谱广，以触杀作用为主，并兼有杀虫作用。对卵、幼螨、若螨、成螨各发育期均有效，对低龄若螨活性最高。

毒性　中等毒。

制剂　5％悬浮剂。

使用技术　用于防治各种叶螨，同时对鳞翅目和半翅目的飞虱有效。防治柑橘红蜘蛛、锈壁虱，用有效成分 25～50mg/kg 药液喷雾；防治苹果红蜘蛛用有效成分 16～25mg/kg 药液喷雾；防治棉花红蜘蛛，按有效成分 15～30g/hm² 用量兑水喷雾。

安全间隔期　唑螨酯在柑橘、苹果上使用的安全间隔期为 15d，每季最多使用 2 次。

注意事项　唑螨酯不能与碱性物质混合使用；对鱼有毒。

二、杀线虫剂

目前在我国登记可用于植物线虫病防治的药剂有阿维菌素、丁硫克百威、克百威、涕灭威、氯化苦、棉隆、威百亩、氰氨化钙、噻唑膦、灭线磷、硫酰氟、溴甲烷等。其中阿维菌素、丁硫克百威、克百威、涕灭威既具有杀虫作用，又具有杀线虫作用，这些已在杀虫剂部分介绍。涕灭威是剧毒农药，只允许在非食用作物及生长期长的甘薯及花生田使用。氯化苦、威百亩、棉隆属于灭生性农药，用于防治线虫病的同时，可兼治地下害虫和土传性病害及杂草；噻唑膦、灭线磷、氰氨化钙及硫酰氟是专用杀线虫剂，氰胺化钙同时还为作物提供养分；硫酰氟有一定的杀菌作用（不影响种子发芽）；灭线磷具有一定的杀虫作用。溴甲烷将于 2019 年 1 月 1 日起，禁止在农业上使用，只允许应用于检疫熏蒸处理，本书不再涉及。

硫酰氟（sulfuric oxyfluoride）

F_2O_2S, 102.06

特点　硫酰氟在常温常压下为无色无臭气体，广谱性熏蒸杀线虫剂，具有很强的扩散渗透力，散气时间短，低温使用方便，对发芽率没有影响。

毒性　中等毒。

制剂　99％气体制剂。

使用技术　防治黄瓜根结线虫，按 50～70g/m² 进行土壤熏蒸，覆膜封闭 3～15d。硫酰氟还广泛应用于仓库、货船、集装箱、建筑物、水库堤坝、园林植物及棉花、原粮等害虫防治，按 10g/m³ 用量，密闭熏蒸 2～3d。防治园林植物蛀干害虫时，由蛀孔注入硫酰氟气体，然后将其密封。防治白蚁时也由主蚁道注入气体进行熏蒸。在美国硫酰氟作为防治白蚁的特效熏蒸剂使用。

注意事项　对人畜剧毒，熏蒸作业过程中注意安全；熏蒸期间保持密闭；熏蒸完成后，必须充分通风散气。

氯化苦（chloropicrin）

$$Cl_3CNO_2，164.38$$

其他名称　三氯硝基甲烷。

毒性　高毒。

特点　氯化苦是联合国推荐的溴甲烷的替代品之一。氯化苦易挥发，扩散性强，挥发度随温度上升而增大，因而药效与温度成正相关，一般在20℃熏蒸比较合适。

制剂　99.5%液剂。

使用技术　氯化苦主要作为熏蒸剂用于粮食和土壤熏蒸，防治为害非成品粮的多种害虫和病菌，防治多种作物的真菌病和线虫病等土传病害。防治姜瘟病，每平方米用药液37.5～52.5mL进行土壤熏蒸。防治茄子、甜瓜及草莓等黄萎病和枯萎病，每公顷用290～447kg对土壤进行熏蒸处理。防治棉花枯萎病和黄萎病，每平方米用125mL药液进行土壤消毒。防治花生线虫病，每公顷用500kg药液处理土壤。

注意事项　氯化苦对人畜有毒，有刺激性和腐蚀性；土壤注入后农膜覆盖必须密闭；揭膜后间隔一定时间后才能种植作物。

棉隆（dazomet）

$$C_5H_{10}N_2S_2，162.28$$

特点　具有熏蒸作用，在土壤中能分解成有毒的异硫氰酸甲酯、甲醛和硫化氢等，对线虫、地下害虫、霉菌和杂草都有毒杀作用。

毒性　低毒。

制剂　98%微粒剂。

使用技术　用作土壤处理，防治番茄、草莓、花卉线虫病。防治保护地番茄线虫，用量为有效成分29.4～44.1g/m²；防治草莓线虫病，用量为有效成分30～

$40g/m^2$。先进行旋耕整地，浇水保持土壤湿度，进行沟施或撒施，旋耕机旋耕均匀，盖膜密封 20d 以上，揭开膜散气 15d 后播种或移栽。

注意事项 湿度影响熏蒸效果。

灭线磷（ethoprophos）

$C_8H_{19}O_2PS_2$，242.34

特点 有机磷类杀线虫剂，也具有一定的杀虫作用。具有触杀作用，但无内吸作用和熏蒸作用，主要用于防治农作物线虫病及稻瘿蚊。

毒性 高毒。

制剂 5%、10%颗粒剂。

使用技术 用作土壤处理防治线虫及地下害虫。防治甘薯茎线虫按有效成分 1500～2250g/hm² 穴施，覆土后移栽；防治花生根结线虫按有效成分 4500～5250g/hm² 沟施，覆土后播种；防治稻瘿蚊按有效成分 1500～1800g/hm²，于水稻播种后拌细土撒施。

注意事项 禁止用于蔬菜、果树、茶叶及中草药植物；不能与种子直接接触。

氰氨化钙（calcium cyanamide）

CaNCN，80.10

其他名称 石灰氮。

特点 可有效杀灭根结线虫，同时供给作物营养物质。

毒性 低毒。

制剂 50%颗粒剂。

使用技术 防治黄瓜和番茄根结线虫病，用量为有效成分 368～480g/hm²，沟施。

注意事项 注意土壤湿度和提高地温；定植前使用 1 次。

噻唑膦（fosthiazate）

$C_9H_{18}NO_3PS_2$，283.35

其他名称 福气多。

特点 有机磷杀线虫剂，具有触杀和内吸作用。

毒性 中等毒。

制剂 10%颗粒剂。

使用技术 登记用于黄瓜、番茄、西瓜根结线虫病的防治，有效成分用量为2500~3000g/hm²，撒施。

注意事项 对蚕有毒性；超量使用或土壤水分过多时容易引起药害；定植前使用1次。

威百亩（metam-sodium）

$$H_3C-\overset{H}{N}-\overset{\overset{S}{\|}}{C}-S-Na$$

$C_2H_4NNaS_2$，129.17

特点 杀线虫剂，并具有杀菌、除草的作用。原药在湿土中能分解成毒性较大的异硫氰酸甲酯，但此物质对植物有毒害，故土壤处理后，须待药剂全部分解消失后方可播种。具有熏蒸作用，能有效杀灭根结线虫、杂草等有害生物。

毒性 中等毒。

制剂 35%、42%水剂。

使用技术 土壤处理防治黄瓜和番茄根结线虫病，按有效成分21000~31500g/hm²用量，在种植前使用，待药剂挥发后定植。于种植前20d以上，在地面开沟，沟深20cm，沟距20cm。将稀释药液均匀地施于沟内，盖土压实后（不要太实），覆盖地膜进行熏蒸处理，15d后去掉地膜，翻耕透气，再播种或移栽。

注意事项 不可直接施用于作物表面，土壤处理每季最多施药1次。

三、杀螺剂

有些杀虫剂也具有杀灭螺类、蜗牛和蛞蝓等的作用，如甲萘威（见杀虫剂部分）。甲萘威多与四聚乙醛混合制成颗粒剂防治软体动物。

杀螺胺（niclosamide）

$C_{13}H_8Cl_2N_2O_4$，327.12

其他名称 百螺杀、氯螺杀、贝螺杀。

特点 是一种水杨酸苯胺类杀螺剂，氧化磷酸化解偶联剂，影响虫体的呼吸和糖类代谢活动，它很可能通过抑制虫体对氧气的摄取从而打乱其呼吸程序。

毒性 低毒。

制剂 70％可湿性粉剂。

使用技术 应用于农业、公共卫生、鱼塘等。农业上主要用于杀灭稻田中的福寿螺，按有效成分 315～420g/hm² 用量，兑水喷雾或撒毒土。同时在公共卫生防治方面，用于杀灭蜗牛。

安全间隔期 杀螺胺在稻田中使用，安全间隔期为 52d，每季最多使用 2 次。

注意事项 只宜在水体中使用，不宜在干旱条件下使用。

四聚乙醛（metaldehyde）

C₈H₁₆O₄，176.21

其他名称 多聚乙醛、灭蜗灵、蜗牛敌。

特点 四聚乙醛是一种选择性强的杀螺剂，具有胃毒作用，而且对蜗牛、蛞蝓有强烈的引诱作用。软体动物取食后，导致中枢神经系统内多种神经递质（如 γ-氨基丁酸、去甲肾上腺素、五羟色胺等）浓度显著降低，单胺氧化酶的活性提高，酶大量释放，使正常的神经传导发生紊乱。中毒的软体动物分泌大量黏液，迅速脱水，瘫痪，在短时间内死亡。

毒性 低毒。

制剂 6％、5％颗粒剂，80％可湿性粉剂。混配制剂有聚醛·甲萘威颗粒剂。

使用技术 适用于防治蔬菜、棉花、水稻、烟草、果园、花园等处的蜗牛、蛞蝓和福寿螺，按有效成分 360～490g/hm² 用量撒施。撒施到作物根际或直接撒施于行间地面上。

注意事项 土壤温度 13～28℃ 时施用；施药后不要在地内践踏，若遇大雨，药粒被雨水冲入水中，也会影响药效，需补施。

第三节　杀菌剂

一、保护性杀菌剂

保护性杀菌剂在喷洒到植物体外或体表后直接与病原菌接触，杀死或抑制病原菌，使之无法侵染植物，从而保护植物免受病原菌的危害。保护性杀菌剂的作用有两种：一种是药剂喷洒后与病原菌接触直接杀死病原菌，即"接触性杀菌作用"；另一种是把药剂喷洒在植物体表面上，当病原菌落在植物体上接触到药剂而被毒杀，称为"残效性杀菌作用"。

使用保护性杀菌剂时要注意以下几点：①在作物没有接触到病菌或发病之前，将药剂均匀地喷洒到作物上；若植物已经发病并造成一定损失后使用，则不会有防病效果。②喷施要均匀周到，而且叶片正反面都要被药剂覆盖均匀。③注意有效保护期。施药后植物生长出新的叶片、枝条、瓜果，由于没有受到药剂的保护，仍可受害。一般杀菌剂的持效期为7～10d，因此，第一次施药后7～10d还需施第二次，需连续2～3次。④药量准确，水量足够，浓度合理，不宜随便加大或缩小药量，喷施至药液在叶面上欲滴为止。

氨基寡糖素（oligosaccharins）

特点 氨基寡糖素为植物诱抗剂，是由天然物质经化学或生物作用制备而成的。被作物吸收后，作物自身的免疫反应提高，从而抗逆、抗病能力增强，增产作用明显。尤其对作物病毒病有较好的预防效果，但无治疗作用。

毒性 低毒。

制剂 0.5%、2%、3%、5%水剂。

使用技术 于番茄及烟草等作物苗期、发病前或发病初期，叶面喷施预防病毒病，有效成分用量为41.25～52.5g/hm²。

注意事项 只有预防作用，没有治疗作用。

百菌清（chlorothalonil）

$C_8Cl_4N_2$，265.91

特点 百菌清是有机氯类广谱、保护性杀菌剂，没有内吸作用。能与真菌细胞中的三磷酸甘油醛脱氢酶发生作用，从而破坏该酶活性，破坏真菌的新陈代谢。

毒性 低毒。

制剂 75%可湿性粉剂，40%悬浮剂，5%粉剂，10%、20%、30%、45%烟剂。百菌清可与很多杀菌剂制成混配制剂，如百·多·福、咪·酮·百菌清、烯酰·百菌清、嘧霉·百菌清等。

使用技术 适用于防治多种作物上的锈病、炭疽病、白粉病、霜霉病、灰霉病、叶斑病等。发病初期用可湿性粉剂或悬浮剂叶面喷施，每7～10d 1次，连续喷洒2～3次。防治保护地蔬菜病害如黄瓜霜霉病，可选用烟剂，按有效成分

$750\sim1200g/hm^2$用量，点燃放烟。

安全间隔期　百菌清在以下作物上使用的安全间隔期及每季最多使用次数分别是：黄瓜3d，3次；番茄7d，3次；花生14d，3次；苦瓜5d，3次；马铃薯7d，3次。

注意事项　对葡萄某些品种敏感，请勿使用；使用时注意不能与石硫合剂等碱性农药混用。

丙森锌（propineb）

$C_5H_8N_2S_4Zn$，289.78

其他名称　安泰生。

特点　亚乙基二硫代氨基甲酸酯类杀菌剂，抑制病原菌体内丙酮酸的氧化，抑制蛋白质的合成，从而起到杀菌的作用，是一种广谱、保护性杀菌剂。丙森锌常用来与其他内吸性杀菌剂混配以延缓耐药性的产生。

毒性　低毒。

制剂　70%可湿性粉剂。丙森锌的混配制剂有丙森·多菌灵、丙森·霜脲氰、烯酰·丙森锌、丙森·缬霉威、丙森·腈菌唑等。

使用技术　兑水喷雾防治番茄、白菜、黄瓜、葡萄、苹果、柑橘等作物的霜霉病、晚疫病、早疫病、炭疽病等。防治黄瓜、大白菜霜霉病按有效成分$1575\sim2247g/hm^2$用量兑水喷雾；防治番茄晚疫病按有效成分$1890\sim2835g/hm^2$兑水喷雾；防治葡萄霜霉病用有效成分$1400\sim1750mg/kg$药液喷雾；防治苹果斑点落叶病用有效成分$1000\sim1167mg/kg$药液喷雾；防治柑橘炭疽病用有效成分$875\sim1167mg/kg$药液喷雾。病害发生前或发病初期，兑水喷雾，每隔$5\sim7d$喷药1次，连续3次。

安全间隔期　丙森锌在以下作物上使用的安全间隔期及每季最多使用次数分别是：番茄、甜椒和黄瓜为5d，3次；马铃薯和西瓜为7d，3次；苹果树和葡萄为14d，4次；柑橘树21d，3次；大白菜为21d，3次；玉米和水稻为45d，2次。

注意事项　必须在病害发生前或始发期喷药；不可与铜制剂和碱性药剂混用，若喷了铜制剂或碱性药剂，需1周后再使用丙森锌。

波尔多液（bordeaux mixture）

$$CuSO_4 \cdot xCu(OH)_2 \cdot yCa(OH)_2 \cdot zH_2O$$

特点　波尔多液是无机铜元素保护性杀菌剂，杀菌谱广，持效期长，耐雨水冲刷。在植物新陈代谢过程中产生的酸性液体的作用下，释放出可溶性铜离子，铜离子进入病菌细胞后，使细胞中的蛋白质凝固而抑制病原菌孢子萌发或菌丝生长。是应用历史最长的一种杀菌剂，至今没发现抗性现象。

毒性　低毒。

制剂　80％可湿性粉剂，86％水分散粒剂。生产上常用的波尔多液多数是使用者现配现用的，即用硫酸铜、生石灰和水按一定比例配制成天蓝色胶状悬浊液。比例有波尔多液1％等量式（硫酸铜∶生石灰∶水＝1∶1∶100）、1％倍量式（硫酸铜∶生石灰∶水＝1∶2∶100）、1％半量式（硫酸铜∶生石灰∶水＝1∶0.5∶100）和1％多量式［硫酸铜∶生石灰∶水＝1∶（3～5）∶100］。

使用技术　波尔多液广泛用于预防蔬菜、果树、棉、麻等的多种真菌性病害，对霜霉病、炭疽病、晚疫病、轮纹病等效果好。

安全间隔期　波尔多液在苹果树及柑橘树上使用的安全间隔期为14d，每季最多使用4次。

注意事项　依据作物、品种选择不同配比的波尔多液，以免产生药害；对铜敏感的时期和作物（李、桃、鸭梨、白菜、小麦、大豆、黄瓜、西瓜等）慎用；不能与大多数杀菌剂和杀虫剂混合使用；注意施药间隔期，波尔多液与杀菌剂、杀虫剂分别使用时，必须间隔10～15d。

代森联　（metiram）

$(C_{16}H_{33}N_{11}S_{16}Zn_3)\ x$，$(1088.6)\ x$

特点　亚乙基二硫代氨基甲酸盐类保护性杀菌剂，杀菌范围广，不易产生抗性。其作用机理为防止真菌孢子萌发，干扰芽管的发育伸长。代森联常用来与其他内吸性杀菌剂混配以延缓耐药性的产生。

毒性　低毒。

制剂　70％水分散粒剂，70％可湿性粉剂，70％干悬浮剂。代森联混配制剂有唑醚·代森联、烯酰·代森联、戊唑·代森联、苯甲·代森联。

使用技术　代森联适用于防治霜霉病、黑星病、疮痂病、炭疽病、叶斑病等。防治柑橘疮痂病、梨黑星病，用有效成分1000～1400mg/kg药液喷雾；防治黄瓜霜霉病，按有效成分1120～1750g/hm² 用量兑水喷雾；防治苹果斑点落叶病、轮纹病和炭疽病，用有效成分1000～2333mg/kg药液，叶面喷洒，隔7～10d喷一次，连喷2～3次。

安全间隔期　代森联在黄瓜上使用的安全间隔期为5d，每季最多使用4次；苹果树和梨树安全间隔期为21d，每季最多使用3次；柑橘树安全间隔期为10d，每季最多使用3次。

注意事项 不能与碱性物质混用或前后紧接使用。

代森锰锌（mancozeb）

$$\left[\begin{array}{c} CH_2NH-\overset{\displaystyle S}{\underset{}{C}}-S \\ \\ CH_2NH-\underset{\displaystyle S}{C}-S \end{array} Mn \right]_x Zn_y$$

$$[C_4H_6N_2S_4Mn]_x Zn_y, \quad 138x+65y$$

其他名称 大生。

特点 代森锰锌是亚乙基二硫代氨基甲酸盐类杀菌剂，是代森锰和锌离子的配位化合物，抑制丙酮酸的氧化。杀菌谱广，病原菌不容易产生抗性。对植物缺锌或缺锰症状也有一定的治疗作用。持效期约为10d。

毒性 低毒。

制剂 70%、80%可湿性粉剂。代森锰锌与内吸性杀菌剂混用，可延缓抗性的产生。生产上广泛使用含代森锰锌的混配制剂，如霜脲·锰锌、噁酮·锰锌、烯酰·锰锌、氢铜·锰锌、乙铝·锰锌、锰锌·三唑酮、锰锌·霜霉威、异菌·多·锰锌等。

使用技术 代森锰锌可用来防治多种作物的多种真菌病害：各种蔬菜的霜霉病、炭疽病、褐斑病、晚疫病、叶斑病、早疫病等；果树病害如梨黑星病、柑橘疮痂病、苹果斑点落叶病、葡萄霜霉病、荔枝霜霉病、疫霉病，棉花烂铃病，小麦锈病、白粉病，玉米大斑病、条斑病，烟草黑胫病等。一般作叶面喷洒，隔10~15d喷一次。防治苹果斑点落叶病，用有效成分1000~1600mg/kg药液喷雾；防治番茄早疫病按有效成分1560~2520g/hm² 用量兑水喷雾；防治马铃薯晚疫病按有效成分1440~2160g/hm² 兑水喷雾。

安全间隔期 代森锰锌在番茄、辣椒、黄瓜上的安全间隔期为4d，每季最多使用3次。

注意事项 不能与碱性农药、化肥和含铜的溶液混用。

代森锌（zineb）

$$\begin{array}{c} H_2C-N-\overset{\displaystyle S}{\underset{}{C}}-S \\ \quad\; | \\ H_2C-N-\underset{\displaystyle S}{C}-S \end{array} Zn$$

$$C_4H_6N_2S_4Zn, \quad 275.75$$

特点 二甲基二硫代氨基甲酸盐类保护性杀菌剂，作用机理和生物活性同代森锰锌。

毒性 低毒。

制剂 65％、80％可湿性粉剂。混配制剂有王铜·代森锌、代锌·甲霜灵等。

使用技术 用于叶面喷施预防多种蔬菜、果树和农作物的炭疽病、霜霉病、叶斑病、早疫病、晚疫病、立枯病、锈病等。防治马铃薯早疫病、晚疫病，番茄早疫病、晚疫病、斑枯病、叶霉病、炭疽病、灰霉病，茄子绵疫病、褐纹病，白菜、萝卜、甘蓝霜霉病、黑斑病、白斑病、软腐病、黑腐病，瓜类炭疽病、霜霉病、疫病、蔓枯病，冬瓜绵疫病，豆类炭疽病、褐斑病、锈病、火烧病等，按有效成分 $2550 \sim 3600 \mathrm{g/hm^2}$ 兑水喷雾。喷药次数根据发病情况而定，一般在发病前或发病初期开始喷第 1 次药，以后每隔 7～10d 喷 1 次，连喷 2～3 次。

安全间隔期 代森锌在以下作物上使用的安全间隔期及每季最多使用次数分别为：苹果树及梨树28d，3次；马铃薯21d，2次；黄瓜及番茄5d，3次。

注意事项 葫芦科蔬菜对锌敏感，浓度不能过大；不能与碱性农药混用。

稻瘟酰胺（fenoxanil）

$$C_{15}H_{18}Cl_2N_2O_2，329.23$$

其他名称 氰菌胺。

特点 内吸性杀菌剂，主要起保护作用，是黑色素生物合成抑制剂。主要用于防治水稻稻瘟病，包括叶瘟和穗瘟。

毒性 低毒。

制剂 30％、40％悬浮剂，20％可湿性粉剂。

使用技术 防治稻瘟病可叶面喷洒，也可水下施用。最佳施药时间应在发病前 7～10d，或在抽穗前 5～30d。按有效成分 $200 \sim 400 \mathrm{g/hm^2}$ 兑水茎叶喷雾；灌施剂量通常为 $2100 \sim 2800 \mathrm{g/hm^2}$。

安全间隔期 稻瘟酰胺在水稻上使用的安全间隔期为 21d，每季最多使用 3 次。

注意事项 发病前使用。

氟啶胺（fluazinam）

$$C_{13}H_4Cl_2F_6N_4O_4，465.09$$

其他名称 福帅得。

特点 氟啶胺为广谱、保护性杀菌剂，渗透性强。破坏氧化磷酸化，从而抑制孢子萌发、侵入器官形成、菌丝生长和孢子形成。对鞭毛菌类、半知菌类引起的病害有良好的防治效果。主要用于防治早疫病、晚疫病、疫病、炭疽病、灰霉病以及十字花科蔬菜根肿病等。

毒性 低毒。

制剂 500g/L悬浮剂，50%水分散粒剂。

使用技术 防治十字花科蔬菜根肿病，定植前对定植穴土壤进行处理。氟啶胺有效成分用量为2000～2500g/hm²，兑水量根据土壤墒情而定，喷施定植穴土壤表面，然后混土10～15cm深。防治辣椒炭疽病和疫病于发病前或发病初期，按有效成分177.5～262.5g/hm²茎叶喷雾。防治马铃薯晚疫病和早疫病于发病前或发病初期，按有效成分200～250g/hm²茎叶喷雾。防治番茄晚疫病和灰霉病，于发病前或发病初期，按有效成分200～250g/hm²茎叶喷雾。

安全间隔期 氟啶胺在辣椒上的安全间隔期为7d，每季最多使用3次；在番茄上使用的安全间隔期为14d，每季最多使用3次；在马铃薯上的安全间隔期为7d，每季最多使用4次。

注意事项 喷洒均匀；瓜类对氟啶胺敏感，禁止在瓜类上使用；高温下非常容易出现药害；不宜与肥料和其他药剂混用，必须混用时，请在技术人员指导下进行。

腐霉利（procymidone）

$C_{13}H_{11}Cl_2NO_2$，284.14

其他名称 速克灵、二甲菌核利。

特点 二甲酰亚胺类低毒杀菌剂，具有保护、治疗双重作用。防治谱同异菌脲。

毒性 低毒。

制剂 50%可湿性粉剂，35%、20%悬浮剂，15%烟剂。混配制剂有腐霉·福美双。

使用技术 在发病前使用，最迟在发病初期使用，防治果树、蔬菜的灰霉病和菌核病。防治番茄灰霉病按有效成分562～750g/hm²用量兑水喷雾；防治葡萄灰霉病用有效成分250～500mg/kg药液喷雾；防治韭菜灰霉病和菌核病，按有效成分300～450g/hm²用量兑水喷雾。应于发病前，至少是发病初期使用。间隔7～

10d 使用一次，共用 1～2 次。

安全间隔期 腐霉利在油菜上使用的安全间隔期为 25d，每季最多使用 2 次；在黄瓜上的安全间隔期为 3d，每季最多使用 3 次；在葡萄上的安全间隔期为 14d，每季最多使用 2 次；在番茄上的安全间隔期为 14d，每季最多使用 2 次。

注意事项 腐霉利不能与异菌脲、乙烯菌核利等作用方式相同的杀菌剂混用或轮用；与芳烃类杀菌剂如百菌清、五氯硝基苯有交互抗性，在生产上这两类药不能混合使用；不能与强碱性或强酸性的药剂混用。

福美双 （thiram）

$$C_6H_{12}N_2S_4，240.43$$

特点 福美双是硫代氨基甲酸酯类保护性杀菌剂，杀菌谱广，对多种植物病原真菌引起的病害有预防作用。

毒性 低毒。

制剂 50%、75%、80%可湿性粉剂。福美双常与其他杀菌剂制成混配制剂，如多·福、多·酮·福美双、噁霉·福美双、腈菌·福美双、烯酰·福美双等。福美双也是许多种衣剂的成分之一。

使用技术 福美双主要用作种子处理和土壤处理，防治禾谷类黑穗病和多种作物苗期立枯病，也用于喷雾防治果树、蔬菜等病害。防治烟草、甜菜根腐病，按有效成分 500g/500kg 床土，进行土壤消毒；防治水稻稻瘟病、胡麻叶斑病，按有效成分 250g/100kg 种子，进行种子拌种；防治黄瓜霜霉病，在发病初期按有效成分 937.5～1406.25g/hm² 兑水喷雾。

安全间隔期 福美双在黄瓜、葡萄、水稻上使用的安全间隔期为 15d，每季最多使用 2 次。

注意事项 不能与铜及碱性农药混用或前后紧连使用。

琥胶肥酸铜 ［copper （succinate＋glutarate＋adipate）］

$$[(CH_2)_{17}(COO)_2]_nCu$$

特点 铜离子与病原菌膜表面上的阳离子交换，使病原菌细胞膜上的蛋白质凝固，同时部分铜离子渗透进入病原菌细胞与某些酶结合，影响其活性。

毒性 低毒。

制剂 30%可湿性粉剂，30%浮悬剂。复配制剂有琥·铝·甲霜灵、琥铜·百菌清、琥铜·霜脲氰、琥铜·乙磷铝等。

使用技术 防治黄瓜细菌性角斑病，在发病前或发病初期，按有效成分 900～1050g/hm² 兑水喷雾；防治辣椒炭疽病按有效成分 292～418g/hm² 兑水喷雾。

安全间隔期 琥胶肥酸铜在黄瓜、辣椒上使用的安全间隔期为 7d，每季最多使用 2 次。

注意事项 不能与碱性药剂混用。

碱式硫酸铜（copper sulfate basic）

$$CuSO_4 \cdot 3Cu(OH)_2 \cdot H_2O，470.29$$

其他名称 铜高尚、丁锐可。

特点 碱式硫酸铜为广谱、保护性杀菌剂，用于防治作物的真菌性病害和细菌性病害。碱式硫酸铜依靠植物表面上水的酸化，逐步释放铜离子，抑制真菌孢子萌发和菌丝发育。

毒性 低毒。

制剂 27.12%、30%悬浮剂，70%水分散粒剂。

使用技术 碱式硫酸铜应在病害发生前或发生初期使用，喷雾要均匀。防治黄瓜霜霉病按有效成分 542.2～638.4g/hm² 喷雾；防治番茄早疫病按有效成分 678～813.6g/hm² 喷雾；防治苹果轮纹病、柑橘溃疡病将 27.12%悬浮剂稀释 400～500 倍喷雾；防治水稻稻瘟病、稻曲病按有效成分 256～384g/hm² 喷雾，水稻破口前一周左右常量使用一次，如病害发生严重，齐穗期再使用一次。

安全间隔期 碱式硫酸铜在水稻上使用的安全间隔期为 20d，每季最多使用 2 次。

注意事项 苹果等花期禁用；桃、李等对铜制剂敏感作物禁用；避免与强酸强碱类物质混用；禁止与乙磷铝类农药混用。

菌核净（dimetachlone）

$$C_{10}H_7Cl_2NO_2，242.98$$

其他名称 纹枯利。

特点 菌核净属于二甲酰亚胺类保护性杀菌剂，具有内渗作用，但无内吸性，兼具保护和治疗作用。

毒性 低毒。

制剂 40%可湿性粉剂，10%烟剂。含有菌核净的混配制剂有菌核·多菌灵、菌核·百菌清、琥铜·菌核净、甲硫·菌核净、锰锌·菌核净、王铜·菌核净等。

使用技术　菌核净主要用于防治水稻纹枯病、油菜菌核病、烟草赤星病。防治水稻纹枯病按有效成分 $1200\sim1500g/hm^2$，防治油菜菌核病按有效成分 $600\sim900g/hm^2$，防治烟草赤星病按有效成分 $1125\sim2025g/hm^2$，兑水喷雾，发病前期 $7\sim10d$ 一次，连喷 $2\sim3$ 次。

安全间隔期　菌核净在烟草上使用的安全间隔期是 21d，每季最多使用 3 次。

注意事项　菌核净对有些作物如豆类可造成药害；注意喷施浓度，以免产生药害。其他同异菌脲。

克菌丹（captan）

$$C_9H_8Cl_3NO_2S, \quad 300.59$$

特点　克菌丹为广谱性杀菌剂，以保护作用为主，兼有一定治疗作用。

毒性　低毒。

制剂　80%水分散粒剂，50%可湿性粉剂，45%悬浮种衣剂，40%悬浮剂。

使用技术　用作叶面喷雾和种子处理。防治多种蔬菜的霜霉病、白粉病、炭疽病，以及番茄和马铃薯早疫病、晚疫病，按有效成分 $937\sim1406g/hm^2$ 用量兑水喷雾，于发病初期开始每隔 $6\sim8d$ 喷一次，连喷 $2\sim3$ 次。防治果实黑星病、轮纹病、霜霉病等用有效成分 $700\sim1250mg/kg$ 药液喷雾。

安全间隔期　克菌丹在番茄上使用的安全间隔期为 5d，每季最多使用 3 次；在柑橘上使用的安全间隔期为 21d，每季最多使用 3 次；在梨树上使用时安全间隔期为 14d，每季最多使用 2 次。

注意事项　与含锌离子的叶面肥混用时有些作物较敏感，应先试验后使用。

硫黄（sulfur）

特点　硫黄为无机硫杀菌剂，具有杀菌和杀螨作用。

毒性　低毒。

制剂　80%水分散粒剂，45%、50%悬浮剂。硫黄可与多种杀菌剂制成混配制剂，如多·硫、福·甲·硫黄、硫黄·三唑酮、硫黄·三环唑。

使用技术　对小麦、瓜类白粉病有良好的防效。80%水分散粒剂防治小麦白粉病，按有效成分 $1920\sim3000g/hm^2$ 兑水喷雾；用 50%悬浮剂防治黄瓜白粉病，按有效成分 $1125\sim1500g/hm^2$ 兑水喷雾。硫黄各种混配制剂的防治对象很多。每季黄瓜使用 $2\sim3$ 次。

注意事项　有些作物对硫黄敏感，应严格按使用说明使用；高温、强日照下用药易发生药害。

咯菌腈 （fludioxonil）

$C_{12}H_6F_2N_2O_2$，248.19

其他名称　适乐时。

特点　咯菌腈为广谱杀菌剂，无内吸作用。通过抑制葡萄糖磷酰化有关的转移，抑制真菌菌丝体的生长，最终导致病菌死亡。

毒性　低毒。

制剂　25g/L悬浮种衣剂，50％可湿性粉剂，是某些种衣剂的成分之一。

使用技术　主要用作种子处理防治种传病害和土传病害，如由链格孢属、壳二孢属、曲霉属、镰孢菌属、长蠕孢属、丝核菌属及青霉属等病菌引起的病害。25g/L悬浮种衣剂适宜于小麦、水稻、花生、向日葵、大豆、西瓜、棉花等作物种子包衣，防治种传和土传病害。50％可湿性粉剂登记用于防治观赏菊花的灰霉病，用有效成分83.3～125mg/kg药液喷雾。

注意事项　对水生生物有毒；处理种子绝对不得用来喂畜禽。

宁南霉素 （ningnanmycin）

$C_{16}H_{26}O_8N_7$，444

特点　宁南霉素属于胞嘧啶核苷肽型抗生素杀菌剂，具有预防、治疗作用。能诱导植物体产生抗性蛋白，提高植物体的免疫力，从而提高植株抵抗病毒的能力而达到防治病毒病的作用；同时还可抑制真菌菌丝生长。

毒性　低毒。

制剂　2％、4％、8％水剂，10％可溶粉剂。

使用技术　防治辣椒病毒病、番茄病毒病，在发病初期按有效成分90～125g/hm²兑水喷雾。防治烟草病毒病所用剂量是有效成分75～100g/hm²。

安全间隔期　宁南霉素在黄瓜、番茄上的安全间隔期为7d，每季最多使用3次；在烟草上使用的安全间隔期为10d，每季最多使用3次。

注意事项　不可与碱性农药等物质混合使用。

氰霜唑 （cyazofamid）

$C_{13}H_{13}ClN_4O_2S$, 324.79

其他名称 科佳。

特点 氰基咪唑类杀菌剂，对藻菌类病害的各个阶段有效，对卵菌纲真菌如霜霉菌、假霜霉菌、疫霉菌、腐霉菌以及根肿菌纲的芸苔根肿菌具有很高的生物活性。具有保护作用及一定的内吸治疗作用，与其他防治卵菌病害的药剂无交互抗性。

毒性 低毒。

制剂 100g/L悬浮剂。混配制剂有氟胺·氰霜唑。

使用技术 兑水喷雾防治卵菌类引起的晚疫病、霜霉病。防治番茄晚疫病、黄瓜霜霉病及西瓜疫病，按有效成分 $80\sim100g/hm^2$ 于发病初期喷雾。防治葡萄霜霉病、荔枝树霜霉病，用有效成分 $40\sim50mg/kg$ 药液于发病初期喷雾。含氰霜唑的混配制剂可用来防治十字花科蔬菜根肿病，如用 40% 氟胺·氰霜唑悬浮剂，按有效成分 $1200\sim1500g/hm^2$ 用量对根部土壤进行喷雾处理。

安全间隔期 氰霜唑在以下作物上使用的安全间隔期及每季最多使用次数分别是：黄瓜、番茄 1d，4 次；葡萄、荔枝及西瓜 7d，4 次。

注意事项 氰霜唑对藻菌类以外的病害没有任何防治效果；喷洒均匀；与其他作用机制的药剂交替使用。

氢氧化铜 （copper hydroxide）

$Cu(OH)_2$，97.56

其他名称 可杀得。

特点 氢氧化铜为广谱、保护性无机杀菌剂，能够稳定地缓慢释放出杀菌成分铜离子，铜离子可被萌发的孢子吸收，当达到一定浓度时，就可以杀死孢子，从而起到杀菌作用，但此作用仅限于阻止孢子萌发，仅有保护作用，无治疗作用。对人畜较安全。

毒性 低毒。

制剂 77%可湿性粉剂，46%水分散粒剂。氢氧化铜与其他杀菌剂的复配制剂有氢铜·锰锌、氢铜·福美锌、氢铜·霜脲氰。

使用技术 用于防治果树、蔬菜细菌性病害及真菌性病害，于发病前或发病初期兑水喷雾,连续使用时间隔10~15d。用77%可湿性粉剂防治柑橘溃疡病用有效成分1283~1925mg/kg药液,葡萄霜霉病用有效成分1100~1283mg/kg药液喷雾;防治黄瓜细菌性角斑病用有效成分1732~2310g/hm²,番茄早疫病用有效成分1575~2310g/hm²,兑水喷雾。各种含量的水分散粒剂的登记用量为:黄瓜细菌性角斑病按有效成分550~672g/hm²,柑橘溃疡病用有效成分489~597mg/kg药液,辣椒疫病按有效成分280~400g/hm²兑水喷雾。用药间隔期应根据发病情况及天气情况进行调整。

安全间隔期 氢氧化铜在黄瓜上使用的安全间隔期为3d,每季最多使用3次;番茄、辣椒上安全间隔期为5d,每季最多3次;马铃薯、烟草安全间隔期为7d,每季最多3次;葡萄安全间隔期为14d,每季最多3次。

注意事项 蔬菜幼苗期注意喷施浓度;在苹果、梨花期、幼果期严禁使用,桃、李等对铜敏感的作物禁止使用;不要与强酸、强碱性农药以及肥料混用。

三环唑 （tricyclazole）

C₉H₇N₃S, 189.23

其他名称 克瘟唑、克瘟灵。

特点 三环唑是防治稻瘟病专用杀菌剂,杀菌机理主要是抑制附着孢黑色素的形成,从而抑制孢子萌发和附着孢形成,阻止病菌侵入和减少稻瘟病菌孢子的产生。三环唑具有较强的内吸性,能迅速被水稻根茎叶吸收,并输送到稻株各部,一般在喷洒后2h稻株内吸收药量可达饱和。三环唑防病以预防保护作用为主,须在发病前使用。

毒性 低毒。

制剂 20%、75%可湿性粉剂。常见的混配制剂有硫黄·三环唑、异稻·三环唑。

使用技术 防治稻瘟病按有效成分225~300g/hm²兑水喷雾。防治苗瘟,在秧苗3~4叶期或移栽前5d兑水喷雾;也可在插秧前将秧苗放入药液中浸泡约1min,堆放0.5h后插秧。防治叶瘟及穗颈瘟,在叶瘟初发病时或孕穗末期至始穗期喷雾;穗颈瘟严重时,间隔10~14d再施药一次。

安全间隔期 三环唑在水稻上使用的安全间隔期为21d,每季最多使用2次。

注意事项 用药液浸秧,有时会引起发黄,但不久即能恢复,不影响稻秧以后的生长。

石硫合剂 (lime sulfur)

$$CaS \cdot S_x$$

特点　石硫合剂是由生石灰、硫黄加水熬制而成的无机硫制剂，其有效成分是多硫化钙，主要用作杀菌剂，此外还具有一定的杀虫、杀螨作用，能渗透和侵蚀病菌和害虫体壁，从而将病菌、害虫杀死。

毒性　低毒。

制剂　石硫合剂由生石灰、硫黄加水熬制而成（生石灰、硫黄和水的最佳比例是 1：2：10）。以前主要由果农自己熬制，现熬制现用，现在有加工好的制剂销售，如 29％石硫合剂水剂、45％石硫合剂晶体粉。

使用技术　石硫合剂可防治苹果、葡萄、麦类等白粉病及多种害螨及介壳虫，但应注意喷雾时间及浓度。29％石硫合剂水剂，防治苹果白粉病用 72～57 倍液（0.4～0.5°Bé）喷雾；防治葡萄白粉病用 9～6 倍液（3.2～4.8°Bé）喷雾；防治柑橘、茶树红蜘蛛用 20～40 倍液喷雾；防治观赏植物上的介壳虫用 60 倍液喷雾。用 45％结晶粉防治柑橘害螨和介壳虫时，早春用 100～300 倍液喷雾，晚秋用 300～500 倍液喷雾；防治苹果叶螨在萌芽前用 20～30 倍液喷雾。

安全间隔期　石硫合剂在苹果、葡萄上使用的安全间隔期为 15d，每季最多使用 2 次。

注意事项　现配现用；气温达到 32℃ 以上时慎用；桃、李、梅花、梨等蔷薇科植物和紫荆、合欢等豆科植物对石硫合剂敏感；对喷洒过波尔多液的作物相隔 30d 后才能使用石硫合剂。

松脂酸铜 (copper abietate)

$C_{40}H_{58}CuO_4$, 666.432

其他名称　绿乳铜。

特点　有机铜制剂，广谱、保护性杀菌剂，用于防治作物的真菌性病害及细菌性病害。

毒性　低毒。

制剂　20％水乳剂，12％、30％乳油。

使用技术　防治柑橘树溃疡病，于发病前或发病初期，按有效成分 250～400mg/kg 药液喷雾。于葡萄霜霉病发病前至发病初期，按有效成分 200～250mg/kg

药液喷雾。防治烟草野火病，于发病前或发病初期，按有效成分 $240\sim360g/hm^2$ 兑水喷雾。喷雾要均匀。

安全间隔期　松脂酸铜在柑橘上使用的安全间隔期为 7d，每季最多使用 3 次；葡萄上安全间隔期为 7d，每季最多使用 4 次。

注意事项　不宜与强酸、强碱性农药等物质混用；对铜离子敏感的作物使用时应注意；与其他作用机制不同的杀菌剂轮换使用。

王铜（copper oxychloride）

$$3Cu\,(OH)_2CuCl_2,\ 427.134$$

其他名称　氧氯化铜。

特点　无机铜杀菌剂，喷到作物上后能黏附在植物体表面，形成一层膜起保护作用。在一定湿度条件下释放出可溶性碱式氯化铜离子起杀菌作用。

毒性　低毒。

制剂　30％悬浮剂，47％、50％可湿性粉剂，84％水分散粒剂。混配制剂有47％春雷·王铜、王铜·代森锌等。

使用技术　防治柑橘树溃疡病，于发病前或发病初期开始施用，用有效成分含量 $420\sim525mg/kg$ 药液喷雾。喷雾要均匀，包括叶背、树冠内膛、主枝主干、地上落叶等。防治番茄早疫病按有效成分 $225\sim321g/hm^2$ 兑水喷雾。防治黄瓜细菌性角斑病，按有效成分 $1602\sim2250g/hm^2$ 兑水喷雾。

安全间隔期　王铜在柑橘上使用的安全间隔期为 20d，每季最多使用 3 次。

注意事项　不宜与石硫合剂、硫黄制剂、矿物油等混用；与其他杀菌剂交替使用。

五氯硝基苯（quintozene）

$$C_6Cl_5NO_2,\ 295.33$$

特点　五氯硝基苯属有机氮保护性杀菌剂，影响菌丝细胞的有丝分裂。

毒性　低毒。

制剂　40％、20％粉剂，40％种子处理干粉剂，15％悬浮种衣剂。五氯硝基苯常与多菌灵、福美双制成混配制剂施用。

使用技术　五氯硝基苯主要用作土壤处理和种子处理。对多种作物的苗期病害及土传真菌病害有较好的防治效果。用粉剂处理棉花种子，按 100kg 种子用有效成分 400g 拌种；处理小麦种子，按有效成分 $150\sim200g/100kg$ 种子拌种。防治蔬菜苗期病害，如立枯病、猝倒病、炭疽病等，选用五氯硝基苯与多菌灵、福美双的混配制剂效果更好；或将五氯硝基苯与50%福美双可湿性粉剂或50%多菌灵可湿性粉剂，按1：1混合后拌种或土壤处理，可以扩大防病种类，提高防治效果。

注意事项　用作土壤处理时，重黏土壤中要适当增加药量；番茄幼苗、洋葱、莴苣等对五氯硝基苯比较敏感；处理过的种子勿作饲料或食用。

烯丙苯噻唑（probenazole）

$C_{10}H_9NO_3S$，223.25

特点　烯丙苯噻唑为诱导免疫型杀菌剂，通过激发植物本身对病害的免疫（抗性）反应来实现防病效果。通过植物根部被吸收，并较迅速地渗透传导至植物体各部分。

毒性　低毒。

制剂　8%颗粒剂。

使用技术　稻田撒施防治稻瘟病。水稻叶瘟发病初期，按有效成分2000～4000g/hm^{2}撒施，要求浅水条件（3～5cm），并保水45d。水稻育秧盘使用防治稻瘟病，按有效成分12～24g/m^{2}撒施，先施药后灌水，处理苗移栽到本田后，保水（3～5cm）至秧苗返青。

安全间隔期　烯丙苯噻唑在水稻上使用的安全间隔期为40d，每季最多使用3次。

注意事项　养鱼田不要使用；不要与敌稗同时使用，以防发生药害。

盐酸吗啉胍（moroxydine hydrochloride）

$C_6H_{14}ClN_5O$，207.66

特点　能抑制病毒的DNA和RNA聚合酶的活性及蛋白质的合成，从而抑制病毒的繁殖。用以预防多种作物的病毒病。

毒性　低毒。

制剂　20%可湿性粉剂，20%悬浮剂，5%可溶性粉剂。常见的含有盐酸吗啉胍的混配制剂有吗胍·乙酸铜、琥铜·吗啉胍、辛菌·吗啉胍、氮苷·吗啉胍、羟烯·吗啉胍等。

使用技术 盐酸吗啉胍及其混配制剂，用来预防多种作物病毒病，发病前或发病初期开始喷雾防治，间隔期 7d，需连续喷施几次。

安全间隔期 盐酸吗啉胍在番茄上使用的安全间隔期为 5d，每季最多使用 3 次；在烟草上安全间隔期为 30d，每季最多使用 4 次。

注意事项 盐酸吗啉胍防治病毒病，应与其他措施相结合。

氧化亚铜 （cuprous oxide）

Cu_2O，143.0914

其他名称 铜大师。

特点 广谱、保护性无机杀菌剂，能够稳定地缓慢地释放出杀菌成分铜离子，铜离子可被萌发的孢子吸收，当达到一定浓度时，就可以杀死孢子，从而起到杀菌作用，但此作用仅限于阻止孢子萌发，仅有保护作用。

毒性 低毒。

制剂 86.2%可湿性粉剂，86.2%水分散粒剂。

使用技术 防治以下病害时，于发病前或发病初期兑水喷雾。防治苹果树斑点落叶病，用有效成分 344.8～431mg/kg 药液喷雾；防治荔枝霜霉病、疫病用有效成分 574.7～862mg/kg 药液喷雾；防治番茄早疫病按有效成分 900～1260g/hm² 喷雾；防治黄瓜霜霉病、甜椒疫病按有效成分 1800～2400g/hm² 喷雾；防治柑橘溃疡病用有效成分 862～1078mg/kg 药液喷雾；防治葡萄霜霉病用有效成分 718～1078mg/kg 药液喷雾；防治苹果轮纹病用有效成分 345～431mg/kg 药液喷雾；防治水稻纹枯病按有效成分 355.6～474.1g/hm² 喷雾。

安全间隔期 氧化亚铜在蔬菜及大田作物上使用的安全间隔期为 10d，每季最多使用 4 次；葡萄、柑橘安全间隔期为 21d，每季最多使用 4 次；苹果安全间隔期为 15d，每季最多使用 4 次。

注意事项 喷洒均匀；对铜敏感作物或品种禁用或慎用。

异菌脲 （iprodione）

$C_{13}H_{13}Cl_2N_3O_3$，330.17

其他名称 扑海因。

特点 异菌脲是二甲酰亚胺类杀菌剂，能抑制蛋白激酶，抑制真菌孢子的萌发及产生，也可抑制菌丝生长。没有内吸性，主要起保护作用，在病害发生初期使用，可有效防治对苯并咪唑类内吸杀菌剂有抗性的真菌。对褐腐病、灰霉病、斑点落叶病等特效。

毒性 低毒。

制剂 50％可湿性粉剂，255g/L、500g/L 悬浮剂，10％乳油。常见混配制剂有咪鲜·异菌脲、嘧霉·异菌脲、异菌·福美双、锰锌·异菌脲、甲硫·异菌脲等。

使用技术 病害发生初期喷雾防治多种果树、蔬菜、瓜果类等作物早期落叶病、灰霉病、早疫病、菌核病等病害。防治番茄灰霉病、早疫病按有效成分 375～750g/hm² 用量兑水喷雾；防治苹果褐斑病、轮纹病用有效成分 333.3～500mg/kg 药液喷雾；防治油菜菌核病按有效成分 450～750g/hm² 兑水喷雾；用 50％悬浮剂防治苹果斑点落叶病，用 1000～2000 倍液喷雾，防治葡萄灰霉病用 750～1000 倍液喷雾。

安全间隔期 异菌脲在以下作物上的安全间隔期及每季最多使用次数分别是：番茄 2d，3 次；苹果 7d，3 次；香蕉 4d，1 次；油菜 50d，2 次。

注意事项 不能与腐霉利、乙烯菌核利等作用方式相同的杀菌剂混用或轮用；与芳烃类杀菌剂如百菌清、五氯硝基苯有交互抗性，在生产上这两类药不能混合使用；不能与强碱性或强酸性的药剂混用。

乙酸铜 （copper acetate）

$$Cu(CH_3COO)_2 \cdot H_2O，199.65$$

特点 有机铜制剂，在作物表面均匀分布形成保护层，通过释放铜离子，对作物起到保护作用。用于防治作物的真菌性病害和细菌性病害。

毒性 低毒。

制剂 20％可湿性粉剂。乙酸铜多与盐酸吗啉胍制成混配制剂吗胍·乙酸铜使用。

使用技术 防治黄瓜苗期猝倒病，于发期初期按有效成分 3000～4500g/hm² 兑水灌根，用水量视土壤墒情而定。防治柑橘树溃疡病，于发病前或发病初期，用有效成分 167～250mg/kg 药液均匀喷雾。

安全间隔期 乙酸铜在黄瓜上的安全间隔期为 7d，每季最多使用 2 次；在柑橘上使用的安全间隔期为 7d，每季最多使用 3 次。

注意事项 不宜与碱性农药等物质混用；与其他作用机制不同的杀菌剂交替使用。

乙烯菌核利 （vinclozolin）

$$C_{12}H_9Cl_2NO_3，286.11$$

其他名称 农利灵。

特点 二甲酰亚胺类杀菌剂，主要干扰细胞核功能，并对细胞膜和细胞壁有影响，改变膜的渗透性，使细胞破裂。保护剂，对褐腐病、灰霉病、叶片斑点病和玉米大小斑病有特效。

毒性 低毒。

制剂 50％水分散粒剂。

使用技术 乙烯菌核利适用于防治油菜、黄瓜、番茄、白菜、大豆、茄子、花卉上的灰霉病、菌核病和褐斑病。防治番茄灰霉病按有效成分 $562.5\sim750g/hm^2$ 用量，在发病初期，兑水喷雾，间隔 $7\sim10d$ 再喷一次，共 $3\sim4$ 次。

注意事项 不能与异菌脲、腐霉利等作用方式相同的杀菌剂混用或轮用。

二、内吸治疗性杀菌剂

内吸治疗性杀菌剂施用于作物体的某一部位后能被作物吸收，并运输到其他部位发生作用。内吸治疗性杀菌剂有两种传导方式。一种是向顶性传导，即药剂被吸收到植物体内以后随蒸腾流向植物顶部（如顶叶、顶芽、叶缘等）传导。目前的内吸治疗性杀菌剂多属此类。另一种是向基性传导，即药剂被植物体吸收后，在韧皮部内沿光合作用产物的运输向下传导。内吸治疗性杀菌剂中属于此类的较少。还有些杀菌剂如三乙膦酸铝等可向上下双向传导。

苯醚甲环唑（difenoconazole）

$C_{19}H_{17}Cl_2N_3O_3$，406.30

其他名称 世高。

特点 高效、安全、低毒、广谱内吸性杀菌剂，抑制麦角甾醇的生物合成，对子囊菌、担子菌、半知菌等真菌引起的多种病害有预防、治疗和铲除作用。

毒性 低毒。

制剂 10％水分散粒剂，25％乳油，3％悬浮种衣剂。苯醚甲环唑的混配制剂有苯甲·丙环唑、苯甲·福美双、苯甲·嘧菌酯等。

使用技术 苯醚甲环唑用于防治多种蔬菜、果树等作物的黑星病、炭疽病、白粉病、锈病及叶斑病等。10％水分散粒剂，防治梨黑星病用有效成分 $14.3\sim16.7mg/kg$ 药液兑水喷雾；防治白菜黑斑病按有效成分 $52.5\sim75g/hm^2$ 用量兑水喷雾；防治辣椒炭疽病、黄瓜白粉病、菜豆锈病、西瓜炭疽病，按有效成分 $75\sim125g/hm^2$ 用量兑水喷雾；防治葡萄炭疽病用有效成分 $100\sim167mg/kg$ 药液喷雾；

防治苹果斑点落叶病用 1500～3000 倍液喷雾。苯醚甲环唑还可防治洋葱、芹菜、大蒜、香蕉、柑橘、荔枝、茶树上的黑星病、白粉病、黑痘病、炭疽病和叶斑病等。

安全间隔期　苯醚甲环唑在以下作物上使用的安全间隔期及每季最多使用次数分别是：菜豆 7d，3 次；茶树 14d，3 次；大蒜 10d，3 次；番茄 7d，2 次；柑橘 28d，3 次；黄瓜 3d，3 次；辣椒 3d，3 次；梨树 14d，4 次；荔枝树 3d，3 次；芦笋 15d，2 次；苹果树 21d，2 次；葡萄 21d，3 次；芹菜 5d，3 次；石榴树 14d，3 次；西瓜 14d，3 次；洋葱 10d，3 次；大白菜 28d，3 次；苦瓜 5d，3 次。

注意事项　苯醚甲环唑不宜与铜制剂混用；应严格控制用量，以免作物生长受到抑制。

吡唑醚菌酯（pyraclostrobin）

$C_{19}H_{18}ClN_3O_4$，387.82

其他名称　唑菌胺酯。

特点　吡唑醚菌酯是甲氧基丙烯酸酯类杀菌剂。杀菌谱广，具有保护、治疗、叶片渗透传导作用。

毒性　中等毒。

制剂　250g/L 乳油，9％微囊悬浮剂。含吡唑醚菌酯的混配制剂有吡唑·代森联、烯酰·吡唑酯。

使用技术　防治白粉病、霜霉病、炭疽病、黑星病、叶斑病、褐斑病等。发病初期开始喷雾，连续 2～4 次，具体次数视作物种类、病害种类和发病程度而定。防治黄瓜白粉病和霜霉病，按有效成分 75～150g/hm² 用量兑水喷雾；防治香蕉叶斑病、黑星病、炭疽病和轴腐病，用有效成分 125～250mg/kg 药液喷雾；吡唑醚菌酯还可用来防治白菜、西瓜、芒果和茶树等作物的炭疽病。

安全间隔期　吡唑醚菌酯在作物上使用的安全间隔期及每季最多使用次数见表 5-1。

表 5-1　吡唑醚菌酯在作物上的安全间隔期及每季最多使用次数

作物	安全间隔期/d	每季最多使用次数/次
白菜	14	3
茶树	21	2
黄瓜	2	4

作物	安全间隔期/d	每季最多使用次数/次
芒果	7	3
西瓜	5	3
玉米	10	3
香蕉	42	3
大豆	14	2
苹果	28	1

注意事项 与其他药剂交替使用，以延缓耐药性的产生；对植物具有刺激生长作用。

丙环唑（propiconazole）

$C_{15}H_{17}Cl_2N_3O_2$，342.22

其他名称 敌力脱、必扑尔。

特点 丙环唑为三唑类内吸性杀菌剂，抑制病原菌麦角甾醇的生物合成，具有保护和治疗作用，可被根、茎、叶吸收，并能很快地在植株体内向上传导。丙环唑具有杀菌谱广泛、活性高、杀菌速度快、持效期长、内吸传导性强等特点。

制剂 250g/L、560g/L乳油。混配制剂有苯甲·丙环唑、丙环·咪鲜胺等。

毒性 低毒。

使用技术 防治子囊菌、担子菌和半知菌引起的病害，特别是对小麦白粉病、锈病、纹枯病，水稻纹枯病，香蕉叶斑病具有较好的防治效果。在香蕉叶斑病发病初期，用有效成分250～500mg/kg药液喷雾，间隔21～28d，根据病情的发展，可考虑连续喷施第2次。防治小麦白粉病、锈病，于孕穗期按有效成分124.5～150g/hm²用量兑水喷雾；防治小麦纹枯病，按有效成分124.5～150g/hm²用量兑水喷洒小麦茎基节间，初发病时用低量，发病中期用高量。防治水稻纹枯病，按有效成分75～150g/hm²用量兑水喷雾。

安全间隔期 丙环唑在以下各种作物上使用的安全间隔期及每季最多使用次数分别是：小麦28d，2次；香蕉42d，2次；茭白21d，3次；莲藕21d，3次。

注意事项 作物花期注意使用浓度；应严格控制用量，以免作物生长受到抑制。

春雷霉素 （kasugamycin）

$C_{14}H_{25}N_3O_9 \cdot HCl$，415.82

特点　春雷霉素为放线菌所产生的代谢物质，影响病菌的氨基酸代谢，从而影响其蛋白质的合成，抑制菌丝体发育。内吸作用较强，有预防和治疗作用。

毒性　微毒。

制剂　2%、4%、6%可湿性粉剂，2%水剂，2%液剂。常见的含春雷霉素的混配制剂有春雷·三环唑、春雷·王铜、春雷·多菌灵、春雷·硫黄等。

使用技术　可用于防治蔬菜、瓜果和水稻等作物的多种细菌性和真菌性病害。防治水稻稻瘟病按有效成分 $28\sim33g/hm^2$ 喷雾，防治叶瘟于发病初期使用，防治穗颈瘟时在水稻破口期和齐穗期各喷施一次。番茄叶霉病发病初期，按有效成分 $40\sim50g/hm^2$ 喷雾。防治黄瓜枯萎病按有效成分 $202\sim270g/hm^2$ 于发病初期灌根。防治黄瓜细菌性角斑病按有效成分 $42\sim65g/hm^2$ 于发病初期喷雾。防治大白菜黑腐病按有效成分 $22.5\sim36g/hm^2$ 于发病初期喷雾。

安全间隔期　春雷霉素在水稻上使用的安全间隔期为21d，每季最多使用3次；在黄瓜和番茄上安全间隔期为4d，每季最多使用3次；在大白菜上安全间隔期为14d，每季最多使用3次。

注意事项　应随配随用，以防霉菌污染；不得与碱性农药混配；对大豆、藕有轻微药害，故大豆、藕地应避免使用。

啶酰菌胺 （boscalid）

$C_{18}H_{12}Cl_2N_2O$，343.21

其他名称　凯泽。

特点　啶酰菌胺为烟酰胺类杀菌剂，抑制病原菌线粒体呼吸链中琥珀酸辅酶 Q 还原酶的活性，从而抑制孢子萌发、菌丝生长和孢子母细胞形成。具有保护和治疗作用。与多菌灵、腐霉利等无交互抗性。

毒性 低毒。

制剂 50%水分散粒剂。

使用技术 用于防治灰霉病。防治黄瓜灰霉病按有效成分 250～350g/hm²，防治草莓灰霉病按有效成分 225～337.5g/hm²，兑水喷雾；防治葡萄灰霉病用有效成分 333～1000mg/kg 药液，于发病初期喷雾，病斑发生时，连续使用 3 次，间隔 7～10d。

安全间隔期 啶酰菌胺在以下作物上使用的安全间隔期及每季最多使用次数分别是：黄瓜 2d，3 次；番茄 5d，3 次；草莓 3d，3 次；葡萄 7d，3 次；马铃薯 5d，3 次；油菜 14d，2 次。

注意事项 预防处理时使用低剂量，发病时使用高剂量；应与其他不同作用机制的药剂交替使用。

啶氧菌酯（picoxystrobin）

$C_{18}H_{16}F_3NO_4$，367.32

其他名称 阿砣。

特点 啶氧菌酯属甲氧基丙烯酸酯类、广谱、内吸性杀菌剂。几乎对所有真菌（卵菌纲、藻菌纲、子囊菌纲和半知菌纲）病害如白粉病、锈病、颖枯病、网斑病、霜霉病、稻瘟病等均有良好的活性。药剂进入病菌后抑制线粒体的呼吸作用，破坏病菌的能量合成。由于缺乏能量供应，病菌孢子萌发、菌丝生长和孢子的形成都受到抑制。

毒性 低毒。

制剂 22.5%、30%悬浮剂。

使用技术 在发病前或发病初期均匀喷雾防治以下病害。番茄灰霉病和黄瓜灰霉病按有效成分 97.5～135g/hm²喷雾；黄瓜霜霉病按有效成分 113～150g/hm²喷雾；辣椒炭疽病按有效成分 94～113g/hm²喷雾；西瓜炭疽病、蔓枯病按有效成分 131.25～168.75g/hm²喷雾；茶树炭疽病用有效成分 112.5～225mg/kg 药液喷雾；葡萄黑痘病、霜霉病按有效成分 125～167g/hm²喷雾；香蕉黑星病、叶斑病按有效成分 143～167g/hm²喷雾；枣树锈病用有效成分 125～167mg/kg 药液喷雾；芒果炭疽病用有效成分 150～225mg/kg 药液喷雾。

安全间隔期 啶氧菌酯在以下作物上使用的安全间隔期和每季最多使用次数分别是：西瓜 7d，3 次；香蕉 28d，3 次；黄瓜 3d，3 次；番茄 5d，3 次；辣椒 7d，3 次；葡萄 14d，3 次；枣树 21d，3 次。

注意事项　不推荐与其他农药混用；不建议在温室大棚使用。

多菌灵（carbendazim）

$C_9H_9N_3O_2$，191.19

特点　多菌灵为苯并咪唑类广谱性杀菌剂，具有保护和内吸治疗作用，具有向上传导性。干扰病原菌有丝分裂中纺锤体的形成，影响细胞分裂，从而起到杀菌作用。

毒性　低毒。

制剂　25％、40％、50％、80％可湿性粉剂，40％悬浮剂。多菌灵可与多种杀菌剂、杀虫剂制成混配制剂，如多·咪·福美双、嘧霉·多菌灵、烯唑·多菌灵、硫黄·多菌灵、多·福·锰锌、硅唑·多菌灵等。多菌灵也是种衣剂的常用成分之一。

使用技术　对半知菌和子囊菌引起的病害有防治效果，对卵菌引起的霜霉病等病害无效。可用于叶面喷施、土壤处理和种子处理。叶面喷雾防治白粉病、炭疽病、疫病、灰霉病、菌核病等，间隔 7～10d 喷一次，连喷 2～3 次，如防治水稻纹枯病与稻瘟病、麦类赤霉病等，按有效成分 750g/hm² 用量兑水喷雾或泼浇。用多菌灵进行种子处理和土壤处理，可防治苗期猝倒病和立枯病，防治棉花苗期病害按有效成分 500g/100kg 种子用量拌种。

安全间隔期　多菌灵在花生上的安全间隔期为 30d，每季最多使用 2 次；苹果上 30d，每季最多使用 2 次。

注意事项　不宜与碱性药剂混用；易产生抗性。

多抗霉素（polyoxin）

$C_{23}H_{32}N_6O_{14}$，616.5（A）;　　　　　$C_{17}H_{25}N_5O_{13}$，507.4（B）

其他名称　多氧霉素。

特点　多抗霉素是链霉菌产生的肽嘧啶核苷类抗生素类杀菌剂，常用的是多抗霉素 B 和多抗霉素 D。广谱，具有较好的内吸传导作用，能有效地抑制真菌细胞壁骨架成分的生物合成，芽管和菌丝体接触药剂后，局部膨大、破裂而不能正常发育，导致死亡，还具有抑制病菌产孢和病斑扩大的作用。

毒性　低毒。

制剂　1.5％、3％、10％可湿性粉剂，0.3％、1％、1.5％、3％水剂。含多抗霉素的混配制剂有多抗·福美双、多抗·锰锌等。

使用技术　多抗霉素可用来防治多种真菌性病害，如防治苹果斑点落叶病、轮纹病，小麦白粉病，番茄晚疫病、早疫病、叶霉病，黄瓜白粉病、霜霉病、灰霉病，西瓜枯萎病，烟草赤星病，水稻稻瘟病、苗期立枯病，柑橘溃疡病等，棉花立枯病、褐斑病等。防治叶部病害，兑水喷雾；防治枯萎病用药液灌根，隔7d再灌根1～2次。

安全间隔期　多抗霉素在苹果树上使用的安全间隔期为7d，每季最多使用3次；番茄安全间隔期为5d，每季最多使用4次；黄瓜安全间隔期为3d，每季最多使用3次；烟草安全间隔期为7d，每季最多使用3次。

注意事项　在一个生长季节喷药不宜超3次，以防产生抗性。

噁霉灵 （hymexazol）

$C_4H_5NO_2$，99.09

其他名称　土菌消、立枯灵。

特点　噁霉灵是一种杂环类内吸性杀菌剂，杀菌谱广。噁霉灵进入土壤后被土壤吸收并与土壤中的铁、铝等无机金属盐离子结合，有效抑制病原菌孢子的萌发和菌丝体的正常生长或直接杀灭病菌，药效可达2周。噁霉灵还有促进植物生长的作用，而且对土壤中的有益菌影响小，所以对土壤中微生物的生态不产生影响，在土壤中能分解成毒性很低的化合物，对环境安全。

毒性　低毒。

制剂　15％、30％水剂，70％可湿性粉剂，70％种子处理干粉剂，95％、96％、99％原药。噁霉灵可以与多种杀菌剂配合施用，或制成复配制剂，如噁霉·甲霜、噁霉·络铜、噁霉·甲霜、噁霉·福、噁霉·甲硫等。

使用技术　噁霉灵用于土壤处理和种子处理，防治由腐霉菌、镰刀菌等引起的土传真菌性病害，如立枯病、猝倒病、炭疽病、枯萎病、（辣椒）疫病等。广泛用于水稻、西瓜、棉花、甜菜、烟草、蔬菜、大豆、油菜等作物。噁霉灵可用于苗床或育苗营养土消毒，在播种前或播种后均匀喷洒于床内，移栽前以相同药量再喷一次。防治水稻苗期立枯病，按9000～18000g/hm²用量，对苗床、育苗箱进行土壤处理。防治西瓜枯萎病，用389～500mg/kg药液喷淋苗床或本田灌根。防治甜菜立枯病，按有效成分 280～490g/100kg 种子用量，进行种子拌种。防治水稻、大豆、棉花立枯病还可用 70%种子处理干粉剂进行种子包衣。

注意事项 种子处理后，切勿闷种，否则会产生药害。

噁霜灵（oxadixyl）

$C_{14}H_{18}N_2O_4$，278.3

特点 噁霜灵是具有保护和治疗作用的内吸性杀菌剂，对霜霉目病原菌有良好的活性。在生产中使用的都是噁霜灵与代森锰锌的混配制剂，以提高防治效果，延缓抗性的产生。

毒性 低毒。

制剂 噁霜灵无单剂销售使用。64%噁霜·锰锌可湿性粉剂是最常用的混配制剂。

使用技术 防治黄瓜霜霉病，在发病前或发病初期喷施 64%噁霜·锰锌可湿性粉剂，有效成分用量为 1650～1950g/hm²，一般每隔 7～14d 喷施 1 次。

安全间隔期 64%噁霜·锰锌可湿性粉剂在黄瓜上的安全间隔期为 3d，一季最多施用 3 次。

注意事项 与不同作用机理的药剂交替使用。

氟吡菌胺（fluopicolide）

$C_{14}H_8Cl_3F_3N_2O$，383.58

特点 酰胺类广谱性杀菌剂，对卵菌纲真菌病菌有很高的生物活性，具有保护和治疗作用。渗透性强，但没有内吸输导性。

毒性 低毒。

制剂 目前登记的只有复配制剂，即 68.75%氟菌·霜霉悬浮剂。

使用技术 68.75%氟菌·霜霉悬浮剂登记用于防治卵菌纲病菌引起的番茄、马铃薯晚疫病，黄瓜、白菜霜霉病，辣椒、西瓜疫病，用量为有效成分 618.8～773.4g/hm²，兑水喷雾。

安全间隔期 氟吡菌胺在以下作物上每季最多使用 3 次，安全间隔期分别是：

黄瓜为 2d；番茄和辣椒为 3d；大白菜为 5d；马铃薯和西瓜为 7d。

注意事项 与其他不同作用机制的药剂轮换使用。

氟吡菌酰胺（fluopyram）

$C_{16}H_{11}ClF_6N_2O$，396.7145

特点 氟吡菌酰胺为吡啶乙基苯酰胺类杀菌剂、杀线虫剂，是琥珀酸脱氢酶的抑制剂，导致不能满足机体组织的能量需求，进而杀死有害生物或抑制其生长发育。

毒性 低毒。

制剂 41.7%悬浮剂。氟吡菌酰胺的混配制剂有氟菌·戊唑醇（拿敌稳）、氟菌·肟菌酯（露娜森）。

使用技术 防治黄瓜白粉病，于发病初期或发病前按有效成分 37.5～75g/hm² 兑水进行叶面喷雾。防治番茄根结线虫、黄瓜根结线虫，按有效成分 0.012～0.015g/株在移栽时进行灌根，每株用药液量 400mL。氟菌·肟菌酯对黄瓜棒孢霉叶斑病（靶斑病）具有良好防效。

安全间隔期 氟吡菌酰胺在黄瓜上使用的安全间隔期为 2d，每季最多施用 3 次。

注意事项 与其他杀菌剂交替使用。

氟硅唑（flusilazole）

$C_{16}H_{15}F_2N_3Si$，315.39

其他名称 福星。

特点 氟硅唑为三唑类杀菌剂，能破坏和阻止真菌麦角甾醇的生物合成，导致细胞膜不能形成，使病菌死亡。具有内吸性，可双向传导，具有保护、治疗兼铲除作用，杀菌谱广，低毒。

毒性 低毒。

制剂 40%乳油，8%微乳剂，10%水乳剂。氟硅唑的混配制剂有硅唑·多菌灵、硅唑·咪鲜胺、噁酮·氟硅唑等。

使用技术 氟硅唑主要用于防治子囊菌纲、担子菌纲和半知菌类真菌引起的病害，如各类作物、果树、蔬菜的黑星病、白粉病、锈病、叶斑病。防治梨黑星病和锈病，用有效成分40～50mg/kg药液喷雾；防治黄瓜黑星病、白粉病，按有效成分60～75g/hm²用量在发病初期喷雾；防治番茄叶霉病按有效成分60～75g/hm²兑水喷雾；防治葡萄黑痘病，用有效成分40～50mg/kg药液喷雾。在发病初期喷药，每隔7～10d喷一次，连续几次。也可用于苹果黑星病和白粉病、葡萄白粉病等果树病害的防治。

安全间隔期　氟硅唑在以下作物上使用的安全间隔期及每季最多使用次数分别是：梨树21d，2次；番茄7d，3次；黄瓜3d，2次。

注意事项　酥梨类品种幼果期对氟硅唑敏感，应谨慎使用；应严格控制用量，以免作物生长受到抑制。

氟环唑（epoxiconazole）

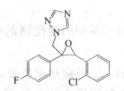

C₁₇H₁₃ClFN₃O，329.76

其他名称　欧博、欧宝。

特点　三唑类杀菌剂，抑制病菌麦角甾醇的合成，阻碍病菌细胞膜的形成。氟环唑还可提高作物的几丁质酶活性，导致真菌吸器的收缩，抑制病菌侵入，这是氟环唑在所有三唑类产品中独一无二的特性。氟环唑是具有保护和治疗作用的广谱性杀菌剂，能被植物的茎、叶吸收并向上传导。

毒性　低毒。

制剂　125g/L悬浮剂，75g/L乳油，70%水分散粒剂。

使用技术　125g/L悬浮剂防治小麦锈病，按有效成分90～112.5g/hm²用量，在发病初期和始盛期兑水喷雾茎叶部。防治水稻纹枯病和稻曲病，按有效成分75～93.75g/hm²，在水稻分蘖末期开始第一次施药，在孕穗期进行第二次施药。75g/L乳油防治香蕉黑星病和叶斑病，用有效成分100～187.5mg/kg药液，于发病初期喷雾，7～10d一次。

安全间隔期　氟环唑在香蕉上使用的安全间隔期为35d，每季最多使用4次；在小麦上的安全间隔期为30d，每季最多使用2次；在水稻上的安全间隔期为21d，每季最多使用2次。

注意事项　氟环唑不能与碱性农药、肥料混合使用；大风天或预计1h内降雨，请勿施药；应严格控制用量，以免作物生长受到抑制。

氟菌唑（triflumizole）

$C_{15}H_{15}ClF_3N_3O$，345.75

其他名称　特富灵。

特点　氟菌唑为咪唑类杀菌剂，为麦角甾醇生物合成抑制剂。具有预防、治疗、铲除效果，具内吸作用，传导性好，抗雨水冲刷，可防多种作物病害。

毒性　低毒。

制剂　30%可湿性粉剂。

使用技术　登记作物有黄瓜、梨树，防治白粉病和黑星病。防治黄瓜白粉病，按有效成分 $60\sim90g/hm^2$ 用量，在发病初期兑水喷雾，10d 后再喷第 2 次。防治黑星病，在梨树发芽 10d 后至果实膨大期均可使用，用有效成分 $75\sim100mg/kg$ 药液喷雾，使用次数不超过 2 次。

安全间隔期　氟菌唑在黄瓜上使用的安全间隔期为 2d，每季最多使用 2 次；在梨树上的安全间隔期为 7d，每季最多使用 2 次；在烟草上的安全间隔期为 14d，每季最多使用 3 次；在草莓上的安全间隔期为 5d，每季最多使用 3 次；在葡萄上的安全间隔期为 7d，每季最多使用 3 次；在西瓜上的安全间隔期为 7d，每季最多使用 3 次。

注意事项　避免重喷；对鱼类有一定毒性。

氟吗啉（flumorph）

$C_{21}H_{22}FNO_4$，371.406

特点　氟吗啉是羧酸酰胺类杀菌剂，是专一杀卵菌纲真菌的杀菌剂，兼有保护及治疗作用。

毒性　低毒。

制剂　60%水分散粒剂，20%可湿性粉剂，30%悬浮剂。

使用技术　于黄瓜霜霉病发生初期，按有效成分 $180\sim270g/hm^2$ 均匀喷雾。于番茄晚疫病、马铃薯晚疫病发生初期，按有效成分 $135\sim180g/hm^2$ 兑水喷雾。

安全间隔期 氟吗啉在番茄、黄瓜上的安全间隔期为 3d，每季最多使用 3 次。

注意事项 与其他作用机制药剂交替使用。

氟噻唑吡乙酮（oxathiapiprolin）

$$C_{24}H_{22}F_5N_5O_2S，539.5$$

其他名称 增威赢绿。

特点 氟噻唑吡乙酮为氧化固醇结合蛋白的抑制剂，对卵菌纲真菌引起的晚疫病、疫病、霜霉病等有效。可被蜡质层快速吸收，具有保护、治疗和抑制产孢作用。

毒性 微毒。

制剂 10％可分散油悬浮剂。

使用技术 防治番茄晚疫病、黄瓜霜霉病、辣椒疫病、马铃薯晚疫病，按有效成分 19.5～30g/hm² 喷雾；防治葡萄霜霉病用有效成分 33.34～50mg/kg 药液喷雾。每隔十天左右使用一次，连续 2～3 次。

安全间隔期 氟噻唑吡乙酮在以下作物上的安全间隔期及每季最多使用次数分别是：番茄、辣椒 3d，3 次；葡萄 14d，2 次；马铃薯 5d，3 次；黄瓜 3d，2 次。

注意事项 与其他作用机制药剂交替使用。

甲基立枯磷（tolclofos-methyl）

$$C_9H_{11}Cl_2O_3PS，301.13$$

特点 有机磷类杀菌剂，能直接杀死菌丝和菌核，与对五氯硝基苯无交互抗性。内吸性杀菌剂，有保护和治疗作用。

毒性 低毒。

制剂 20％乳油。甲基立枯磷是有些种衣剂的组成成分，如甲枯·福美双悬浮种衣剂、多·福·立枯磷悬浮种衣剂。

使用技术 甲基立枯磷用于防治苗期土传病害。防治棉花苗期立枯病等，按有效成分 200～300g/100kg 种子进行拌种；防治水稻苗期立枯病，按有效成分 450～600g/hm² 用量，兑水对苗床喷雾。

注意事项 对鱼类高毒；不宜与酸、碱介质混用，以免分解失效。

甲基硫菌灵 （thiophanate-methyl）

$$C_{12}H_{14}N_4O_4S_2, 342.39$$

其他名称　甲基托布津。

特点　甲基硫菌灵从结构式上并不属于苯并咪唑类，但是在植物体内转化成多菌灵而起杀菌作用。是一种高效、广谱、内吸性杀菌剂，对多种真菌病害具有预防和治疗作用，具有向顶性传导功能。

毒性　低毒。

制剂　50％、70％可湿性粉剂，50％悬浮剂。甲基硫菌灵的混配制剂有烯唑·甲硫灵、甲硫·福美双、甲硫·锰锌等。

使用技术　甲基硫菌灵对蔬菜、禾谷类作物、果树上的多种真菌病害有较好的防治作用，如白粉病、炭疽病、灰霉病、菌核病、褐斑病、轮纹病、叶斑病等。防治梨黑星病用有效成分 $360\sim450mg/kg$ 药液喷雾；防治瓜类白粉病，按有效成分 $337\sim506g/hm^2$ 用量兑水喷雾；防治苹果轮纹病，用有效成分 $700mg/kg$ 药液喷雾；防治水稻稻瘟病和纹枯病，用有效成分 $1050\sim1500g/kg$ 药液喷雾；防治甘薯黑斑病用有效成分 $360\sim450mg/kg$ 药液浸薯块。

安全间隔期　甲基硫菌灵在黄瓜上使用的安全间隔期为 4d，每季最多使用 2次；在苹果树上的安全间隔期为 21d，每季最多使用 2 次。

注意事项　不能与碱性及无机铜制剂混用；注意与其他药剂交替使用。

甲霜灵 （metalaxyl）

$$C_{15}H_{21}NO_4, 279.35$$

其他名称　瑞毒霉。

特点　甲霜灵属苯基酰胺类杀菌剂，具有内吸性。主要是抑制菌体 RNA 合成中聚合酶系统而起作用。具有保护和治疗作用，有双向传导性能，持效期 $10\sim14d$，土壤处理持效期可超过 2 个月。单独使用甲霜灵易引起病菌的耐药性。

毒性　低毒。

制剂　25％可湿性粉剂，35％拌种剂。甲霜灵多与其他杀菌剂制成混配制剂，如甲霜·锰锌、甲霜·乙膦铝、甲霜·霜霉威、甲霜·霜脲氰、王铜·甲霜灵等。

使用技术 可用作叶面喷雾、种子处理和土壤处理。对霜霉病菌、疫霉病菌和腐霉病菌引起的病害有效，如多种作物的霜霉病、瓜果蔬菜类的疫霉病、谷子白发病。防治谷子白发病，可用 35% 拌种剂，按 70～105g/100kg 种子用量进行拌种。生产上使用的多是甲霜灵的各种混配制剂。

安全间隔期 甲霜灵混配制剂的安全间隔期请参考包装上使用说明，每季使用不得超过 3 次。

注意事项 单独使用极易导致病菌产生耐药性；与不同作用机理的药剂交替使用。

井冈霉素 (jinggangmycin)

$C_{20}H_{35}NO_{13}$，497.49

特点 井冈霉素为吸水链霉菌井冈变种产生的水溶性抗生素，具有较强的内吸性，易被菌体细胞吸收并在其内迅速传导，干扰和抑制真菌细胞生长和发育。

毒性 低毒。

制剂 3%、4%、5%、10%水剂，3%、5%、10%、20%可溶粉剂。可与多种杀菌剂、杀虫剂制成混配制剂，如井冈·三环唑、井冈·咪鲜胺、井冈·杀虫单、井冈·三唑酮等。

使用技术 井冈霉素主要用来防治纹枯病，按有效成分 150～187.5g/hm^2，在纹枯病发生初期均匀喷施植株中下部或泼浇，视病情间隔 7～15d，施药 1～2 次。

安全间隔期 井冈霉素在水稻、小麦上使用的安全间隔期为 14d，每季最多使用 2 次。

注意事项 不能与碱性物质混用；应存放在阴凉干燥处，并注意防腐、防霉、防热。

腈菌唑 (myclobutanil)

$C_{15}H_{17}ClN_4$，288.78

特点 腈菌唑为三唑类杀菌剂，抑制麦角甾醇生物合成，具有内吸性，起保护和治疗作用，持效期长。对子囊菌、担子菌、核盘菌均具有较高的预防和治疗效果，并可防治由镰刀菌、核腔菌引起的真菌病害。

毒性 低毒。

制剂 25％、12.5％乳油，40％可湿性粉剂，40％悬浮剂。腈菌唑的混配制剂有腈菌·福美双、锰锌·腈菌唑、腈菌·咪鲜胺等。

使用技术 腈菌唑对白粉病、锈病、黑星病、灰斑病、褐斑病、黑穗病有很好防效。防治黄瓜白粉病、小麦白粉病按有效成分 $45\sim60g/hm^2$ 用量，在发病初期喷施，隔 $7\sim10d$ 再喷一次，共喷 $2\sim3$ 次。防治梨树黑星病、苹果树白粉病，用有效成分 $40\sim60mg/kg$ 药液喷雾。防治葡萄炭疽病，用有效成分 $66.7\sim100mg/kg$ 药液喷雾。还可用腈菌唑拌种防治小麦黑穗病、网腥黑穗病等土壤传播的病害。

安全间隔期 腈菌唑在梨树、苹果树、荔枝树上使用的安全间隔期为 $7d$，每季最多使用 3 次；在葡萄上使用的安全间隔期为 $21d$，每季最多使用 3 次；在黄瓜上使用的安全间隔期为 $3d$，每季最多使用 3 次；在豇豆上使用的安全间隔期为 $5d$，每季最多使用 3 次。

注意事项 不能与碱性物质混用；应严格控制用量，以免作物生长受到抑制。

喹啉铜（oxine-copper）

$C_{18}H_{12}CuN_2O_2$，439.8651

特点 喹啉铜是一种有机铜螯合物，对植物细菌性及真菌性病害有预防和治疗作用。在作物表面形成一层严密的保护膜，抑制病菌萌发和侵入，从而达到防病治病的目的。对黄瓜霜霉病有防治作用。

毒性 低毒。

制剂 33.5％悬浮剂，50％可湿性粉剂。

使用技术 防治黄瓜霜霉病按有效成分 $300\sim405g/hm^2$，于发病前或发病初期开始施药，之后每隔 $5\sim7d$ 喷雾施药一次，共喷施 3 次。防治苹果轮纹病用 $250\sim333mg/kg$ 药液于发病前或发病初期喷雾，以药液在叶片上欲滴而不流下为宜。防治柑橘树溃疡病用有效成分 $268\sim335mg/kg$ 药液喷雾。

安全间隔期 喹啉铜在黄瓜上使用的安全间隔期为 $3d$，每季最多使用 3 次；在苹果树上使用的安全间隔期为 $21d$，每季最多使用 2 次；柑橘树安全间隔期为 $30d$，每季最多使用 2 次。

注意事项 对水生生物毒性高，禁止在水田使用；与不同作用机制的杀菌剂轮换使用，缓解抗性产生。

嘧菌环胺（cyprodinil）

$$C_{14}H_{15}N_3，225.29$$

其他名称　和瑞。

特点　嘧菌环胺是嘧啶胺类杀菌剂，能抑制真菌水解酶活性及蛋氨酸的生物合成。具有保护、治疗、叶片穿透及根部内吸活性。

毒性　低毒。

制剂　50%水分散粒剂。

使用技术　防治葡萄灰霉病，于发病前或发病初期用有效成分 500～800mg/kg 药液兑水喷雾。

安全间隔期　嘧菌环胺在葡萄上安全间隔期为 14d，每季最多使用 2 次。

注意事项　对黄瓜、番茄易产生药害。

醚菌酯（kresoxim-methyl）

$$C_{18}H_{19}NO_4，313.35$$

其他名称　翠贝。

特点　甲氧基丙烯酸酯类杀菌剂，表现为抑制病菌孢子萌发与侵入，抑制菌丝生长与孢子产生。具有保护和治疗作用，杀菌活性高，持效期长。

毒性　低毒。

制剂　50%水分散粒剂，30%、40%悬浮剂。

使用技术　用于防治黄瓜、番茄、苹果、梨、葡萄、草莓及小麦等的白粉病、黑星病、斑点落叶病、锈病、霜霉病等，发病初期，兑水喷雾，间隔期 7～14d。防治黄瓜白粉病，按有效成分 100～150g/hm² 用量兑水喷雾；防治苹果斑点落叶病、梨黑星病、草莓白粉病等，用有效成分 125～166.7mg/kg 药液喷雾；防治小麦锈病，按有效成分 225～315g/hm² 用量兑水喷雾。

安全间隔期　醚菌酯在以下作物上使用的安全间隔期和一季最多使用次数分别是：黄瓜 5d，3 次；草莓 3d，3 次；苹果和梨 45d，3 次。

注意事项　与其他药剂交替使用。

嘧菌酯（azoxystrobin）

$$C_{22}H_{17}N_3O_5，403.39$$

其他名称　阿米西达。

特点　嘧菌酯是第一个上市的甲氧基丙烯酸酯类杀菌剂，是线粒体呼吸的抑制剂。甲氧基丙烯酸酯类化合物的作用部位与以往所有杀菌剂均不同，因此防治对苯并咪唑类、二甲酰亚胺类和三唑类杀菌剂产生抗性的菌株效果好。嘧菌酯以保护作用为主，兼具内吸治疗及铲除作用，高效、广谱。

毒性　低毒。

制剂　50％水分散粒剂，25％悬浮剂。含有嘧菌酯的混配制剂有嘧菌·百菌清、苯甲·嘧菌酯等。

使用技术　用于黄瓜、番茄、辣椒、西瓜、马铃薯、葡萄、柑橘、香蕉等，防治半知菌、子囊菌、担子菌、卵菌等真菌引起的多种病害，如白粉病、炭疽病、霜霉病、晚疫病、早疫病、疫病、叶霉病、黑星病、黑痘病、叶斑病等。防治番茄叶霉病、晚疫病，按有效成分 225～337.5g/hm² 用量兑水喷雾；防治黄瓜白粉病、黑星病及蔓枯病，按有效成分 225～337.5g/hm² 用量兑水喷雾；防治柑橘疮痂病、炭疽菌，用有效成分 208～312mg/kg 药液喷雾；防治葡萄白腐病、黑痘病，用有效成分 200～300g/kg 药液喷雾。

安全间隔期　嘧菌酯在作物上使用的安全间隔期及每季最多使用次数见表 5-2。

表 5-2　嘧菌酯在作物上的安全间隔期及每季最多使用次数

作物	安全间隔期/d	一季最多使用次数/次
冬瓜	7	2
番茄	5	3
花椰菜	14	2
黄瓜	1	3
辣椒	5	3
丝瓜	7	3
西瓜	14	3
香蕉	42	3
柑橘	14	3

作物	安全间隔期/d	一季最多使用次数/次
葡萄	14	4
芒果、枣树	14	3
荔枝	14	3
大豆	14	3
人参	0	4

注意事项　避免与乳油类农药和有机硅类助剂混用；苹果和樱桃对本品敏感，切勿使用，对邻近苹果和樱桃的作物喷施时，避免药剂雾滴飘移；不可与强碱、强酸性的农药等物质混合使用。

嘧霉胺（pyrimethanil）

$C_{12}H_{13}N_3$，199.25

其他名称　施佳乐。

特点　苯氨基嘧啶类杀菌剂，抑制病菌侵染酶的产生，从而阻止病菌的侵染并杀死病菌。防治对常用的非苯基嘧啶胺类（苯并咪唑类及氨基甲酸酯类）杀菌剂已产生耐药性的灰霉病菌有效。具有内吸传导和熏蒸作用，施药后药剂可迅速达到植株的花、幼果等喷雾无法达到的部位杀死病菌，药效更快、更稳定。对温度不敏感，在相对较低的温度下施用不影响药效。具有预防、保护和治疗作用。

毒性　低毒。

制剂　40%、20%悬浮剂，40%、20%可湿性粉剂。含嘧霉胺的混配制剂有嘧霉·百菌清、嘧胺·乙霉威、嘧霉·多菌灵等。

使用技术　嘧霉胺用于防治蔬菜、果树、园林植物的灰霉病。防治黄瓜、番茄灰霉病，按有效成分 $375\sim562.5g/hm^2$ 用量兑水喷雾；防治葡萄灰霉病，用40%悬浮剂 $1000\sim1500$ 倍液喷雾，在发病前或初期，每隔 $7\sim10d$ 用一次，共用 $2\sim3$ 次。露地菜用药应在早晚风小、低温时进行。

安全间隔期　嘧霉胺在以下作物上使用的安全间隔期和每季最多使用次数分别是：番茄、黄瓜3d，2次；葡萄7d，3次。

注意事项　茄子对嘧霉胺敏感；应与其他杀菌剂轮换使用，避免产生抗性；气温高于28℃时应停止施药。

咪鲜胺（prochloraz）

$$C_{15}H_{16}Cl_3N_3O_2，376.67$$

其他名称　扑霉灵、施保克。

特点　咪鲜胺为咪唑类广谱性杀菌剂，对子囊菌及半知菌引起的多种植物病害有特效，能抑制病菌麦角甾醇的生物合成而起作用。没有内吸作用，但有良好的渗透作用，有保护和铲除作用。

毒性　低毒。

制剂　25%、45%乳油，45%水乳剂。混配制剂有丙环·咪鲜胺、戊唑·咪鲜胺、咪鲜·异菌脲等。

使用技术　适用于种子处理、叶面喷雾和果实采后防腐保鲜。咪鲜胺是柑橘、芒果、荔枝、香蕉采后防腐保鲜剂，在常温下将当天采收的柑橘、芒果、荔枝果实，用有效成分 $250 \sim 500\text{mg/kg}$ 的药液浸果 1min，捞起晾干贮存，可防治柑橘蒂腐病、炭疽病、青霉病、绿霉病，香蕉炭疽病、花腐病，芒果炭疽病。防治果树（如芒果、苹果、龙眼、荔枝、柑橘等）生长期炭疽病，于发病初期，用有效成分 $300 \sim 500\text{mg/kg}$ 药液喷施。防治水稻恶苗病，用有效成分 $83 \sim 100\text{mg/kg}$ 药液浸种，南方地区浸种 $1 \sim 2\text{d}$，黄河流域及黄河以北地区浸种 $3 \sim 5\text{d}$，然后取出稻种用清水进行催芽。防治水稻稻瘟病，叶瘟于发病初期，穗颈瘟于抽穗前，用有效成分 $225 \sim 337\text{mg/kg}$ 药液喷雾。防治辣椒白粉病、炭疽菌，用有效成分 $187 \sim 234\text{mg/kg}$ 药液喷雾。防治小麦赤霉病于抽穗扬花期，按有效成分 $188 \sim 225\text{g/hm}^2$ 用量兑水喷雾。

安全间隔期　用咪鲜胺处理后的香蕉至少 7d 后才能上市；柑橘距上市时间为14d；对登记作物每季最多使用 1 次。

注意事项　不宜与强酸、强碱性农药混用。

噻菌铜（thiodiazole-copper）

$$C_4H_4N_6S_4Cu，328$$

其他名称　龙克菌。

特点　噻菌铜为噻二唑类有机铜杀菌剂，具有内吸性，兼具保护和治疗作用，治疗作用的效果大于保护作用。噻菌铜的结构是由两个基团组成的，既有噻唑基团对细菌的独特防效，又有铜离子对真菌、细菌的防治作用。

毒性　低毒。

制剂　20%悬浮剂。

使用技术　对植物细菌性及真菌性病害有预防和治疗作用，20%悬浮剂兑水喷雾防治以下病害：水稻白叶枯病、细菌性条斑病有效成分用量 $375\sim460g/hm^2$，黄瓜细菌性角斑病有效成分用量 $250\sim500g/hm^2$，西瓜枯萎病有效成分用量 $225\sim300g/hm^2$，烟草野火病有效成分用量 $300\sim390g/hm^2$；防治柑橘溃疡病、疮痂病用有效成分 $400\sim660mg/kg$ 药液，防治大白菜软腐病用有效成分 $660\sim880mg/kg$ 药液，在初发病期喷雾，若发病较重，可每隔 $7\sim10d$ 防治 1 次，连续几次。

安全间隔期　噻菌铜在以下作物上使用的安全间隔期和每季最多使用次数分别为：水稻 15d，3 次；柑橘、西瓜 14d，3 次；大白菜 14d，3 次；烟草 21d，3 次；黄瓜 3d，3 次。

注意事项　对铜制剂敏感的作物应避开花期和初果期使用；可与多种杀虫剂、杀菌剂混用，但不能与强碱性农药混用。

噻霉酮（benziothiazolinone）

C_7H_5NOS，151.1857

特点　广谱性杀菌剂，能破坏病原菌细胞核结构，干扰病原菌细胞的新陈代谢，使其生理紊乱，最终导致死亡。主要用于预防和治疗黄瓜霜霉病及细菌性角斑病、梨黑星病、苹果疮痂病、柑橘炭疽病、葡萄黑痘病等多种细菌性、真菌性病害。

毒性　低毒。

制剂　5%悬浮剂，3%水分散粒剂，3%微乳剂。

使用技术　于黄瓜细菌性角斑病、霜霉病发病初期，按有效成分 $32.85\sim39.6g/hm^2$ 兑水均匀喷雾。防治梨树黑星病，于发病初期用有效成分 $15\sim18.75mg/kg$ 药液喷雾。喷雾防治水稻细菌性条斑病，于发病初期施药，有效成分用量为 $27\sim45g/hm^2$。

安全间隔期　噻霉酮在各类作物上每季最多使用 3 次，安全间隔期分别是：黄瓜 3d，水稻及梨树 14d。

注意事项　与其他杀菌剂交替使用。

三乙膦酸铝（fosetyl-aluminium）

$$\left[H_3CH_2CO-\overset{\overset{\displaystyle O}{\|}}{\underset{\displaystyle H}{P}}-O\right]_3Al$$

$C_6H_{18}AlO_9P_3$，354.10

其他名称　疫霉灵，疫霜灵，乙膦铝，霉疫净。

特点　三乙膦酸铝是一种有机磷内吸性杀菌剂，其作用机理是抑制病原真菌的孢子萌发或阻止孢子的菌丝体生长。杀菌谱广，能够迅速地被植物的根、叶吸收，在植物体内能向上、向下双向传导，兼有保护和治疗作用。

毒性　微毒。

制剂　80％水分散粒剂，80％、40％可湿性粉剂，90％可溶粉剂。三乙膦酸铝与多种杀菌剂制成混配制剂，如乙铝·锰锌、乙铝·多菌灵、乙铝·百菌清、甲硫·乙膦铝、甲霜·乙膦铝、烯酰·乙膦铝、乙膦·琥·锰锌。

使用技术　对藻菌引起的霜霉病和疫霉病有效，如蔬菜、果树霜霉病、疫病，菠萝心腐病，烟草黑胫病。使用方法主要是喷雾、灌根、浸种或拌种。兑水喷雾防治各类蔬菜霜霉病、晚疫病、疫病、轮纹病、绵疫病，水稻纹枯病、稻瘟病，烟草黑胫病，橡胶割面溃疡病等，在发病初期开始用药，每隔 7～10d 喷一次，共喷 2～3 次。防治蔬菜苗期猝倒病，在发病初期开始用 40％可湿性粉剂 300 倍液喷雾，尤其注意茎基部及其周围地面都要喷到。

安全间隔期　三乙膦酸铝在黄瓜上使用的安全间隔期为 3d，每季最多使用 4 次。

注意事项　防结块；使用混配制剂防抗性产生；黄瓜、白菜上使用浓度偏高时易产生药害。

三唑酮（triadimefon）

C$_{14}$H$_{16}$ClN$_3$O$_2$，293.75

其他名称　粉锈宁。

特点　三唑类杀菌剂，抑制病原真菌细胞膜麦角甾醇的合成，使菌体细胞膜功能受到破坏。具有较强内吸性，具有双向传导功能，并且具有预防、铲除、治疗和熏蒸作用，持效期较长。

毒性　低毒。

制剂　25％、20％、10％乳油，15％、25％可湿性粉剂。三唑酮是多种种衣剂的重要组成成分之一，也是许多混配制剂的重要成分，如多·酮、唑酮·氧乐果、咪鲜·三唑酮、硫黄·三唑酮等。

使用技术　对锈病、白粉病和黑穗病有特效。防治玉米、高粱丝黑穗病、麦类黑穗病等病害，用可湿性粉剂拌种，如防治玉米丝黑穗病，按有效成分 60～90g/100kg 种子用量拌种。麦类锈病、白粉病在病害初发时，按有效成分 120～135g/hm^2 用量兑水喷雾防治。

安全间隔期　三唑酮在小麦上的安全间隔期不少于 20d，每季最多使用 2 次。

注意事项　注意喷施浓度，以免造成药害。

十三吗啉（tridemorph）

$$C_{19}H_{39}NO，297.52$$

特点　十三吗啉是一种广谱性的内吸性杀菌剂，具有保护和治疗双重作用，可以通过植物的根、茎、叶被植物吸收，并在木质部向上移动，抑制病菌麦角甾醇的生物合成。

毒性　低毒。

制剂　750g/L 乳油。

使用技术　防治橡胶树红根病，在病树基部四周挖一条 15～20cm 深、10～15cm 宽的环形沟，按有效成分 15～30g/株浇灌，回土后，再浇灌，用水量视土壤墒情而定。根据病害情况，每 6 个月施药 1 次，共 4 次。

注意事项　不能与碱性物质混用。

霜霉威（propamocarb）和霜霉威盐酸盐（propamocarb hydrochloride）

$$C_9H_{20}N_2O_2，188.27 \qquad C_9H_{20}N_2O_2 \cdot HCl，224.73$$

其他名称　普力克。

特点　霜霉威（盐酸盐）属氨基甲酸酯类杀菌剂，对卵菌纲真菌有特效。具有较好的局部内吸作用，处理土壤后能很快被根系吸收并向上输送至整株植物，茎叶喷雾处理后，能被叶片迅速吸收起到保护作用。

毒性　低毒。

制剂　722g/L、665g/L 水剂，72.2％悬浮剂，30％高渗水剂，50％热雾剂。

使用技术　可叶面喷施或土壤处理，防治霜霉病、疫病、蔬菜苗期猝倒病等。适用于黄瓜、甜椒、莴苣、马铃薯等蔬菜以及烟草、草莓、花卉等多种作物。防治苗期猝倒病和疫病，在播种前或播种后、移栽前或移栽后，按有效成分 3.6～5.4g/m² 用量灌根。防治葫芦科、茄科蔬菜霜霉病、疫病等，在发病前或发病初期，按有效成分 775.5～1164g/hm² 用量兑水喷雾，每隔 7～14d 喷药一次，连续喷洒 2～3 次。

安全间隔期　在黄瓜上使用的安全间隔期为 3d，辣椒上 4d；每季最多使用不超过 3 次。

注意事项 与其他农药交替使用，避免产生抗性。

霜脲氰（cymoxanil）

$$C_7H_{10}N_4O_3,\ 198.18$$

特点 霜脲氰是脲类内吸性杀菌剂，对霜霉目真菌如霜霉属、疫霉属、单轴霉属病菌有效。与保护性杀菌剂混用，可延缓病菌耐药性的产生。

毒性 低毒。

制剂 霜脲氰都是与保护性杀菌剂制备成混配制剂，被广泛应用，如霜脲·百菌清、丙森·霜脲氰、霜脲·锰锌、噁酮·霜脲氰、氢铜·霜脲氰、王铜·霜脲氰。

使用技术 以上混配制剂广泛应用于黄瓜、葡萄、番茄、荔枝、十字花科蔬菜及烟草等，防治霜霉病、晚疫病等。

安全间隔期 72％霜脲·锰锌可湿性粉剂在番茄和黄瓜上的推荐安全间隔期为2d，每季最多使用4次；对荔枝的推荐安全间隔期为3d，每季最多使用5次。

注意事项 不要与碱性药剂混用。

双炔酰菌胺（mandipropamid）

$$C_{23}H_{22}ClNO_4,\ 411.9$$

其他名称 瑞凡。

特点 双炔酰菌胺为扁桃酰胺类杀菌剂，对由卵菌纲病原菌引起的病害有较好的防效，对处于萌发阶段的孢子具有较高的活性且可抑制菌丝生长和孢子的形成。

毒性 低毒。

制剂 23.4％悬浮剂。

使用技术 在作物霜霉病、疫病发生前或发生初期，按以下用量兑水喷雾，注意喷洒均匀。防治番茄晚疫病、辣椒疫病按有效成分112.5～150g/hm² 用量兑水喷雾；防治荔枝疫霉病按有效成分125～250g/hm² 用量兑水喷雾；防治马铃薯晚疫病按有效成分75～150g/hm² 用量兑水喷雾；防治葡萄霜霉病按有效成分125～167g/hm² 用量兑水喷雾；防治西瓜疫病按有效成分112.5～150g/hm² 用量兑水喷雾。

安全间隔期 双炔酰菌胺在以下作物上的安全间隔期及每季最多使用次数分别

是：西瓜 5d，3 次；辣椒 3d，3 次；马铃薯 3d，3 次；荔枝 3d，3 次；葡萄 3d，3
次；番茄 7d，4 次。

注意事项　与不同机理的杀菌剂交替使用。

肟菌酯（trifloxystrobin）

$$C_{20}H_{19}F_3N_2O_4，408.37$$

特点　肟菌酯属甲氧基丙烯酸酯类杀菌剂，抑制线粒体呼吸作用，杀菌谱广，
与常用的多种杀菌剂没有交互抗性。具有渗透、快速分布等性能，作物吸收快。

毒性　低毒。

制剂　50%水分散粒剂。肟菌酯混配制剂有肟菌·戊唑醇、氟菌·肟菌酯。

使用技术　于葡萄白粉病发生前或初见零星病斑时，用有效成分 125～
167mg/kg 药液叶面喷雾 1～2 次，间隔 7～10d。防治苹果树褐斑病，于病斑初现
时用有效成分 62.5～71.4mg/kg 药液喷雾。香蕉叶斑病发病初期，将药剂稀释成
含有效成分 67～80mg/kg 药液喷雾。喷雾时应注意均匀、周到，喷至药液欲滴未
滴为度，以确保药效。含有肟菌酯的混配制剂可用来防治多种病害。

安全间隔期　肟菌酯在葡萄上使用的安全间隔期为 14d，每季最多使用 2 次；
在苹果树上使用的安全间隔期为 14d，每季最多使用 3 次；在香蕉上使用的安全间
隔期为 21d，每季最多使用 2 次。

注意事项　与其他杀菌剂交替使用。

戊唑醇（tebuconazole）

$$C_{16}H_{22}ClN_3O，307.82$$

其他名称　立克秀。

特点　戊唑醇为三唑类杀菌剂，抑制病菌麦角甾醇的合成，使病原菌死亡。具
内吸作用，药液被植物有生长力的部分吸收并向顶部转移，杀菌谱广，具保护、治
疗和铲除作用，持效期长。

毒性　低毒。

制剂　25%水乳剂；43%悬浮剂；25%乳油；6%悬浮种衣剂；2%湿拌种剂。

戊唑醇是许多混配制剂的成分，也是多种种衣剂的组成成分之一。混配制剂有戊唑·多菌灵、锰锌·戊唑醇等。

使用技术　可用于小麦、玉米、高粱、香蕉、苹果、梨树，防治黑星病、各种叶斑病、叶霉病、白粉病、锈病、炭疽病、赤霉病等。防治苹果斑点落叶病、梨树黑星病，用有效成分 72～108mg/kg 药液喷雾。戊唑醇种子处理剂广泛用于小麦、玉米等种子处理，防治种传、土传病害，如小麦散黑穗病、纹枯病，玉米、高粱的丝黑穗病。对种子表面和内部的病菌均有效。用 6％悬浮种衣剂按有效成分 7.5～12g/100kg 种子进行包衣，防治玉米种传病害。

安全间隔期　戊唑醇在以下作物上建议的安全间隔期及每季最多使用次数分别是：黄瓜 5d，3 次；水稻 35d，3 次；苹果树和梨树 21d，4 次；大白菜 14d，2 次；香蕉 14d，3 次。

注意事项　注意喷施浓度，以免造成药害。

烯肟菌酯 （enostroburin）

$C_{22}H_{22}ClNO_4$，399.867

特点　我国具有自主知识产权的甲氧基丙烯酸酯类杀菌剂，为线粒体呼吸抑制剂，具有内吸性。

毒性　低毒。

制剂　25％乳油。烯肟菌酯混配制剂有烯肟·氟环唑、烯肟·多菌灵、烯肟·霜脲氰。

使用技术　于黄瓜霜霉病发病初期，按有效成分 100～200g/hm² 兑水喷雾。

安全间隔期　烯肟菌酯在黄瓜上使用的安全间隔期为 2d，每季最多使用 3 次。

注意事项　与其他杀菌剂交替使用。

烯酰吗啉 （dimethomorph）

$C_{21}H_{22}ClNO_4$，387.86

其他名称　安克。

特点　烯酰吗啉是吗啉类内吸性杀菌剂，是专一杀卵菌纲真菌的杀菌剂，对卵菌生活史的各个阶段都有作用，在孢子囊梗和卵孢子的形成阶段尤为敏感，与苯基酰胺类杀菌剂例如甲霜灵等无交互抗性。

毒性　低毒。

制剂　50％、40％水分散粒剂，50％可湿性粉剂，25％水剂。烯酰吗啉常与其他药剂制成混配制剂，如烯酰·锰锌、烯酰·乙膦铝、烯酰·百菌清、烯酰·丙森锌、烯酰·福美双等。

使用技术　广泛用于蔬菜、葡萄、烟草、马铃薯等霜霉病、疫病、苗期猝倒病以及烟草黑胫病等由鞭毛菌亚门卵菌纲真菌引起的病害防治。防治黄瓜霜霉病按有效成分 $225\sim300g/hm^2$ 用量，辣椒疫病按有效成分 $225\sim300g/hm^2$ 用量，葡萄霜霉病按有效成分 $250\sim400g/hm^2$ 用量，烟草黑胫病按 $202.5\sim300g/hm^2$ 用量，兑水喷雾，在发病之前或发病初期喷药，每隔 $7\sim10d$ 喷一次，连续喷药 3 次。

安全间隔期　烯酰吗啉在以下作物上每季最多使用 3 次，安全间隔期分别是：黄瓜 2d；辣椒 7d；烟草 21d。

注意事项　单独使用有比较高的抗性风险，常用的是复配制剂；每季作物使用不要超过 3 次，注意与不同作用机制的杀菌剂轮换应用。

烯唑醇（diniconazole）

$C_{15}H_{17}Cl_2N_3O$，326.22

其他名称　速保利、特普唑。

特点　烯唑醇为三唑类具有保护和内吸治疗作用的广谱性杀菌剂。能抑制真菌麦角甾醇的生物合成，导致真菌细胞膜不正常，最终真菌死亡，持效期长久。

毒性　低毒。

制剂　12.5％可湿性粉剂。含烯唑醇的混配制剂有锰锌·烯唑醇、井冈·烯唑醇、烯唑·三唑酮等。

使用技术　对子囊菌、担子菌引起的多种植物病害如白粉病、锈病、黑粉病、黑星病等有效。防治小麦白粉病和条锈病，按有效成分 $60\sim120g/hm^2$ 用量兑水喷雾；防治梨黑星病用有效成分 $31\sim42mg/kg$ 药液喷雾。

安全间隔期　烯唑醇在梨树上使用的安全间隔期为 21d，每季最多使用 3 次。

注意事项　烯唑醇对少数植物有抑制生长现象，应严格控制用量，以免作物生长受到抑制。

叶枯唑 （bismerthiazol）

$$C_5H_6N_6S_4，278.34$$

其他名称　叶枯宁、噻枯唑、叶青双。

特点　杂环类、内吸性杀细菌剂，具有良好的治疗和预防作用。

毒性　低毒。

制剂　20%可湿性粉剂。

使用技术　防治水稻白叶枯病，按有效成分 $300\sim375g/hm^2$ 兑水喷雾或弥雾；防治大白菜软腐病按有效成分 $300\sim345g/hm^2$ 兑水喷雾。

注意事项　不宜用毒土法施药。

乙霉威 （diethofencarb）

$$C_{14}H_{21}NO_4，267.32$$

特点　乙霉威为氨基甲酸酯类内吸性杀菌剂。进入菌体细胞后与菌体细胞内的微管蛋白结合，从而影响细胞的分裂。乙霉威与多菌灵有副交互抗性，即灰霉病病菌一旦对多菌灵产生抗性，则对乙霉威就会很敏感。相反，对多菌灵敏感的灰霉病病菌，乙霉威的防治效果会降低。

毒性　微毒。

制剂　乙霉威一般不做单剂使用，而与其他杀菌剂混配来防治灰霉病。混配制剂有霉威·百菌清、啶菌·乙霉威、乙霉·多菌灵、乙霉·福美双、甲硫·乙霉威、霉威·咪鲜胺、嘧胺·乙霉威等。

使用技术　以上混配制剂兑水喷雾用来防治多种作物的灰霉病。

注意事项　不能与铜制剂及酸碱性较强的农药混用。

抑霉唑 （imazalil）

$$C_{14}H_{14}Cl_2N_2O，297.18$$

特点　抑霉唑为咪唑类内吸性广谱杀菌剂，麦角甾醇合成抑制剂。具有保护和治疗作用。用于防治各种植物的白粉病；还用于防治柑橘、香蕉等水果的贮藏期病害。

毒性 低毒。

制剂 22.5%、50%乳油。

使用技术 抑霉唑可用于果品防腐保鲜，防治柑橘、香蕉等果品贮藏期绿霉病及青霉病。将采收后鲜果（柑橘、香蕉等）用有效成分250～500mg/kg药液浸果30s，取出晾干后贮存。

安全间隔期 抑霉唑使用后至少14d方可上市销售，最多使用1次。

注意事项 不能与碱性农药混用。

中生菌素（zhongshengmycin）

$C_{19}H_{34}N_6O_7$，458.5

特点 中生菌素为放线菌代谢产物，为N-糖苷类抗生素，能够抗革兰氏阳性细菌、阴性细菌，对番茄青枯病具有明显的抗菌活性。

毒性 低毒。

制剂 3%可湿性粉剂。可与多种杀菌剂制成混配制剂，如苯甲·中生、甲硫·中生、中生·戊唑醇、春雷·中生。

使用技术 番茄青枯病发生初期或发病前进行灌根，药液浓度为37.5～50mg/kg，土壤墒情高时用高浓度，墒情低时用低浓度。黄瓜细菌性角斑病发生初期，按有效成分36～54g/hm²进行喷雾。

安全间隔期 中生菌素在番茄上使用的安全间隔期为8d，每季最多使用2次。

注意事项 不能与强酸、强碱性物质混用。

第四节　除草剂

一、苯氧羧酸类除草剂

2,4-滴丁酯（2,4-D butylate）

$C_{12}H_{14}Cl_2O_3$，277.15

特点 为激素型选择性除草剂,具有较强的内吸传导性。主要用于苗后茎叶处理,展着性好,渗透性强,易进入植物体内,不易被雨水冲刷,对双子叶杂草敏感,对禾谷类作物安全。

毒性 低毒。

制剂 57%、72%乳油。含 2,4-滴丁酯的混配制剂很多,如滴丁·乙草胺、乙·噻·滴丁酯、丙·莠·滴丁酯等。

使用技术 适用于小麦、大麦、青稞、玉米、高粱等禾本科作物田及禾本科牧草地,防除播娘蒿、藜、蓼、芥菜、繁缕、反枝苋、葎草、问荆、苦荬菜、刺儿菜、苍耳、田旋花、马齿苋等阔叶杂草,对禾本科杂草无效。冬小麦、大麦田使用,适用时期为分蘖末期、阔叶杂草 3～5 叶期。春小麦、大麦、青稞田,适用时期为作物 4～5 叶至分蘖盛期。玉米、高粱田使用,播种后 3～5d,在出苗前均匀喷施在土表和已出土杂草上;也可于玉米、高粱出苗后 4～5 叶期,对杂草茎叶喷雾。稻田在水稻分蘖末期,喷药前一天晚排干水层,施药后隔天上水,以后正常管理。

注意事项 2,4-滴丁酯对棉花、大豆、油菜、向日葵、瓜类等双子叶作物十分敏感;严格掌握施药时期和使用量,麦类和水稻在 4 叶期前及拔节后对 2,4-滴丁酯敏感,不宜使用。

根据农业农村部办公厅公布的《第八届全国农药登记评审委员会第十八次全体会议纪要》,因 2,4-滴丁酯存在三方面严重问题,国家将不再受理批准含 2,4-滴丁酯成分产品的田间试验、登记申请及续展申请。含该成分产品的有效期最晚是 2021 年 1 月 28 日,从理论上讲,从 2023 年 1 月 29 日起,国内将全面禁止销售和应用含 2,4-滴丁酯成分的所有产品。

2 甲 4 氯钠(MCPA-sodium)

$C_9H_8ClNaO_3$,222.60

特点 选择性内吸传导激素型除草剂,该药也可作为植物生长调节剂,但使用剂量要低得多。2 甲 4 氯钠既可被禾本科植物的根、茎、叶吸收,也可被双子叶植物吸收,但在禾本科植物体内易被代谢而失去毒性,而双子叶植物不易代谢。2 甲 4 氯钠能导致双子叶植物茎、叶扭曲,根变形,丧失吸收水分和养分的能力,并使植株逐渐死亡。2 甲 4 氯钠挥发性低,作用速度比 2,4-滴丁酯乳油低,在寒地稻区使用安全性高。

毒性 低毒。

制剂 56%可溶粉剂，13%水剂。2甲4氯钠也是很多混配制剂的组成成分之一，如2甲·氯氟吡、2甲·草甘膦等。

使用技术 用于水稻、小麦、旱地其他作物，防治三棱草、鸭舌草、泽泻、野慈姑及其他阔叶杂草。防治稻田三棱草、眼子菜等，按有效成分 450～900g/hm² 用量，在水稻分蘖末期，兑水喷雾或撒毒土（可溶粉剂）；防治麦田阔叶杂草，按有效成分 900～1200g/hm² 用量，于小麦分蘖末期至拔节前兑水喷雾；防治玉米田阔叶杂草，于玉米播后苗前，按有效成分 900～1200g/hm² 用量，兑水进行土表喷雾。

注意事项 禾本科作物幼苗期非常敏感，3～4 叶后抗性逐渐增强，分蘖末期抗性最强，到幼穗分化后，敏感性又增加，宜在分蘖末期施药。

二、苯甲酸类除草剂

麦草畏 （dicamba）

$$C_8H_6Cl_2O_3，221.04$$

其他名称 百草敌。

特点 麦草畏具有内吸传导作用。对一年生或多年生阔叶杂草有显著防除效果。麦草畏用于苗后喷雾，药剂能很快被杂草的根、茎、叶吸收，通过韧皮部及木质部向上或向下传导，多集中在分生组织及代谢旺盛的部位，阻碍植物激素的正常活动，从而使杂草死亡。而禾本科植物吸收药剂后能很快地进行代谢分解使之失效，表现出较强的耐药性。用后一般 24h 阔叶杂草即会出现畸形弯曲症状，15～20d 死亡。麦草畏在土壤中经微生物较快分解后消失。

毒性 低毒。

制剂 48%水剂。混配制剂有麦畏·草甘膦，滴钠·麦草畏，麦畏·甲磺隆等。

使用技术 用于小麦田、玉米田、芦苇田；防除猪殃殃、刺儿菜、藜、蓼、苋等多种一年生和多年生阔叶杂草，茎叶喷雾。小麦 3～5 叶期至分蘖盛期用药 1 次，玉米播后或苗后早期用药 1 次。

注意事项 在作物安全的时期施药，以免产生药害；喷雾时要均匀周到，防止漏喷和重喷。

三、芳氧苯氧基丙酸酯类除草剂

高效氟吡甲禾灵（haloxyfop-*R*-methyl）

$$C_{16}H_{13}ClF_3NO_4，375.37$$

其他名称　精盖草能、高效盖草能。

特点　高效氟吡甲禾灵是一种苗后选择性除草剂，具有内吸传导作用，茎叶处理后很快被杂草吸收传导至整个植株，因而抑制茎和根的分生组织而导致杂草死亡。高效氟吡甲禾灵药效发挥较快，施用在土壤中可被根系很快吸收，也能将杂草杀死。其作用机制为抑制脂肪酸合成过程中的关键酶乙酰辅酶 A 羧化酶，使脂肪酸合成受阻。对阔叶作物安全，药效较长。该药在土壤中被降解，对作物无影响。

毒性　低毒。

制剂　10.8％乳油。

使用技术　适用于马铃薯、棉花、花生、油菜、大豆、甘蓝、西瓜田，防治一年生禾本科杂草；也可用于防治棉花田、春大豆田的芦苇，但对阔叶杂草和莎草无效。宜在杂草出苗后到分蘖、抽穗初期进行茎叶喷雾。

注意事项　喷雾的最佳时间应该在田间湿度较大、温度较低时进行，建议上午 10 点以前或下午 5 点以后施药。

精吡氟禾草灵（fluazifop-*P*-butyl）

$$C_{19}H_{20}F_3NO_4(R)，383.36$$

其他名称　精稳杀得。

特点　精吡氟禾草灵是一种高度选择性的苗后茎叶处理剂，对一年生及多年生禾本科杂草具有较强的杀伤力，对阔叶作物安全，对双子叶杂草无效。杂草主要通过茎叶吸收传导，根也可以吸收传导。一般施药后48h杂草可出现中毒症状，杂草彻底死亡则需 15d。

毒性　低毒。

制剂　15％乳油。

使用技术　适用于花生、棉花、大豆、甜菜田防除一年生及多年生禾本科杂草；还可用于防除冬油菜田一年生禾本科杂草。对以下杂草有效：稗草、野燕麦、狗尾草、金色狗尾草、牛筋草、看麦娘、千金子、画眉草、雀麦、大麦属杂草、黑麦属杂草、稷属杂草、早熟禾、狗牙根、双穗雀稗、假高粱、芦苇、白茅、匍匐冰草等一年生和多年生禾本科杂草。春季禾本科杂草出苗后 3~5 叶期进行茎叶喷雾，用药量应随杂草生育期而进行调整，防治 2~3 叶期一年生禾本科杂草，每公顷用 15% 乳油 500~750mL；防治 4~5 叶期杂草，每公顷用 750~1000mL；防治 5~6 叶期杂草，每公顷用 1000~1200mL。杂草叶龄小用低药量，叶龄大用高药量；在水分条件好的情况下用低药量，在干旱条件下用高药量。防治多年生禾本科杂草（如狗牙根、匍匐冰草、双穗雀稗、假高粱、芦苇）每公顷需用 2.0L。

注意事项 长期干旱无雨、低温和空气相对湿度低于 65% 时不宜施药；一般选早晚施药，上午 10 时至下午 3 时不应施药。

精噁唑禾草灵（fenoxaprop-*p*-ethyl）

$C_{18}H_{16}ClNO_5$，361.78

其他名称 骠马、威霸。

特点 精噁唑禾草灵通过抑制脂肪酸合成的关键酶——乙酰辅酶 A 羧化酶，从而抑制脂肪酸的合成。药剂通过茎叶吸收传导至分生组织及根的生长点，作用迅速，是一种选择性极强的内吸性茎叶处理剂。施药后 2~3d 杂草停止生长，5~6d 心叶失绿变紫色，分生组织变褐色，叶片逐渐枯死。

毒性 低毒。

制剂 6.9% 水乳剂，10% 乳油。

使用技术 适用于小麦田，防除多种常见一年生禾本科杂草，如看麦娘、野燕麦、稗草、狗尾草、棒头草、自生玉米、硬草、菵草、剪股颖等，冬小麦田按有效成分 51~62g/hm² 用量兑水茎叶喷雾。

注意事项 小麦整个生育期最多使用 1 次；无土壤除草活性，使用雾化好的喷雾器均匀喷雾；精噁唑禾草灵与 2,4-滴丁酯、2 甲 4 氯钠有一定拮抗作用；对早熟禾、雀麦、节节麦、毒麦、冰草、黑麦草、蜡烛草等极恶性禾草无效。

四、三氮苯类除草剂

莠去津（atrazine）

$C_8H_{14}ClN_5$，215.68

其他名称 阿特拉津。

特点 莠去津是内吸选择性苗前、苗后除草剂。以根吸收为主，茎叶吸收很少。吸收后迅速传导到植物分生组织及叶部，干扰光合作用，使杂草死亡。易被雨水淋洗至土壤较深层，对某些深根草亦有效，但同时也易产生药害，持效期也较长。玉米体内的玉米酮及谷胱甘肽-S-转移酶能使莠去津转化为无毒化合物，因此对玉米安全。

毒性 低毒。

制剂 90%水分散粒剂，48%、80%可湿性粉剂，38%、50%悬浮剂。含有莠去津的混配制剂很多。

使用技术 适用于玉米、高粱、甘蔗、果树、苗圃、林地，防除马唐、稗草、狗尾草、莎草、看麦娘、蓼、藜、十字花科杂草、豆科杂草，对某些多年生杂草也有一定抑制作用。玉米在播种后1～3d，按推荐剂量兑水30kg均匀喷雾土表。玉米出苗后用药，适期为玉米4叶期，杂草2～3叶期。玉米和冬小麦连作区，为减轻或消除莠去津对小麦的药害，可用莠去津减量与其他除草剂混用，或购买使用莠去津的混配制剂。

注意事项 湿度对药效影响较大；莠去津持效期长，对后茬敏感作物小麦、大豆、水稻等易造成药害；桃树对莠去津敏感，不宜在桃园使用；玉米套种豆类时也不能使用；土表处理时，要求施药前，地要整平整细。

五、脲类除草剂

绿麦隆 (chlortoluron)

$$C_{10}H_{13}ClN_2O，212.68$$

特点 通过植物的根系吸收，并具有叶面触杀的作用，是植物光合作用电子传递抑制剂。对小麦、大麦、青稞等基本安全，施药不均匀稍有药害，药效受气温、土壤湿度、光照等因素影响较大。

毒性 低毒。

制剂 25%可湿性粉剂。

使用技术 适用于麦类、棉花、玉米、谷子、花生等作物田，防除看麦娘、早熟禾、野燕麦、繁缕、猪殃殃、藜、婆婆纳等多种禾本科及阔叶杂草，但对田旋花、问荆、锦葵等杂草无效。土壤或茎叶喷雾均可。麦田在播种后出苗前使用，或出苗后3叶期以前，兑水均匀喷布土表。棉田在播种后出苗前，兑水均匀喷布土表。玉米、高粱、大豆田使用，播种后出苗前，或者玉米4～5叶期施药，兑水

50kg 均匀喷布土表。

注意事项　麦苗 3 叶期以后不能用药，易产生药害；绿麦隆水溶性差，施药时应保持土壤湿润；绿麦隆在土壤中持效期长，对后茬敏感作物如水稻，可能有不良影响。

异丙隆 （isoproturon）

$$C_{12}H_{18}N_2O, 206.29$$

特点　异丙隆为内吸传导型土壤处理剂兼茎叶处理剂。药剂被植物根部吸收后，传导并在叶片中积累，抑制光合作用，导致杂草死亡。

毒性　低毒。

制剂　50％、75％可湿性粉剂，50％悬浮剂。含有异丙隆的混配制剂有苯磺·异丙隆、异隆·绿磺隆、异隆·乙草胺等。

使用技术　用于大麦、小麦、棉花、花生、玉米、水稻、豆类等作物田，防除一年生杂草，也适用于番茄、马铃薯、育苗韭菜、甜椒、茄子、洋葱等部分菜田除草。于播后苗前或杂草出苗前，兑水喷雾于土壤表面。

注意事项　建议在使用前先作小面积试验，确定无不良反应和最佳使用量后再大面积应用。

六、磺酰脲类除草剂

苯磺隆 （tribenuron-methyl）

$$C_{15}H_{17}N_5O_6S, 395.39$$

其他名称　巨星、阔叶净、麦磺隆。

特点　苯磺隆为选择性内吸传导型除草剂，可被杂草的根、叶吸收，并在植株体内传导。通过抑制乙酰乳酸合成酶的活性，使亮氨酸、异亮氨酸、缬氨酸等的生物合成受抑制，阻止细胞分裂，致使杂草死亡。植物受害后表现为生长点坏死、叶脉失绿，植物生长受到严重抑制，最终全株枯死。

毒性　低毒。

制剂　75％水分散粒剂，10％可湿性粉剂，20％可溶粉剂。

使用技术　用于防除麦田各种一年生阔叶杂草。施药适期从小麦二叶期至拔节期均可施用，以杂草2~4叶期防除效果最好。每亩使用75％水分散粒剂制剂1g，在杂草密度大以及以猪殃殃、泽漆为主的麦田，每亩可增至1.2g，兑水茎叶喷雾。

注意事项　非麦田作物的杂草勿用；每季只能使用1次；只能用于防除已出苗杂草，对未出土杂草防效很差；花生对苯磺隆敏感，施用过苯磺隆的冬小麦田，后茬不得种植花生。

苄嘧磺隆 （bensulfuron-methyl）

$C_{16}H_{18}N_4O_7S$，410.40

其他名称　农得时、便磺隆、稻无草。

特点　苄嘧磺隆是选择性内吸传导型除草剂，有效成分在水中能迅速扩散，被杂草根部或叶片吸收，并转移到杂草各部位，阻碍某些氨基酸的合成，使细胞分裂和生长受阻，使杂草坏死。有效成分进入水稻植株内，被迅速代谢为无毒物质，因此对水稻安全。

毒性　低毒。

制剂　10％、30％可湿性粉剂。含有苄嘧磺隆的混配制剂很多，如苄嘧·苯噻酰、苄·二氯、苄嘧·丙草胺、苯·苄·乙草胺等。

使用技术　适用于水稻移栽田和直播田，防除一年生和多年生阔叶杂草及莎草科杂草。施用方法灵活，可通过毒土、毒沙、泼浇和喷雾来使用。防治的杂草有泽泻、水苋菜、鸭舌草、陌上菜、节节菜、眼子菜、矮慈姑、巨型慈姑、异型莎草、碎米莎草、飘拂草、水莎草、牛毛毡等；对稗草也有一定抑制作用。移栽田宜在移栽5~15d后施药，防除一年生杂草每亩有效成分用量为1.3~2.0g，防除多年生阔叶杂草每亩有效成分用量为2~3g。直播田宜在出苗晒田覆水后施药。为彻底防除阔叶杂草、莎草和稗草，可与杀稗药剂混用。

注意事项　本制剂活性高、用量低，因此药量要称准确；插秧田，施药时保持3~5cm的水层7~10d，此期间只能续灌，不能排水；阔叶作物和树木对该药剂敏感，应避免接触。

噻吩磺隆 （thifensulfuron-methyl）

$C_{12}H_{13}N_5O_6S_2$，387.38

其他名称 阔叶散、噻磺隆。

特点 噻吩磺隆属内吸传导型苗后选择性除草剂，是支链氨基酸合成抑制剂，阻止细胞分裂，使敏感作物停止生长。主要通过杂草叶面和根系吸收并传导。一般施药后，敏感杂草立即停止生长，1周后死亡。

毒性 低毒。

制剂 75%水分散粒剂，15%可湿性粉剂，75%干悬浮剂。

使用技术 主要用于防除禾谷类作物小麦、大麦、燕麦、玉米田间的阔叶杂草，但对刺儿菜、田旋花及禾本科杂草等无效。小麦、大麦、燕麦等禾谷类作物于苗后2叶期至孕穗期，一年生阔叶杂草苗期至开花前，每亩用有效成分 1.6～3.1g，兑水30kg，均匀喷雾杂草。也用于防除大豆田一年生阔叶杂草，兑水土壤喷雾。

注意事项 施药适期为杂草生长早期（株高10cm以内）和作物生长前期；阔叶作物对该药剂敏感，喷药时切勿污染以防引起药害。

烟嘧磺隆 （nicosulfuron）

$C_{15}H_{18}N_6O_6S$，378.3

其他名称 玉农乐、烟磺隆。

特点 烟嘧磺隆是选择性输导型茎叶处理剂，被杂草茎叶和根部吸收后，在植物体内传导。施药后杂草立即停止生长，4～5d茎叶褪绿、逐渐枯死，一般情况下20～25d死亡。玉米对烟嘧磺隆有较好的耐药性，处理后出现暂时褪绿或轻微的发育迟缓，但一般能迅速恢复而且不减产。

毒性 微毒。

制剂 75%水分散粒剂，40%油悬浮剂，40%可分散油悬浮剂，80%可湿性粉剂。常见的含有烟嘧磺隆的混配制剂是烟嘧·莠去津。

使用技术 用于防除玉米田的一年生和多年生禾本科杂草、部分阔叶杂草。适用时间为玉米苗后3～5叶期，一年生杂草2～4叶期，多年生杂草6叶期以前，大多数杂草出齐时茎叶喷雾，除草效果最好，对玉米也安全。

注意事项 施药后玉米叶片有轻度褪绿黄斑，但能很快恢复；玉米在2叶期以前、5叶期以后较为敏感，易发生药害。

七、二苯醚类除草剂

氟磺胺草醚（fomesafen）

$C_{15}H_{10}ClF_3N_2O_6S$，390.70

其他名称　虎威、北极星、除豆莠。

特点　氟磺胺草醚为选择性苗后除草剂，兼有一定的土壤封闭活性。光照下才能发挥除草活性，抑制原卟啉原氧化酶，使叶绿素合成受阻。在大豆体内可迅速被代谢，对大豆较安全。喷药后 4～6h 内降雨亦不降低其除草效果。

毒性　低毒。

制剂　25% 水剂。含有氟磺胺草醚的混配制剂很多。

使用技术　可有效防除大豆田、花生田的一年生阔叶杂草，如苘麻、铁苋菜、反枝苋、豚草、田旋花、荠菜、藜等。大豆苗后 1～3 片复叶，杂草 1～3 叶期，每亩用 25% 水剂 68～132mL，兑水 20～30kg，茎叶喷雾。也可用于果园、橡胶种植园防除阔叶杂草。

注意事项　氟磺胺草醚在土壤中持效期长，应严格掌握药量，选择安全后茬作物；在果园中使用，切勿将药液喷到树叶上。

乳氟禾草灵（lactofen）

$C_{19}H_{15}ClF_3NO_7$，461.77

其他名称　克阔乐。

特点　触杀型选择性苗后处理除草剂。通过植物茎叶吸收，在植物体内进行有限的传导，通过破坏植物细胞膜的完整性而导致细胞内含物的流失，最后使叶片干枯死亡。在充足光照条件下，施药后 2～3d，敏感的阔叶杂草叶出现灼伤斑，并逐渐扩大，整个叶片变枯，最后全株死亡。

毒性　低毒。

制剂　24% 乳油。

使用技术　用于防除花生、大豆田一年生阔叶杂草。大豆苗后 1.5～2 片复叶期，阔叶杂草 2～4 片复叶期，一般株高 5～10cm，茎叶喷雾。施药过晚，杂草叶龄大，耐药性增强，药效不好。

注意事项　空气相对湿度低于 65%，土壤长期干旱或温度超过 27℃时不应施药；施药后最好半小时内不降雨。

乙氧氟草醚（oxyfluorfen）

$C_{15}H_{11}ClF_3NO_4$，361.7

其他名称　果尔、氟硝草醚、割草醚。

特点　选择性触杀型除草剂，光照下才能发挥除草活性，抑制原卟啉原氧化酶，使叶绿素合成受阻。主要通过胚芽鞘和中胚轴进入植物体内，芽前或芽后早期使用效果好，非常抗淋溶。

毒性　低毒。

制剂　24%乳油。可与多种除草剂复配使用，含有乙氧氟草醚的混配制剂有氧氟·乙草胺、氧氟·草甘膦等。

使用技术　适用于大蒜、洋葱、姜、棉花、甘蔗、油菜、玉米、苗圃和蔬菜田芽前、芽后使用，防除稗草、旱雀麦、狗尾草、曼陀罗、匍匐冰草、豚草、苘麻、田芥菜等单子叶杂草和阔叶杂草，但对多年生杂草只有抑制作用。陆稻施药可与丁草胺混用；在大豆、花生、棉花田等施药，可与甲草胺、氟乐灵等混用；在果园等处施药，可与百草枯、草甘膦混用。

注意事项　严格按使用说明操作。

八、酰胺类除草剂

异丙甲草胺（metolachlor）

$C_{15}H_{22}ClNO_2$，283.79

其他名称　都尔、稻乐思。

特点　异丙甲草胺是选择性芽前土壤处理剂，主要通过杂草幼芽基部和芽吸收，抑制发芽种子蛋白质的合成，其次干扰卵磷脂的形成。对一年生禾本科杂草的效果优于阔叶杂草。

毒性　低毒。

制剂　72%乳油。

使用技术　适用于玉米、花生、大豆、甘蔗、高粱、西瓜等旱田作物，可防除牛筋草、马唐、狗尾草、蟋蟀草、稗草等一年生禾本科杂草及苋菜、马齿苋等阔叶杂草，但对铁苋菜等防效较差。玉米、大豆、花生等作物田，于播种前或播种后至出苗前，每亩用72％乳油100～150mL，兑水35kg，均匀喷雾土表。如果土壤表层干旱，最好喷药后浅混土，以保证药效。

注意事项 异丙甲草胺只作土壤处理使用；对禾本科杂草效果好，对阔叶杂草效果差，如需兼除阔叶杂草，可与其他除草剂混用，以扩大杀草谱。

乙草胺（acetochlor）

$C_{14}H_{20}ClNO_2$，269.77

其他名称 禾耐斯。

特点 乙草胺是选择性芽前土壤处理除草剂，主要通过单子叶植物的胚芽鞘或双子叶植物的下胚轴吸收，吸收后向上传导，主要通过阻碍蛋白质合成而抑制细胞生长，使杂草幼芽、幼根生长停止，进而死亡。禾本科杂草表现出心叶卷曲皱缩，其他叶皱缩，整株枯死。禾本科杂草吸收乙草胺的能力比阔叶杂草强，所以防除禾本科杂草的效果优于阔叶杂草。玉米、大豆等作物吸收乙草胺后在体内迅速代谢为无毒化合物，在正常条件下安全，但在低温不良条件下会导致药害的产生。

毒性 低毒。

制剂 50％、90％乳油，40％、50％水乳剂，20％可湿性粉剂。

使用技术 适用于玉米、棉花、豆类、花生、马铃薯、油菜、大蒜、烟草、向日葵、蓖麻等作物田，防除一年生禾本科杂草和部分阔叶杂草。播种后出苗前使用，土壤喷雾。

注意事项 土壤含水量低时，使用高剂量，土壤含水量高时，使用低剂量；小麦等对乙草胺敏感，应慎用。

九、二硝基苯胺类除草剂

二甲戊灵（pendimethalin）

$C_{13}H_{19}N_3O_4$，281.31

其他名称 施田补、二甲戊乐灵、除草通。

特点 二甲戊灵为选择性触杀型芽前土壤处理剂，主要是抑制分生组织细胞分裂，不影响种子萌发。杂草种子萌发过程中，双子叶杂草的下胚轴、单子叶杂草的幼芽是吸收药剂的主要部位。其受害症状为幼芽和次生根被抑制。对单子叶杂草的防效优于双子叶杂草。杂草 2 叶期后用药防效差，对多年生杂草无效。

毒性 低毒。

制剂 33％乳油，45％微胶囊剂。二甲戊灵的混配制剂很多，如甲戊·乙草胺、甲戊·莠去津、苄嘧·二甲戊等。

使用技术 用于棉花、玉米、直播旱稻、大豆、花生、马铃薯、大蒜、甘蓝、白菜、韭菜、葱、姜等田中，防除稗草、马唐、狗尾草、千金子、牛筋草、马齿苋、苋、藜、苘麻、龙葵等一年生杂草。播种后出苗前表土喷雾。

注意事项 土壤墒情不足或干旱气候条件下，用药后需混土 3～5cm；在土壤中的持效期为 45～60d。

氟乐灵 （trifluralin）

$$O_2N \quad \overset{N(CH_2CH_2CH_3)_2}{\underset{CF_3}{\bigcirc}} \quad NO_2$$

$C_{13}H_{16}F_3N_3O_4$，335.28

其他名称 特福力、氟特力。

特点 氟乐灵为选择性芽前土壤处理剂。主要通过杂草的胚芽鞘和下胚轴吸收，影响激素的形成和传递，抑制细胞分裂而使杂草死亡。对已出土杂草无效。

毒性 低毒。

制剂 48％乳油。

使用技术 适用于棉花、大豆、油菜、花生、马铃薯、冬小麦、大麦、向日葵、胡萝卜、甘蔗、番茄、茄子、辣椒、花椰菜、芹菜、瓜类等作物田及果园、桑园等，防除稗草、马唐、牛筋草、早熟禾、雀麦、棒头草、苋、藜、马齿苋、繁缕、蓼、萹蓄等一年生禾本科杂草和部分阔叶杂草。播种前，兑水处理土表，混土后播种。

注意事项 氟乐灵易挥发、光解，施药后必须立即混土。

十、环己烯酮类除草剂

烯草酮（clethodim）

$$C_{17}H_{26}ClNO_3S，359.91$$

其他名称 收乐通。

特点 烯草酮是一种选择性内吸传导型旱田苗后除草剂，具有优良的选择性。施药后，能被禾本科杂草茎叶迅速吸收并传导至茎尖及分生组织，抑制分生组织的活性，破坏细胞分裂，最终导致杂草死亡。

毒性 低毒。

制剂 12％、24％乳油。

使用技术 适用于大豆、油菜、棉花、花生等阔叶田，防除野燕麦、马唐、狗尾草、牛筋草、早熟禾、硬草等禾本科杂草。一年生杂草3～5叶期，多年生杂草分蘖后，茎叶喷雾。

注意事项 不宜用在小麦、水稻、玉米等禾本科作物田；防治多年生杂草于分蘖后施药最为有效；药剂稀释后应立即使用。

烯禾啶（sethoxydim）

$$C_{17}H_{29}NO_3S，327.48$$

其他名称 拿捕净。

特点 选择性内吸传导型茎叶处理剂，能被禾本科杂草茎叶吸收，并传导到分生组织，抑制细胞分裂。对阔叶作物安全。

毒性 低毒。

制剂 12.5％、25％乳油。

使用技术 适用于大豆、棉花、油菜、花生、甜菜、阔叶蔬菜、果园等，在杂草2叶至2个分蘖期均可使用，防治白茅、狗牙根、匍匐冰草、马唐、毛马唐、狗尾草等禾本科杂草。施药当天可播种阔叶作物，4周后才能播种禾谷类作物。

注意事项 阔叶杂草与禾草混合发生时，应与其他防除阔叶杂草的药剂混合使用。

十一、有机磷类除草剂

草铵膦 （glufosinate-ammonium）

$C_5H_{12}NO_4P$, 312.97

特点 草铵膦属广谱、触杀型、灭生性除草剂，有一定的内吸作用。草铵膦能抑制谷氨酰胺合成酶的活性，导致植物体内氮代谢紊乱，氨积累过量，造成叶绿体解体，达到杀草效果。正常温度下一般 3~5d 后，杂草逐渐枯黄死亡。药液接触土壤后很快分解失效。

毒性 低毒。

制剂 10%、18%、20%、50%水剂。

使用技术 用于防除果园、非耕地的多种杂草，在杂草生长旺盛期，按推荐剂量茎叶均匀喷雾。用于玉米苗后行间除草时，在玉米 10 叶左右，晴天无风或者微风时，喷头带罩定向喷药，不要使药液飘移到玉米上。

注意事项 均匀喷洒；防止飘移到周围作物上。

草甘膦 （glyphosate）

$C_3H_8NO_5P$, 169.07

特点 草甘膦为内吸传导型慢性广谱灭生性除草剂，通过使蛋白质的合成受到干扰导致植物死亡，草甘膦是通过茎叶吸收后传导到植物各部位的。草甘膦入土后很快与铁、铝等金属离子结合而失去活性，对土壤中潜藏的种子和土壤微生物无不良影响。

制剂 30%水剂，50%、30%可溶粉剂，68%可溶粒剂。

毒性 低毒。

使用技术 防除苹果园、桃园、葡萄园、梨园、茶园、桑园和农田休闲地杂草，如稗、狗尾草、看麦娘、牛筋草、马唐、苍耳、藜、繁缕、猪殃殃等一年生杂草，以及车前草、小飞蓬、鸭跖草、双穗雀稗草、白茅、芦苇、香附子、水蓼、狗牙根、蛇莓、刺儿菜等多年生杂草。一般阔叶杂草在萌芽早期或开花期，禾本科杂草在拔节晚期或抽穗早期，茎叶喷雾。防除多年生杂草时一次药量分 2 次，间隔5d 施用能提高防效。

注意事项　草甘膦为灭生性除草剂，施药时切忌污染作物，以免造成药害；在药液中加适量柴油或洗衣粉，可提高药效；在晴天高温时用药效果好，喷药后 4～6h 内遇雨应补喷。

草甘膦铵盐（glyphosate ammonium）

$$\left[\begin{matrix} HO \\ O^- \end{matrix} \Big\rangle \!\! \underset{\parallel}{\overset{O}{P}} \!\! - CH_2NHCH_2COOH \right] \cdot NH_4^+$$

$C_3H_{11}N_2O_5P$，186.1

特点　灭生性内吸除草剂，通过茎叶吸收并传导至全株，使杂草枯死。

毒性　低毒。

制剂　30％水剂，65％可溶粉剂，80％、95％可溶粒剂。

使用技术　采用定向喷雾法防除苹果园、桃园、葡萄园、梨园、茶园、桑园和农田休闲地杂草。对稗、狗尾草、看麦娘、牛筋草、马唐、苍耳、藜、繁缕、猪殃殃等一年生杂草，以及车前草、小飞蓬、鸭跖草、双穗雀稗草、白茅、芦苇、香附子、水蓼、狗牙根、蛇莓、刺儿菜等多年生杂草都有效。一般阔叶杂草在萌芽早期或开花期，禾本科杂草在拔节晚期或抽穗早期，茎叶喷雾效果好。防除多年生杂草时一次药量分 2 次，间隔 5d 施用能提高防效。

注意事项　草甘膦铵盐为非选择性除草剂，施药时切忌污染作物，以免造成药害；在晴天高温时用药效果好，喷药后 4～6h 内遇雨应补喷。

十二、联吡啶类除草剂

联吡啶类除草剂百草枯（paraquat）水剂已于 2016 年 7 月 1 日起禁止在国内销售和使用。

敌草快（diquat）

$C_{12}H_{14}Br_2N_2O$，362.06

特点　非选择性、触杀型除草剂，稍具传导性。能迅速被植物绿色组织吸收，对非绿色组织没有作用。在绿色组织中，使光合作用的电子传递受抑制，还原状态的联吡啶化合物在光诱导下，有氧存在时很快被氧化，形成过氧化氢，细胞膜被破坏，绿色组织枯死。在土壤中迅速与土壤结合而钝化，对植物根部及多年生地下茎及宿根无效。

毒性　低毒。

制剂　20％、25％水剂。

使用技术　用于非耕地除草，杂草旺盛生长期按有效成分 $600\sim750g/hm^2$ 茎叶喷雾，杂草数量多且草龄大时使用高剂量。敌草快也用作马铃薯及水稻的催枯剂。

注意事项　防止药液飘移到周围作物上。

第五节　植物生长调节剂

植物生长调节剂是用于调节植物生长发育的一类农药，在低剂量下即能对植物产生明显的促进或抑制作用，包括人工合成的化合物和从生物中提取的天然植物激素。

一、植物生长促进剂

植物生长促进剂的主要生理作用是促进植物的生长，促进细胞的分裂、分化和伸长生长等，包括对植物营养器官生长和生殖器官发育的促进作用。

胺鲜酯（diethyl aminoethyl hexanoate）

$$CH_3(CH_2)_4COOCH_2CH_2N(C_2H_5)_2$$
$$C_{12}H_{25}NO_2, 215.33$$

其他名称　DA-6、得丰、己酸二乙氨基乙醇酯。

特点　胺鲜酯能提高植株体内叶绿素、蛋白质、核酸的含量和光合速率，提高过氧化物酶及硝酸还原酶的活性，促进植株的碳、氮代谢，促进植株对水肥的吸收和干物质的积累，增强作物、果树的抗病、抗旱和抗寒能力，延缓植株衰老，促进作物早熟、增产，提高作物的品质。

毒性　低毒。

制剂　1.6％、8％水剂。

使用技术　大白菜等叶菜类，用有效成分 $40\sim60mg/kg$ 药液，在定植后至生长期喷雾，间隔 $7\sim10d$，共 $2\sim3$ 次；番茄等果菜类在幼苗期、初花期、坐果后，用有效成分 $8\sim10mg/kg$ 药液各喷一次。

注意事项　2次喷药间隔期在 $7d$ 以上。

苄氨基嘌呤（6-Benzylaminopurine）

$$C_{12}H_{11}N_5 \cdot ClH, 261.71$$

其他名称 6-BA。

特点 苄氨基嘌呤是第一个人工合成的细胞分裂素，是植物抗衰老剂，可促进植物细胞生长，抑制叶绿素的降解，可诱导侧芽萌发，提高坐果率。与赤霉酸 A_4 ＋ A_7 一起使用，可改善果型。

毒性 低毒。

制剂 1%可溶粉剂，2%可溶液剂，5%水剂。混配制剂有 3.6%苄氨·赤霉酸 A_4 ＋ A_7 乳油及液剂。

使用技术 柑橘树用有效成分 33～50mg/kg 药液喷雾 2～3 次，调节生长，提高坐果率，提高产量。白菜用 20～40mg/kg 药液喷雾，调节生长，提高产量。使用苄氨基嘌呤与赤霉酸 A_4 ＋ A_7 的混配制剂可改善果型。

注意事项 每季最多施用 2～3 次。

赤霉酸（gibberellic acid）

$C_{19}H_{22}O_6$，346.37

其他名称 九二〇、赤霉素、奇宝。

特点 赤霉酸是广谱性植物生长调节剂，经叶片、嫩枝、花、果实及种子进入植物体内，传导到生长活跃部位起作用。赤霉酸最重要的特点是促进茎的伸长，促进营养生长，在明显增加长度的同时，并不增加节间数。可促进作物生长发育，使之提早成熟、提高产量、改进品质；能迅速打破种子、块茎和鳞茎等器官的休眠，促进发芽；减少蕾、花、铃、果实的脱落，提高果实结果率或形成无籽果实；也能使某些 2 年生的植物在当年开花。赤霉酸是植物的内源激素，外源赤霉酸进入植物体内后，起到与内源激素相同的作用。赤霉酸是多效唑、矮壮素等生长抑制剂的拮抗剂。

毒性 低毒。

制剂 4%乳油，85%结晶粉，20%可溶粉剂。

使用技术 广泛应用于果树、蔬菜、粮食作物、经济作物及水稻杂交育种。促进营养生长，芹菜收获前 2 周用有效成分 50～100mg/kg 药液喷叶 1 次，菠菜收获前 3 周用有效成分 10～25mg/kg 药液喷叶 1～2 次，可使茎叶增大，增加鲜重；柑橘用有效成分 20～40mg/kg 药液喷花，可促进坐果，使果实增大、产量增加；葡萄在花后 1 周用有效成分 50～200mg/kg 药液处理果穗可增加无核果；棉花用有效成分 10～20mg/kg 药液点喷、点涂或喷雾可以提高结铃率；菠萝用有效成分 40～80mg/kg 药液喷花，可使果实增大、产量提高。使马铃薯打破休眠、促进发芽，播前用有效成分 0.5～1mg/kg 药液浸块茎 10～30min。调节开花，仙客来蕾期用有效成分 1～5mg/kg 药液喷花蕾可促进开花。提高杂交水稻制种的结实率，一般在母本 15% 抽穗时开始到 25% 抽穗结束，用有效成分 25～55mg/kg 药液喷雾处理 1～3 次，先用低浓度，后用高浓度。

注意事项 严格按照使用说明使用；赤霉酸水溶性小，用前先用少量酒精或白酒溶解，再加水稀释至所需浓度；使用赤霉酸处理的作物不孕籽增加，故留种田不宜施药。

赤·吲乙·芸苔

其他名称 碧护。

特点 含几种植物内源激素，具有促进生根和发芽、活化细胞、增加产量的作用，可帮助作物更快愈合、恢复生长。

毒性 低毒。

制剂 0.136% 可湿性粉剂。

使用技术 茶叶芽苞萌发初期第一次叶面喷雾，按有效成分 0.0714～0.1428g/hm² 兑水，15～20d 后使用第二次。黄瓜定植后叶面喷雾一次，开花 5～7d 使用第二次，有效成分使用量为 0.1428～0.2856g/hm²。苹果树萌芽前、开花后分别茎叶喷施一次，有效成分用量为 0.1224～0.1836g/hm²。水稻分蘖初期第一次喷施，破口期再喷施一次，按有效成分 0.06～0.12g/hm² 兑水喷雾。小麦 2～6 叶期喷施一次，拔节期后再喷施一次，有效成分用量为 0.1428～0.2856g/hm²。

注意事项 避免强光和雨前使用。

单氰胺 (cyanamide)

$$N \equiv\!\!\!-NH_2$$

CN_2H_2，42.02

特点 打破植物休眠，刺激葡萄、枣树、桃、苹果、梨等果树提前发芽、开花和结果。尤其适用于保护地栽培的果树及热带、亚热带冬季缺少寒冷地区的果树；可使有霜地区露地栽培的葡萄提前 2～4 周发芽，果实提前 2～3 周成熟，并可使果树芽齐、芽壮。

毒性 中等毒。

制剂 50% 水剂。

使用技术 配制成有效成分 25000～62500mg/kg 的药液，均匀喷雾，尤其要覆盖所有芽苞。露地葡萄发芽前 30～40d 使用；设施栽培葡萄在扣棚升温 1～2d 后使用。

注意事项 有倒春寒天气的地区慎重使用；其他果树在技术人员指导下使用。

对氯苯氧乙酸钠 （4-chlorophenoxyacetic acid sodium salt）

$C_8H_6ClNaO_3$，208.57

其他名称　防落素。

特点　对氯苯氧乙酸钠为生长素类植物生长调节剂，具有防止落花落果，提高坐果率，加速幼果生长发育，提高产量等作用。

毒性　低毒。

制剂　8%可溶粉剂。

使用技术　将对氯苯氧乙酸钠配制成有效成分 20～30mg/kg 的药液喷花，促进坐果。使用适期在番茄每个花序上 2/3 花朵开放时喷施。喷施浓度与气温有关，温度高时用低浓度，温度低时用高浓度。喷施也可用于西葫芦、茄子、黄瓜、冬瓜等作物防止落花落果。

注意事项　宜采用小型手持喷雾器喷花，并避免嫩枝和新芽上接触药液；严格掌握使用浓度及用药期；随温度变化调节浓度；避免重喷。

2,4-滴钠盐 （2,4-D Na）

$C_8H_5Cl_2NaO_3$，243.00

特点　2,4-滴钠盐是苯氧羧酸类化合物，既是植物生长调节剂，又是一种常用的除草剂。该药低剂量（低于有效成分 30mg/kg）使用为植物生长促进剂，促进坐果，减少落花落果；在大剂量（高于有效成分 500mg/kg）下为除草剂。因此使用时必须在规定的浓度范围内使用，以免造成药害而减产。

毒性　中等毒。

制剂　85%可溶粉剂，2%水剂。

使用技术　在番茄花呈喇叭口状时用棉球或毛笔蘸取配好的药液，涂花柄或者点花柄，适宜浓度为有效成分 10～20mg/kg，气温低时用较高浓度，气温高时使用较低浓度。

注意事项　只处理花朵，不进行全株喷雾，也勿将 2,4-滴药液滴落在叶片上；不得随意加大浓度以免产生药害；留种用果实不要用 2,4-滴钠盐处理；温度过低会增加畸形果。

复硝酚钠（compound sodium nitrophenolate）

$C_6H_4NNaO_3$，161.09　　　$C_6H_4NNaO_3$，161.09　　　$C_7H_6NO_4Na$，191.12

其他名称　爱多收、特多收。

特点　复硝酚钠含有邻硝基苯酚钠、对硝基苯酚钠和5-硝基愈创木酚钠，属生长素类植物生长调节剂，与植物接触后能迅速渗透到植物体内，促进细胞内原生质流动，提高细胞活力。能加快生长速度，打破休眠，促进生长发育，防止落花落果，改善产品品质，提高产量，提高作物的抗病、抗虫、抗旱、抗涝、抗寒、抗盐碱、抗倒伏等抗逆能力。具有高效、低毒、无残留、适用范围广、无副作用、使用浓度范围宽等优点。使用后见效快。

毒性　低毒。

制剂　0.7%、1.4%、1.8%水剂。

使用技术　复硝酚钠广泛适用于粮食作物、瓜果、蔬菜、果树、油料作物及花卉等。既可单独使用，又可与肥料、农药等复配使用；可以叶面喷施、浸种、苗床浇灌和花蕾撒布等；可在播种至收获期间任何时间使用。促进黄瓜生长，用有效成分2～2.8mg/kg 药液喷雾；促进番茄生长，按有效成分4～8g/kg 剂量喷雾；荔枝保果，用有效成分 7.2～9mg/kg 药液喷雾。1.4%水剂稀释 5000～6000 倍喷雾，能促进茄子、柑橘生长及产量增加。

注意事项　浓度过高会抑制生长；采收前 1 个月停止使用。

氯吡脲（forchlorfenuron）

$C_{12}H_{10}ClN_3O$，247.68

其他名称　吡效隆、吡效隆醇、调吡脲、施特优。

特点　氯吡脲是一种高活性的苯基脲类衍生物，具有细胞分裂素活性，可促进细胞分裂和扩大、器官形成和蛋白质的合成，提高光合作用效率，增强抗逆性，延缓衰老。用于瓜果植物上，可促进花芽分化、保花、保果，提高坐果率，促进果实膨大。

毒性　低毒。

制剂　0.1%可溶液剂。

使用技术　适用于果树及瓜果类作物，提高坐果率，提高产量。甜瓜、西瓜、黄瓜用有效成分 10～20mg/kg 药液涂抹瓜胎或浸瓜胎；猕猴桃谢花后 20～25d 用有效成分 10～20mg/kg 药液浸渍幼果；葡萄于谢花后 10～15d 用有效成分 10～20mg/kg 药液浸渍幼果穗；枇杷用有效成分 10～20mg/kg 药液浸渍幼果穗。

注意事项 严格按照使用时期、用量和方法操作；施药后 6h 遇雨需补施；本品易挥发，用后盖好瓶盖。

萘乙酸 (1-naphthylacetic acid)

$C_{12}H_{10}O_2$，186.21

其他名称 α-萘乙酸。

特点 萘乙酸是广谱型植物生长调节剂，具有植物生长素的特点和生理功能，能促进细胞分裂与扩大，诱导形成不定根，增加坐果，防止落果，改变雌、雄花比率等。可经叶片、树枝的嫩表皮、种子进入到植株内，随营养流被输导到全株。

毒性 低毒。

制剂 20%、40%可溶粉剂，1%、5%水剂。与其他植物生长调节剂的混配制剂有硝钠·萘乙酸、萘乙·乙烯利、吲丁·萘乙酸等。

使用技术 适用于谷类作物，增加分蘖，提高成穗率和千粒重。用于棉花可减少蕾铃脱落，增桃增重，提高质量。用于果树促开花，防落果，催熟增产。用于瓜果类蔬菜防止落花，防止形成小籽果实。还可促进扦插枝条生根等。小麦用含有效成分 20mg/kg 药液浸种 10～12h，风干播种；拔节前用 25mg/kg 药液喷洒 1 次，扬花后用 30mg/kg 药液喷剑叶和穗部，可防倒伏，增加结实率。水稻秧田用有效成分 20mg/kg 药液茎叶喷雾，插栽后返青快，茎秆粗壮。棉花盛花期用有效成分 10～20mg/kg 药液喷植株 2～3 次，间隔 10d，可防蕾铃脱落、增产。番茄、瓜类用有效成分 10～30mg/kg 药液喷花，防止落花，促进坐果。苹果等采摘前 5～21d，用有效成分 5～20mg/kg 药液喷洒全株，防止落果。葡萄等插条用有效成分 25～50mg/kg 药液浸泡基部（3～5cm）24h，可促进插条生根，提高成活率。

注意事项 严格掌握使用浓度，气温高、弱苗宜用低量；阴天或晴天下午 5 时左右使用为宜；施后 8h 内遇雨应补施。

S-诱抗素[(+)-abscisic acid]

$C_{15}H_{20}O_4$，264.32

其他名称 脱落酸。

特点 是一种天然植物生长调节剂，能提高植物光合效率，促进植物协调生长，增加营养物质的吸收与积累，改善品质，提高产量。施用本品能促进幼苗根系发育，移栽后返青快、成活率高，且植物整个生长期的抗逆性得到增强。

毒性 微毒。

制剂 0.1%水剂，5%、10%可溶液剂。

使用技术 适用于蔬菜、水果、农作物使用，以提高作物的抗逆性，促进生长，促进着色。番茄移栽缓苗后喷施，可调节生长，有效成分用量为 2.5~5mg/kg 药液。于葡萄转色初期（20%~30%开始转色时），喷施促进着色，配制有效成分含量 200~300mg/kg 的药液均匀喷洒到果穗上，以果粒均匀附着且不滴水为宜，注意不要喷洒到葡萄叶片和枝干上。

注意事项 不宜与碱性物质混用。

噻苯隆（thidiazuron）

C₉H₈N₄OS，220.25

其他名称 脱叶灵、脱叶脲、脱落宝。

特点 噻苯隆对细胞分裂、愈伤组织形成具有很强的诱导作用。被植株吸收后，可促进叶柄与茎之间的分离组织自然形成而使叶柄脱落，是很好的脱叶剂；用于组培能更好地促进植物的芽分化；还可用于促进瓜果类蔬菜及果树果实的生长。

毒性 低毒。

制剂 50%可湿性粉剂，0.1%可溶液剂。

使用技术 噻苯隆在棉花种植上作落叶剂使用。当棉桃开裂70%时，用50%可湿性粉剂按有效成分 225~300g/hm² 用量，兑水全株喷雾，10d 后开始落叶，吐絮增加，15d 达到高峰。葡萄谢花后 5d 左右使用第一次，间隔 10d 使用第二次，药液要喷施均匀。将 0.1%可溶液剂配制成有效成分 4~6mg/kg 药液进行喷雾，建议从低浓度使用起。甜瓜于开花前一天或当天用有效成分 2.5~3.3mg/kg 药液浸瓜胎，提高坐果率。黄瓜于开花前一天或当天用 0.1%可溶液剂配制成有效成分 4~5mg/kg 药液浸瓜胎。

注意事项 最佳使用浓度受作物品种、气温、栽培模式等因素影响，应先进行小规模试验或在得到当地农技工作者的正确指导后再大面积应用；浓度过高易引起裂果、畸形、瓜苦等；瓜果快速膨大至成熟期，如田间含水量变化过大，极易引起裂果；现配现用，施后 6h 内遇雨应补施。用于脱叶剂时，施药时期不能过早，否则会影响产量；施药后两日内降雨会影响药效，施药前应注意天气预报；不要影响其他作物，以免产生药害。

三十烷醇 （triacontanol）

$$CH_3(CH_2)_{28}CH_2OH$$

$$C_{30}H_{62}O，438.81$$

特点　三十烷醇是天然化合物，是含 30 个碳原子的长链饱和脂肪醇，具有促进生根、发芽、开花、茎叶生长和早熟作用，具有提高叶绿素含量、增强光合作用等多种生理功能。能减少植物的水分蒸发，增强抗旱能力。在作物生长前期使用，可提高发芽率，改善秧苗素质，增加有效分蘖；在生长中、后期使用，可增加花蕾数、坐果率及千粒重。

毒性　低毒。

制剂　0.1％微乳剂。常与硫酸铜制成混配制剂烷醇·硫酸铜。

使用技术　适用于水稻、玉米、高粱、棉花、大豆、烟草、甜菜、甘蔗、花生、蔬菜、果树、花卉等多种作物，以提高产量。棉花于盛花期喷施有效成分 0.5～0.8mg/kg 药液，2～3 周后再喷一次。烟草于团棵至旺盛生长期，叶面喷施有效成分 0.4～0.6mg/kg 药液，共 2～3 次。花生于开花末期至下针末期叶面喷施有效成分 0.5～1mg/kg 药液。小麦孕穗期及扬花期叶面喷施有效成分 0.2～0.4mg/kg 药液，共 2 次。三十烷醇与硫酸铜的混配制剂可用来防治植物病毒病，如番茄病毒病、辣椒病毒病、烟草病毒病。

注意事项　三十烷醇生理活性很强，使用浓度很低，配制药液要准确；现配现用，宜在下午 3 时后喷施；喷药后 4～6h 遇雨补喷。

乙烯利 （ethephon）

$$ClCH_2CH_2-\overset{\overset{\displaystyle O}{\|}}{\underset{\underset{\displaystyle OH}{|}}{P}}-OH$$

$$C_2H_6O_3ClP，144.49$$

其他名称　乙烯磷。

特点　乙烯与果实成熟密切相关，故亦称为"成熟激素"。乙烯还和细胞分裂、种子休眠、性别分化、器官衰老和脱落等生理过程有关。如乙烯可以打破某些种子和芽的休眠，促进凤梨和一些植物开花，促进不定根的形成，诱导次生物质的分泌，促进果实成熟和作物增产等。一分子乙烯利可以释放出两分子的乙烯。

毒性　低毒。

制剂　40％水剂。

使用技术　乙烯利可用于调节作物的生长、提高品质、增加产量。水稻在 4 叶期、6叶期用有效成分 250～500mg/kg 的乙烯利药液各喷 1 次，可降低秧苗高度，能有效地防止栽后败苗，促使发根早，返青快，分蘖早而多，防止植株后期倒伏。玉米用有效成分 90～112.5g/hm² 的乙烯利药液喷洒植株，可促进根系发育，起到矮秆壮秆、增强田间通风透光、促早熟、提高产量等作用，即调节生长、增产。用有效成分 2000～3000mg/kg 的乙烯利药液喷洒橡胶树植株，可使其提前落叶，避开白粉病。大豆在 9～12 片叶时用有效成分 300～500mg/kg 的乙烯利药液喷雾，可使植株矮壮。

乙烯利也可用于作物的催熟。番茄果实在白熟期，用有效成分 400～500mg/kg 药液涂果或喷雾；或转色期采收后放在有效成分 400～500mg/kg 乙烯利溶液中浸泡 1min，再捞出于 25℃ 下催红；番茄后期一次性采收时，用有效成分 400～500mg/kg 乙烯利溶液在植株上重点喷果实。香蕉用 800～1000mg/kg 的乙烯利药液浸果，可使果实提早成熟，且不影响品质。柿子用 300～800mg/kg 的乙烯利药液喷雾或浸果，可脱涩催熟。用 800～1200mg/kg 的乙烯利药液喷洒棉花植株，可催熟且不影响品质，用 1600～4000mg/kg 的乙烯利药液喷洒全株，可使棉花脱叶，提早收获。

注意事项 严格控制使用浓度；棉花田使用应在当地枯霜前 20d 左右喷施，且保证喷药后要有 3～5d 气温在 20℃ 以上；选择无风或微风天喷施，以免发生飘移影响其他作物。

吲哚丁酸 （4-indol-3-ylbutyric acid）

$C_{12}H_{13}NO_2$，203.24

特点 吲哚乙酸为植物内源生长素，能促进细胞分裂和细胞生长拉长。外源吲哚丁酸可经由叶片、植物的嫩表皮、种子等部位进入到植物体内，随营养流输导到起作用的部位，有利于新根生成和维管束系统的分化，促进插条不定根的形成。

毒性 低毒。

制剂 1.2% 吲哚丁酸水剂。多数情况下，吲哚丁酸与萘乙酸制成混配制剂，如 2%、5% 吲丁·萘乙酸可溶粉剂，5% 吲丁·萘乙酸可溶液剂等。

使用技术 在水稻一叶一心期及三叶一心期各喷施吲哚丁酸 1 次，药液浓度为有效成分 12～24mg/kg。各种混配制剂的使用严格按说明书进行。

注意事项 严格按推荐剂量施药，施药时应周到、均匀，避免重喷或漏喷；大风天或预计 1h 内下雨，请勿施药。

芸苔素内酯 （brassinolide）

$C_{28}H_{48}O_6$，480.68

其他名称　益丰素、天丰素、油菜素内酯、农梨利。

特点　芸苔素内酯被称为第六类植物激素，是高效、多用途植物生长促进剂，能促进细胞分裂和伸长，在很低浓度下，即能显著地增加植物的营养体生长和促进受精作用。此外芸苔素内酯可提高植物的抗逆性，也具有较好的缓解药害的作用。适用于粮食作物、蔬菜和果树等，促进生长，增加产量。

毒性　低毒。

制剂　0.0016%、0.004%、0.01%水剂，0.01%乳油，0.01%可溶液剂，0.1%可溶粉剂。

使用技术　水稻用有效成分0.01～0.02mg/kg药液浸种或于苗期及生殖生长期喷施；玉米用有效成分0.01～0.04mg/kg的药液浸种或于苗期及生殖生长期喷施；小麦用有效成分0.01～0.04mg/kg药液茎叶喷雾；番茄、黄瓜、大白菜、棉花、花生、大豆、烟草、香蕉、柑橘、苹果、荔枝等用有效成分0.02～0.04mg/kg药液茎叶喷雾，均能起到调节生长、增加产量的效果。水果花期、幼果期，蔬菜苗期和旺长期，豆类花期、幼荚期使用增产效果都很好。

注意事项　下雨时不能喷药，喷药后6h内下雨要重喷；喷药时间最好在上午10时以前，下午3时以后。

二、植物生长延缓剂

抑制植物近顶端分生组织中的细胞伸长和节间伸长，使植株矮化的生长调节剂称为植物生长延缓剂，如矮壮素、丁酰肼、多效唑、烯效唑等，可以达到防止旺长，促进坐果，矮化植株的效果。这类调节剂不影响叶片的发育和叶片数目，一般也不减少节间数目，不影响花的发育，外施赤霉酸类生长促进剂可以逆转这种抑制效果。

矮壮素 （chlormequat）

$$[(CH_3)_3NCH_2CH_2Cl]^+Cl^-$$

$C_5H_{13}Cl_2N$，158.07

其他名称 三西、氯化氯代胆碱。

特点 矮壮素是季铵盐类植物生长延缓剂，是赤霉素类植物生长促进剂的拮抗剂。通过使作物内源赤霉素的合成受阻，有效控制植株生长，促进生殖生长，使植株节间缩短、长得矮、壮、粗，根系发达、抗倒伏，同时叶色加深、叶片增厚、叶绿素含量增加，光合作用增强，作物的坐果率提高，品质改善，产量提高。矮壮素能提高根系的吸水能力，影响植物体内脯氨酸的积累，有利于提高植物抗旱、抗寒、抗盐碱及抗病能力。矮壮素可经由叶片、幼枝、芽、根系和种子进到植株体内。

毒性 低毒。

制剂 50％水剂，80％可溶性粉剂。

使用技术 可以浸种、喷洒。小麦于返青期、拔节期，用有效成分 $1250\sim2500\,mg/kg$ 药液茎叶喷雾，可调节生长、提高产量。棉花调节生长，用有效成分 $50\sim65\,mg/kg$ 药液于初花期、盛花期和蕾铃期茎叶喷雾，前期可只喷洒顶部，后期喷洒全株。小麦、棉花、玉米也可用矮壮素药液进行拌种，以提高产量。

注意事项 严格使用量。

丁酰肼（daminozide）

$$C_6H_{12}N_2O_3，160.17$$

其他名称 比久、B_9。

特点 丁酰肼可经茎、叶进入植物体内，随营养流传导到作用部位，可抑制内源赤霉素和生长素的合成。主要作用是控制新枝徒长，缩短节间长度，增加叶片厚度及叶片叶绿素的含量。

毒性 低毒。

制剂 50％、92％可溶粉剂。

使用技术 促观赏菊花矮化，用有效成分 $2500\sim3500\,mg/kg$ 药液喷雾。

注意事项 不能与波尔多液、硫酸铜等含铜药剂混用或连用；药液随配随用；花生上禁止使用。

多效唑（paclobutrazol）

$$C_{15}H_{20}ClN_3O，293.79$$

其他名称 氯丁唑、PP333。

特点 多效唑是三唑类植物生长延缓剂，是内源赤霉素合成的抑制剂。多效唑的农业应用价值在于它对作物生长的控制效应，具有延缓植物生长、抑制茎秆伸长、缩短节间、促进植物分蘖、增加植物抗逆性能、提高产量等效果。

毒性 低毒。

制剂 10％、15％可湿性粉剂，25％悬浮剂。

使用技术 适用于水稻、麦类、花生、果树、烟草、油菜、大豆、花卉、草坪等作（植）物，使用效果显著。花生、棉花盛花期，按有效成分 90～135g/hm² 用量茎叶喷雾防止旺长。水稻培育壮秧防止倒伏，秧龄在 35d 左右，单季中、晚稻秧田移栽前 25d，用有效成分 200～300mg/kg 药液喷雾；水稻高产田块局部旺长、高秆易倒伏品种，抽穗前 30～40d，用有效成分 100～150mg/kg 药液喷雾控制生长。油菜培育短脚壮苗，肥水水平高、播种早、密度大的苗床，于 3～4 叶期，用有效成分 100～200mg/kg 药液喷雾；油菜用有效成分 150～200mg/kg 药液喷雾，调节生长。冬小麦按有效成分 76.5～190g/hm² 用量兑水喷雾控制生长。荔枝树、龙眼树用 10％可湿性粉剂 250～300 倍液喷雾 2 次，控梢。大豆花期按有效成分 90～112.5g/hm² 用量喷施。

注意事项 多效唑在土壤中残留时间较长，常温（20℃）贮存稳定期在 2 年以上，如果多效唑使用或处理不当，来年对作物会产生影响。

甲哌鎓（mepiquat chloride）

$C_7H_{16}NCl$，149.66

其他名称 缩节胺、助壮素。

特点 可通过植物叶片和根部被吸收，传导至全株，降低植株体内赤霉素的活性，从而抑制细胞的伸长，使顶芽长势减弱，植株节间缩短，株型紧凑，叶色深厚，叶面积减少，并增加叶绿素的合成，防止植株旺长，推迟封行等。主要用于防止棉花徒长、蕾铃脱落，防止小麦倒伏，控制甘薯、马铃薯、花生地上部过旺等。也用于葡萄、柑橘、桃、梨、枣、苹果等果树防止新梢过旺。

毒性 低毒。

制剂 250g/L 水剂，10％可溶粉剂，98％原药。

使用技术 棉花营养生长过旺时，按有效成分 44.1～58.8g/hm²，在棉花早花期或当植株约 60cm 高时施用，兑水均匀喷雾，每季最多使用 2 次。马铃薯现蕾至初花期按有效成分 60～120g/hm² 全株喷施 1 次，肥水好的地块可间隔 15～20d 再喷 1 次，促进薯块膨大。甘薯在薯块快速生长期，用有效成分 200～300mg/kg

的药液喷全株 1 次，肥水好的地块可间隔 15～20d 再喷 1 次，可控制藤蔓生长，促进薯块膨大。

注意事项 根茎类地下部的膨大期须配施钾肥；使用浓度随品种、气温的不同在推荐范围内适当增减。

烯效唑 （uniconazole）

$C_{15}H_{18}ClN_3O$, 291.78

其他名称 特效唑。

特点 烯效唑属三唑类广谱性、高效植物生长延缓剂，兼有杀菌和除草作用，是赤霉素合成抑制剂。具有控制营养生长，抑制细胞伸长，缩短节间，矮化植株，促进侧芽生长和花芽形成，增进抗逆性的作用。其活性较多效唑高 6～10 倍，但其在土壤中的残留量仅为多效唑的 1/10，因此对后茬作物影响小。可通过种子、根、芽、叶吸收，并在器官间相互运转，但茎叶喷雾时，只可向上内吸传导，没有向下传导的作用。

毒性 低毒。

制剂 5%可湿性粉剂。

使用技术 适用于水稻培育壮秧增加分蘖，控制株高，提高抗倒伏能力。水稻种子用有效成分 50～150mg/kg 药液浸种 24～28h，期间翻动 2 次，以利于种子着药均匀。然后用少量清水清洗后催芽 48h 播种，可培育多蘖矮壮秧。在晚稻或二杂交稻田，于秧苗 1 叶 1 心期喷有效成分 50～100mg/kg 药液，可控长、增叶、促根及促蘖。

注意事项 严格控制使用量。

三、植物生长抑制剂

抑制植物近顶端分生组织生长，使植物丧失顶端优势，侧枝多，叶小，生殖器官也受影响的植物生长调节剂称为植物生长抑制剂，如防止马铃薯贮藏期发芽的氯苯胺灵。生长素类往往可以逆转这种抑制效应，而外施赤霉素类生长促进剂则无效。

氯苯胺灵 （chlorpropham）

$C_{10}H_{12}ClNO_2$, 213.66

特点　氯苯胺灵在一定温度下会升华成气态分子，到达作用部位而起作用。可抑制植物体内 β-淀粉酶活性，抑制 RNA、蛋白质的合成，干扰氧化磷酸化和光合作用，破坏细胞分裂，因而能显著地抑制马铃薯贮存时的发芽力。

毒性　微毒。

制剂　2.5%粉剂，49.65%热雾剂。

使用技术　马铃薯收获后待损伤自然愈合（约 14d 以上）至出芽前使用，防止贮藏期发芽。将粉剂混细干土均匀撒于马铃薯上，具体用量为有效成分 10～15g/1000kg 马铃薯；热雾剂按 1000kg 马铃薯用有效成分 30～40g 通入贮藏的马铃薯堆。

注意事项　撒药要均匀；贮存室温度 6～15℃，避光保存；贮存期超过 2 个月后重新施药；不能用于大田或种薯上。

第六章
农药购买、运输和贮藏

第一节　正确购买农药

一、认识农药剂型及其质量标准

　　常见的农药剂型有固态剂型、液态剂型、胶态剂型和气态剂型，每一种剂型都有其一定的规格和质量标准。要充分了解每一种剂型及其质量标准，在购买农药前要根据有害生物的特点选择合适的农药剂型。

二、正确阅读和理解农药标签

　　一个合格的农药标签必须包括以下内容：农药名称，包括有效成分的通用名称及百分含量、剂型，进口农药要有中文商品名；农药"三证"号；净重（克或千克）或净容量（毫升或升）；企业名称及联系地址、邮编及电话等；农药类别，按用途分类，如杀虫剂、杀菌剂、除草剂；使用说明，包括登记作物及防治对象、施药时间、用药量、施药方法（如需添加助剂，其添加量也应标出）、限用范围、与其他农药或物质混用禁忌；农药毒性及注意事项，包括毒性标志和毒性等级字样、中毒主要症状和急救措施、安全警言、安全间隔期（指最后一次施药至收获前的日期）；贮存的特殊要求、生产日期和批号、有效期或保质期以及产品二维码。

　　农药标签提供了几乎所有有关农药贮存、运输和使用的信息。消费者要仔细阅读农药标签，根据标签信息进行选购农药，并严格按照标签指导进行用药。农药标签具有法律效力，消费者按照标签说明进行用药，一旦出现问题，则可以追究农药制造公司和销售公司的法律责任，使自己的权益得到保障。

　　1. 农药"三证"号

　　"三证"号指农药登记证号、生产许可证号或批准文件号、产品标准号。国产农药必须有农业部批准的农药登记证号、准产证号、企业执行的质量标准证号。直接销售的进口农药只有农药登记证号；国内分装的进口农药，应有分装登记证号、分装批准证号和执行标准号。农药登记证分为正式登记证和临时登记证，对田间使用的农药，其临时登记证号以"LS"标识，如LS20071573；正式登记证号以"PD"标识，如PD20080005。对于卫生用农药，其临时登记证号以"WL"标识，如WL20060315；正式登记证号以"WP"标识，如WP20070316。购买农药时可要求经销商出具农药登记证复印件，核对无误后购买。

2. 农药毒性分级标志

农药标签上除了文字说明外，还有一些含有一定内容的标志，正确理解和掌握这些标志的意义，有助于识别假劣农药和安全使用农药。

（1）色带　按我国农药登记的规定，在标签下部用一条与底边平行的、不同颜色的色带来区别不同类别的农药。杀虫剂用红颜色的色带表示；杀菌剂用黑颜色的色带表示；除草剂用绿颜色的色带表示；植物生长调节剂用深黄色的色带表示；杀鼠剂用蓝颜色的色带表示。

（2）毒性标志　毒性分为剧毒、高毒、中等毒、低毒、微毒五个级别，分别用"◇"标识和"剧毒"字样、"◇"标识和"高毒"字样、"◆"标识和"中等毒"字样、"低毒"标识、"微毒"字样标注。标识应当为黑色，描述文字应当为红色。由剧毒、高毒农药原药加工的制剂产品，其毒性级别与原药的最高毒性级别不一致时，应当同时以括号标明其所使用的原药的最高毒性级别。

3. 象形图

象形图根据产品实际使用的操作要求和顺序排列，包括贮存象形图、操作象形图、忠告象形图、警告象形图。通过查阅象形图，可以了解在农药操作时需要的个人防护用品以及需要注意的事项，加强个人防护及环保意识，应按照象形图指导进行农药操作，以免因操作不当引起对操作者、旁观者及环境的危害（图6-1）。

三、正确选购农药

选购农药时，应根据有害生物类型、为害特点进行选择，同时还要考虑作物种类。同一种有害生物在不同的作物田发生，选择的农药可能不同。如棉花田和番茄田同时发生棉铃虫，并且危害严重，必须进行化学防治，选择什么样的杀虫剂呢？这要考虑我国的农药法规政策。有些农药属于限制性农药，只能在某些特定的作物上使用，而有些农药则是非限制性的，对使用的作物没有规定。棉田中的棉铃虫可以选择高效、持效的杀虫剂进行防治，如有机氯类、有机磷类、氨基甲酸酯类、拟除虫菊酯类等杀虫剂，现有品种几乎都可使用；而番茄上棉铃虫的防治只能选择毒性较低、持效期短的杀虫剂，如辛硫磷、拟除虫菊酯类等杀虫剂。高毒、高残留农药禁止在蔬菜、果树、中草药植物和茶叶田里使用。农药标签上给出了农药的使用

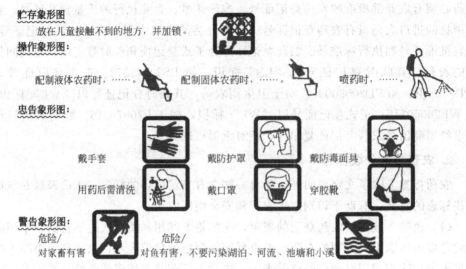

图 6-1　农药标签象形图

贮存象形图
放在儿童接触不到的地方，并加锁。
操作象形图：
配制液体农药时，……　配制固体农药时，……　喷药时，……
忠告象形图：
戴手套　戴防护罩　戴防毒面具
用药后需清洗　戴口罩　穿胶靴
警告象形图：
危险/对家畜有害　危险/对鱼有害，不要污染湖泊、河流、池塘和小溪

范围和防治对象。

1. 购买农药时注意的问题

（1）购买正规厂家且声誉良好的厂家的产品　购买前，先检查农药商品标签上是否标有"三证"号。因为农药是一种特殊商品，根据国家规定，只有经审查批准登记后的农药才能生产、销售和使用。在购买农药时，不要贪图便宜，以防买到不合格的产品或者"三无"产品。购买到不合格的产品，损失的可能不只农药本身的几元钱或几十元钱，损失的可能是一个季节甚至一年的收入；如果是果树，可能还会影响来年的产量和品质。声誉良好的正规厂家的产品如果按照标签说明来使用，一旦出现问题，厂家会给予相应的赔偿。

（2）检查农药包装、生产日期　首先检查农药包装是否有破损、泄漏。要确保购买贮存良好的农药产品，包装没有破损，农药标签完好清晰。农药包装破损泄漏对于购买者、运输和使用过程中接触到的任何人都非常危险。其次检查农药生产日期或生产批号和有效期。按照我国的相关规定，农药的有效期一般是 2 年，不要购买有效期已过或没有标明生产日期和有效期的农药。应购买还在保质期内的农药，并且确定在保质期内能够全部用完，否则应购买小包装的产品。过期农药不能保证药效，且可能产生严重的药害和引起环境问题。

（3）从外观上判断农药的质量　粉剂、可湿性粉剂、水分散性粒剂、可溶性粉剂等固体剂型如果分散性不好，有结块，说明该农药产品已经受潮，有效成分含量可能发生了变化或者变质。另外，如果粉末的色泽不均匀，颗粒感强，可能也存在质量问题。乳油、乳剂或水剂等液态剂型，外观要求均匀，不分层或者透明，如有分层、浑浊或有结晶析出，而且在常温下结晶不消失，就说明存在一定的质量问

题。颗粒剂要求颗粒完好率在 85％以上，如果破碎多，呈粉末状，可能已失效。

2. 根据标签信息结合生产需要选购和使用农药

阅读标签及相关农药产品资料，根据害虫、病害和杂草种类、特点选购合适的农药进行防治。如果有许多同类产品可供选择，那么阅读标签上的安全信息，购买毒性最低、用量少，选择性强，只对有害生物起作用，对天敌等其他有益生物安全的产品。

（1）购买农药量　标签上提供了农药使用剂量，根据剂量确定需要购买的农药的量。如标签上推荐的使用剂量为每公顷用 1500g 或每亩地用 100g，则根据需要施药的作物田的面积，即可计算需要购买的农药的量。购买农药时，最好购买的量正好，一次用完，有小包装的产品，不要购买大包装。我国许多农药产品包装很大，尤其是一些杀菌剂，如代森锰锌 1kg 装的，往往一年用不完，需要贮存，而代森类的产品一年后有效成分可能降解 80％，完全失去了药效。

（2）获取安全用药知识　标签上有农药安全使用、贮藏、运输、配制和喷洒的方法标志和文字，购买农药时要仔细阅读标签，严格按标签要求去做。

（3）鉴别有害生物　正确鉴别有害生物种类、发生特点、发生规律，在有害生物最脆弱的时期进行用药。如害虫在低龄期抗（耐）药性弱，在防治时应于害虫发生早期、害虫处于低龄时用药，"治虫治早，治虫治小"。农药标签上有推荐的防治对象和防治适期。

（4）了解农药**安全间隔期**　农药安全间隔期是指农药最后一次使用到农产品收获之间间隔的时间，如某种农药在某种作物上的安全间隔期是 14d，那么在这种作物收获前 14d 要停止用药，或者最后一次用药距离收获至少要间隔 14d。这非常重要，如果在安全间隔期内用药，或者提前收获，则农产品上的农药残留可能超标，影响农产品的食用、销售或出口。

消费者在购买农药时，如果看不明白标签，或者不确定，那么要及时向农药销售商或其他专业人士咨询，向他们说明田间病、虫、草发生情况，需要防治的有害生物的特点。销售商可能推荐几种同类的有效产品，消费者可以根据标签上的有关信息，如毒性分级色带及标识，选择一种毒性最低的产品购买。查看标签上的个人安全防护标识也很有用，选择一种农药，使用时需要的个人防护用品越少越好，说明该产品越安全。农药购买者还要看清楚标签上标明的适合喷施的作物，以确定需要保护的作物是否在其列。如果没有，请更换其他品种进行购买。

3. 选购农药时，不要购买散装农药产品

农药包装是经过精心设计制作的，非常强韧，不易损坏；同时也便于倾倒，易于清洗，减少了农药使用者的接触风险。农药原始包装都有标签，便于消费者阅读并了解农药，获取安全用药知识。如果一种农药对使用者来说包装太大，一次或者一个季节用不完，想购买少量农药时，经销商也绝对不能将农药倒入其他容器中卖

给消费者。农药在任何时候都不要装入其他容器中而不做任何标记，以防他人误食。

第二节　农药的安全运输

农药购买后，要保证安全、完好地带回家中。在带回的途中，切记不要让农药处于无人看管的状态。在农村赶集，经常看到这种场景，有人开着拖拉机或三轮车，将购买的所有物品（包括农药、食品、日用品等）随意放在车斗里，并且还拉了一车赶集的同村人，热热闹闹地往家赶。这种情况很危险，一是农药无人看管，可能被儿童或其他没有民事行为能力的人接触到；二是食品、其他日用品可能被农药污染，尤其是食品被污染后可能引起严重后果；三是农药随意丢放，可能导致农药包装破损，引起泄漏，造成严重污染。这些事件同样可以发生在农药从家里带往田间，及从田间带回家里的过程中。正确的做法是：

1. 农药在运输过程中要上锁

在农药运输过程中，首先要确保农药原包装完好无损，密封盖严密不松动，以免在运输途中发生泄漏或喷溅。最简单有效的方法是将要携带的农药产品用带锁的箱子（材质可以是木质、铁质或塑料）盛放，并上锁，置于远离食品处。这样可以使农药与其他物品隔开，避免儿童或他人接触到，同时还可保证农药包装不被损坏，即使农药发生泄漏也可将泄漏农药局限在很小的空间，不扩散。所以大小合适的带锁的箱子应该成为农村农药使用者家里的必备品，既可用来运输农药，又可用来贮藏农药。

田间施药后，要确保农药器械完全彻底地清洗干净，然后再带回家中。

2. 农药泄漏后的应急处理

一旦发生农药泄漏，不要慌乱。首先用吸附性良好的土或沙子将泄漏的农药围起来，并小心向内添加土或沙子，让土或沙子充分吸附农药，然后将其收起装入一结实的塑料袋中，并用标签标记清楚——农药泄漏物，咨询农药销售商或其他专业人士，用正确的方法进行处理。一般应带到偏僻的地方，远离村庄、地下水，深埋。

第三节　农药的安全贮藏

农药在许多情况下需要贮藏，如购买的农药往往当年不能用完，需要妥善贮藏；当年买的农药往往不能马上就用，也需要暂时贮藏。农村大多数人没有农药安全贮藏的概念，农药随手乱放，院子的角落里、灶台边、炕头上都有可能放上农药，许多悲剧性的事件往往是由于农药贮藏不当造成的。中央电视台《半边天》栏目曾采访过一名喝过农药的农村妇女，因与丈夫吵架，当时炕头上正好放了一瓶农药，便抓过来喝了下去。幸亏抢救及时，才保住了性命。《青岛早报》2010 年 7 月 25 日一篇题名为《口渴喝"可乐"一瓶农药灌进肚》的文章，报道了一 13 岁的少年误把家里用可乐瓶装的农药当成可乐，喝了下去。后虽经抢救脱离生命危险，但食道和胃部严重损伤。这样的事例不一而足，说明我国农村农药的安全贮藏问题非常严重。农药贮放不当在农村并非个别现象，而是普遍存在的。只有普及农药安全知识，提高人们的安全用药意识，这些问题才能得到解决。

正确、安全地贮藏农药，可以保护家人及他人的健康，保护环境，保持农药包装完好无损，保证药效。购买农药时，尽可能购买合适的量，以减少农药贮藏量。农药贮存时应该做到：

一、阅读标签

在贮藏农药时，首先要阅读标签。标签上给出了一些贮藏农药的信息，要确保完全了解标签上标明的中毒风险。

① 许多农药标签上要求农药贮藏时要上锁；

② 按照标签上的说明贮藏，有的农药要求与其他农药分开贮藏；

③ 牢固的贮藏地点可以保证农药包装完好无损，并且可防止被盗窃；

④ 时刻牢记标签上警告的贮藏过程中可能存在的风险。

二、贮存室的类型

1. 专业化学品仓库

主要用于大型农场、农药销售公司、农药公司等的仓库，需要建在远离住宅区、学校、医院、水井和河道等地方，并设有安全通道，一旦发生意外，便于进货者和出货者及时撤离。

2. 上锁的建筑物

农村不住人的旧屋、厢房、平房等可以用来贮藏农药，但必须上锁。

3. 带锁的箱子、盒子等

我国农村现有的一家一户耕作模式，耕地不多，农药使用量也不多，一个箱子或盒子就足以用来贮藏农药。这样的箱子或盒子应该：

① 具有足够的空间使需要贮存的农药安全坚实地贮存于其中。根据农药数量、包装大小，选择或制作不同尺寸的箱子来贮藏农药。

② 用标签标记清楚：农药，有毒。

③ 放在儿童和其他动物接触不到的地方。

④ 放在居室外，要防日晒和雨淋，寒冷季节要注意防冻。

⑤ 上锁，以防在无人监管的情况下被打开。

⑥ 将箱子内的农药放置在平盘上，或套在另一个容器中，以防农药泄漏后污染其他地方。

⑦ 不要将农药箱子放在平地上，可镶嵌到墙上。

一个简易的、带锁的箱子，镶嵌到墙上，用来贮存农药，可以有效地保护儿童和宠物及其他家禽家畜。

三、贮存农药时注意事项

① 检查标签上农药有效期，对于过期农药，询问销售者是否能收回，如果不能，则要按照废弃农药进行处理。

② 农药必须贮存在原始包装物里。

③ 农药贮藏时，不要将液态剂型放在干剂型之上。

④ 任何时候不要将农药置于没有上锁和无人看管的状态。农药上锁后，钥匙要让家里经过培训的或最有责任心的人保管。

⑤ 不要将个人防护用品与农药贮存在一起。

⑥ 不要将农药放在接近食品、动物食品、种子、肥料、汽油或医药的地方。

⑦ 不要在农药贮藏室吸烟、喝水和吃东西。

⑧ 准备吸附性好的材料，放在农药箱附近，如锯末、沙子、泥土等，一旦农药有泄漏，可以立即吸附干净。

四、做好农药贮存记录

记录所有农药产品，并记录提供者（销售者或公司）和农药用途，将记录内容放在安全的地方，以备急时所需。记录内容有：农药产品名、性能、生产批号、保质期、农药用途等。并根据生产实际准确记录农药的使用情况（表 6-1）。

表 6-1　农药使用情况一览表

作物	地块名	用药量	施药者	日期	剩余量

第七章
农药管理及农药相关
从业人员的法律职责

修订版《农药管理条例》于 2017 年 6 月 1 日正式施行,其宗旨是加强农药管理,保证农药质量,保障农产品质量安全和人畜安全,保护农业、林业生产和生态环境。条例中规范了农药管理者、农药生产者、农药销售者和农药使用者的职权和责任。

一、农药管理

修订版《农药管理条例》统一农药监督管理部门为农业部门。国务院农业主管部门负责全国的农药监督管理工作,县级以上地方人民政府农业主管部门负责本行政区域的农药监督管理工作,县级以上人民政府其他有关部门在各自职责范围内负责有关的农药监督管理工作。

农药的监督管理工作,包括农药登记、生产、经营和使用。

① 县级以上人民政府农业主管部门履行农药监督管理职责:可依法查封、扣押用于违法生产、经营、使用的农药以及相关的工具、设备、原材料,查封违法生产、经营、使用农药的场所等。

② 国家建立农药召回制度:农药生产企业如发现农药对农业、林业、人畜安全、农产品质量安全、生态环境等有严重危害或者较大风险的,应当立即停止生产,并主动召回产品。

③ 假农药:以非农药冒充农药,以此种农药冒充他种农药,农药所含有效成分种类与农药标签、说明书标的有效成分不符,禁用的农药,未依法取得农药登记证而生产、进口的农药,以及未附具标签的农药,按照假农药处理。

劣质农药:不符合农药产品质量标准、混有导致药害的有害成分、超过农药质量保证期的农药。

④ 假农药、劣质农药和回收的农药废弃物等应当交由具有危险废物经营资质

的单位集中处置。

⑤ 禁止伪造、变造、转让、出租、出借农药登记证、农药生产许可证、农药经营许可证等许可证明文件。有上述行为的，由发证机关收缴或者予以吊销并没收违法所得，并处 1 万元以上 5 万元以下罚款；构成犯罪的，依法追究刑事责任。

⑥ 未取得农药生产许可证生产农药，未取得农药经营许可证经营农药，或者被吊销农药登记证、农药生产许可证、农药经营许可证的，其主要主管人员 10 年内不得从事农药生产、经营活动。农药生产企业、农药经营者招用这些人员从事农药生产、经营活动，由发证机关吊销农药生产许可证、农药经营许可证。被吊销农药登记，国务院农业主管部门 5 年内不再受理其农药登记申请。

⑦ 生产、经营的农药造成农药使用者人身、财产损害的，农药使用者可以向农药生产企业要求赔偿，也可以向农药经营者要求赔偿。属于农药生产企业责任的，农药经营者赔偿后有权向农药生产企业追偿；属于农药经营者责任的，农药生产企业赔偿后有权向农药经营者追偿。

二、农药生产者的法律职责

① 农药生产企业必须取得农药生产许可证、农药登记证，符合条件的才能生产农药，向我国出口农药的企业必须申请农药登记。

② 农药生产过程

a. 原材料。采购的原材料要具产品质量检验合格证和有关许可证明。建立原材料进货记录制度，如实记录原材料的名称、规格、数量、生产日期和批号，产品质量检验信息、购货人名称及其联系方式、销售日期等内容。

b. 农药质量标准。严格按照产品质量标准进行生产，确保农药产品与登记农药一致。

c. 农药包装。符合国家有关规定，并印制或者贴有标签。

d. 农药标签。以中文标明农药的名称、剂型、有效成分及其含量、毒性及其标识、使用范围、使用方法和剂量、使用技术要求和注意事项、生产日期、可追溯电子信息码等内容（图 7-1）。剧毒、高毒农药以及使用技术要求严格的其他农药等限制使用农药的标签还应当标注"限制使用"字样，并注明使用的特别限制和特殊要求。用于食用农产品的农药标签还应当标注安全间隔期。

扫描电子信息码（二维码）后会显示：农药名称、农药登记证持有人名称、单元识别码、追溯信息系统网址四项内容。

单元识别码由 32 位阿拉伯数字组成。第 1 位为该产品农药登记类别代码，"1"代表登记类别代码为 PD，"2"代表登记类别代码为 WP，"3"代表临时登记。第 2～7 位为该产品农药登记证号的后六位数字，登记证号不足六位数字的，可从中国农药信息网（www.chinapesticide.gov.cn）查询。第 8 位为生产类型，"1"代表农药登记证持有人生产，"2"代表委托加工，"3"代表委托分装。第 9～11 位为产品规格码，企业自行编制。第 12～32 位为随机码。

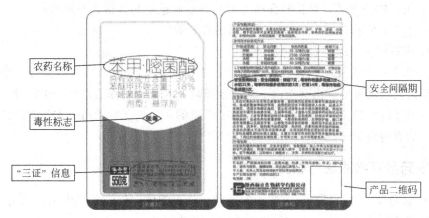

图 7-1　农药标签

标签二维码应具有唯一性，一个标签二维码对应唯一一个销售包装单位。

通过 PC 端和手机端浏览追溯信息系统网址，可追溯到农药产品生产批次、质量检验、物流及销售等信息。

e. 出厂销售。应当经质量检验合格并附具产品质量检验合格证，并建立农药出厂销售记录（如实记录农药的名称、规格、数量、生产日期和批号、产品质量检验信息、购货人名称及其联系方式、销售日期等）。出厂销售记录应当保存 2 年以上。

f. 农药召回。若生产的农药对农业、林业、人畜安全、农产品质量安全、生态环境等有严重危害或者较大风险的，应当立即停止生产，通知有关经营者和使用者，向所在地农业主管部门报告，主动召回产品，并记录通知召回情况。

③ 不得生产假农药和劣质农药，未取得农药生产许可证不得生产农药。未取得农药生产许可证生产农药或者生产假农药、劣质农药的，由县级以上地方人民政府农业主管部门责令停止生产，没收违法所得、违法生产的产品和用于违法生产的工具、设备、原材料等，并根据违法生产的产品货值金额处以不同程度的罚款。生产假农药，由发证机关直接吊销农药生产许可证和相应的农药登记证；生产劣质农药，情节严重的吊销农药生产许可证和相应的农药登记证；构成犯罪的，依法追究刑事责任。未取得农药生产许可证生产农药的，其直接责任人 10 年内不得从事农药生产活动。

④ 农药生产企业有下列行为之一的，由县级以上地方政府农业主管部门责令改正，没收违法所得、违法生产的产品和用于违法生产的原材料等，根据违法所得金额处以相应的罚款；拒不改正或者情节严重的，由发证机关吊销农药生产许可证和相应的农药登记证：

a. 采购、使用未依法附具产品质量检验合格证、未依法取得有关许可证明文件的原材料；

b. 出厂销售未经质量检验合格并附具产品质量检验合格证的农药；

c. 生产的农药包装、标签、说明书不符合规定；

d. 不召回依法应当召回的农药。

⑤ 农药生产企业不执行原材料进货、农药出厂销售记录制度，或者不履行农药废弃物回收义务的，由县级以上地方人民政府农业主管部门责令改正，处 1 万元以上 5 万元以下罚款；拒不改正或者情节严重的，由发证机关吊销农药生产许可证和相应的农药登记证。

三、农药经营者的法律职责

① 农药经营许可证。国家实行农药经营许可制度，但经营卫生用农药的除外。农药经营者需达到以下条件方能申请农药经营许可证：

a. 有具备农药和病虫害防治专业知识，熟悉农药管理规定，能够指导安全合理使用农药的经营人员；

b. 有与其他商品以及饮用水水源、生活区域等有效隔离的营业场所和仓储场所，并配备与所申请经营农药相适应的防护设施；

c. 有与所申请经营农药相适应的质量管理、台账记录、安全防护、应急处置、仓储管理等制度。

经营限制使用农药的，还应配备相应的用药指导和病虫害防治专业技术人员，并按照所在地省、自治区、直辖市人民政府农业主管部门的规定实行定点经营。

② 农药采购。采购的农药产品合法并建立采购记录，查验产品包装、标签、产品质量检验合格证以及有关许可证明文件，不得向未取得农药生产许可证的农药生产企业或者未取得农药经营许可证的其他农药经营者采购农药。农药经营者应当建立采购台账，如实记录农药的名称、有关许可证明文件编号、规格、数量、生产企业和供货人名称及其联系方式、进货日期等内容。采购台账应保存 2 年以上。

③ 农药出售。在出售农药产品过程中要建立销售台账（记录），在出售农药产品过程中要具有"开处方"的过程，不得误导购买人。即销售农药时应当向购买人询问病虫害发生情况并科学推荐农药，必要时应当实地查看病虫发生情况，并正确说明农药的使用范围、使用方法和剂量、使用技术要求和注意事项，不得误导购买人。

④ 农药经营者不得加工、分装农药，不得在农药中添加任何物质。

⑤ 农药经营场所。经营卫生用农药的，应当将卫生用农药与其他商品分柜销售；经营其他农药的，不得在农药经营场所内经营食品、食用农产品、饲料等。

⑥ 境外企业。不得直接在中国销售农药，应当依法在中国设立销售机构或者符合条件的中国代理机构。向中国出口的农药应当附具中文标签、说明书，符合产品质量标准，并经出入境检验检疫部门检验依法合格。禁止进口未取得农药登记证

的农药。

四、农药使用者的法律职责

① 农药使用者应当遵守国家有关农药安全、合理使用制度，妥善保管农药，并在配药、用药过程中采取必要的防护措施，避免发生农药使用事故。

限制使用农药的经营者应当为农药使用者提供用药指导，并逐步提供统一用药服务。

② 农药使用者应当严格按照农药的标签标的使用范围、使用方法和剂量、使用技术要求和注意事项使用农药，不得扩大使用范围、加大使用剂量或者改变使用方法。

农药使用者不得使用禁用的农药。

标签标注安全间隔期的农药，在农产品收获前应当按照安全期的要求停止使用。

剧毒、高毒农药不得用于防治卫生害虫，不得用于蔬菜、瓜果、茶叶、菌类、中草药植物和水生植物的病虫害防治。

③ 农药使用者应当保护环境，保护有益生物和珍稀物种，不得在饮水水源保护区内使用农药，严禁使用农药毒鱼、虾、鸟、兽。

④ 农药使用记录。农产品生产企业、食品和食用农产品仓储企业、专业化病虫害防控服务组织和从事农产品生产的农民专业合作社等应当建立农药使用记录，如实记录使用农药的时间、地点、对象以及农药名称、用量、生产企业等。农药使用记录应当保存 2 年以上。如不执行此条，县级人民政府农业主管部门责令改正；拒不改正或者情节严重的处 2000 元以上 2 万元以下罚款。

⑤ 农药包装物处理。农药使用者要妥善收集农药包装物和废弃物；农药生产企业、农药经营者应当回收农药废弃物，防止农药污染环境和农药中毒事故发生。

⑥ 发生农药事故，农药使用者、农药生产企业、农药经营者和其他有关人员应当及时报告当地农业主管部门。

接到报告的农业主管部门应当立即采取措施，防止事故扩大，同时通知有关部门采取相应措施。造成农药中毒事故的，由农业主管部门和公安机关依照职责权限组织调查处理，卫生主管部门应按照国家有关规定立即对受到伤害的人员组织医疗救治；造成环境污染事故的，由环境保护等有关部门依法组织调查处理；造成贮粮药剂使用事故和农作物药害事故的，分别由粮食、农业等部门组织技术鉴定和调查处理。

农药使用者有下列行为之一的，由县级人民政府农业主管部门责令改正，农药使用者为农产品生产企业、食品和食用农产品仓储企业、专业化病虫防治服务组织和从事农产品生产的农民专业合作社等单位的，处 5 万元以上 10 万元以下罚款，农药使用者为个人的，处 1 万元以下罚款；构成犯罪的，依法追究刑事责任。

a. 不按照农药的标签标的使用范围、使用方法和剂量、使用技术要求和注意事项、安全间隔期使用农药；

　　b. 使用禁用的农药；

　　c. 将剧毒、高毒农药用于防治卫生害虫，用于蔬菜、瓜果、茶叶、菌类、中草药材生产或者用于水生植物的病虫害防治；

　　d. 在饮用水水源保护区内使用农药；

　　e. 使用农药毒鱼、虾、鸟、兽等；

　　f. 在饮用水水源保护区、河道内丢弃农药、农药包装物或者清洗施药器械。

　　有使用禁用农药的，县级人民政府农业主管部门还应当没收禁用的农药。

附 录

附录一 农药及其敏感作物

农药及其敏感作物一览表

农药	敏感植物
敌敌畏	猕猴桃,京白梨及核果类如梅花、樱桃、桃子、杏子、榆叶梅等禁用;高粱、月季不宜使用;玉米、豆类及瓜类幼苗、柳树慎用
敌百虫	核果类、猕猴桃禁用;高粱、豆类不宜使用;瓜类幼苗、玉米、苹果(曙光、元帅等品种)早期慎用
辛硫磷	高粱不宜使用;瓜类、烟草、菜豆慎用喷雾;甜菜拌闷种注意剂量和闷种时间;高温时对叶菜敏感,易烧叶
乐果	猕猴桃、人参果禁用;花生、啤酒花、菊科植物、高粱的有些品种、烟草、枣、桃、梨、柑橘、杏、梅、榆叶梅、贴梗海棠、樱花、橄榄、无花果等敏感
乙酰甲胺磷	桑、茶树
三唑磷	甘蔗、茭白、玉米等
毒死蜱	烟草、莴苣禁用;瓜类幼苗、某些樱桃品种敏感
倍硫磷	十字花科蔬菜的幼苗、梨、桃、樱桃、高粱、啤酒花
杀螟硫磷	高粱、玉米及白菜、油菜、萝卜、花椰菜、甘蓝、卷心菜等十字花科蔬菜
马拉硫磷	番茄幼苗、瓜类、豇豆、高粱、梨和苹果的一些品种
杀扑磷	避免在花期喷雾;以开花前为宜,使用浓度不应随意加大
丙溴磷	棉花、瓜类、豆类、苜蓿、高粱、核桃和十字花科蔬菜
丁醚脲	幼苗(高温高湿)
氟啶脲	白菜等十字花科蔬菜苗期
杀虫双	豆类、柑橘类果树,白菜、甘蓝等十字花科蔬菜幼苗,棉花
杀虫单	棉花、烟草、四季豆、马铃薯及某些豆类
仲丁威	瓜、豆、茄科作物

农药	敏感植物
噻嗪酮	白菜、萝卜
吡虫啉	豆类、瓜类
克螨特	梨树禁用;瓜类、豆类、棉花苗期、柑橘慎用
三唑锡	柑橘春梢嫩叶
三氯杀螨醇	山楂及苹果的某些品种如红玉不宜使用;柑橘慎用
双甲脒	短果枝金冠苹果
噻螨酮	枣
代森锰锌	毛豆、荔枝、葡萄的幼果期、烟草、葫芦科作物慎用;某些梨树品种、梨幼果期、枣树
五氯硝基苯	作物的幼芽
噁霉灵	100 倍液对麦类可能有轻微药害
春雷霉素	大豆、藕慎用
春雷氧氯铜	苹果、葡萄、大豆、藕等慎用
嘧霉胺	茄子、樱桃慎用
石硫合剂	猕猴桃、葡萄、桃、李、梨、梅、杏等果树生长期不宜使用;豆类、马铃薯、番茄、葱、姜、甜瓜、黄瓜等慎用
硫黄	黄瓜、豆类、马铃薯、桃、李、梨、葡萄等
多硫胶悬剂	柑橘(高温)慎用
波尔多液	马铃薯、番茄、辣椒、瓜类、桃、李、白菜、大豆、小麦、莴苣等对铜敏感,不易使用;梨、苹果、柿、葡萄注意配比
氧化亚铜	果树发芽期、花期和幼果期
烯唑醇	西瓜、大豆、辣椒(高浓度时药害)慎用
氟硅唑	某些梨品种幼果期(5 月份以前)很敏感,禁用
丙环唑	瓜类、葡萄、草莓、烟草等禁用;作物苗期慎用
嘧菌酯	苹果嘎拉、夏红及其他一些品种、实生苗
醚菌酯	樱桃
百菌清	梨、柿不宜使用;苹果落花后 20d 内禁用;高浓度对梨、柿、桃、梅易产生药害
赤霉酸	柑橘保花保果期使用注意浓度
莠去津	桃树敏感,禁用;玉米套种豆类不宜使用;后茬作物为小麦、水稻慎用
丁草胺	水稻本田初期施用造成褐斑
乙草胺	葫芦科(黄瓜、西瓜、葫芦)、菠菜、韭菜
异丙甲草胺	菠菜、高粱、水稻、麦类
噁唑禾草灵	大麦、燕麦、玉米、高粱
2,4-滴丁酯	棉花、豆类、蔬菜、油菜等双子叶植物禁用;大麦、小麦、水稻苗在 4 叶期前及拔节后不宜使用
2 甲 4 氯钠盐	阔叶作物、各种果树忌用

附录二 农药法规(禁限用农药)

中华人民共和国农业部公告 第194号

为了促进无公害农产品生产和发展,保证农产品质量安全,增强我国农产品的国际市场竞争力,经全国农药登记评审委员会审议,我部决定,在2000年对甲胺磷等5种高毒有机磷农药加强登记管理的基础上,再停止受理一批高毒、剧毒农药登记申请,撤销一批高毒农药在一些作物上的登记。现将有关事项公告如下:

一、停止受理甲拌磷等11种高毒、剧毒农药新增登记

自公告之日起,停止受理甲拌磷(phorate)、氧乐果(omethoate)、水胺硫磷(isocarbophos)、特丁硫磷(terbufos)、甲基硫环磷(phosfolan-methyl)、治螟磷(sulfotep)、甲基异柳磷(isofenphos-methyl)、内吸磷(demeton)、涕灭威(aldi-carb)、克百威(carbofuran)、灭多威(methomyl)等11种高毒、剧毒农药(包括混剂)产品的新增临时登记申请;已受理的产品,其申请者在3个月内,未补齐有关资料的,则停止批准登记。通过缓释技术等生产的低毒化剂型,或用于种衣剂、杀线虫剂的,经农业部农药临时登记评审委员会专题审查通过,可以受理其临时登记申请。对已经批准登记的农药(包括混剂)产品,我部将商有关部门,根据农业生产实际和可持续发展的要求,分批分阶段限制其使用作物。

二、停止批准高毒、剧毒农药分装登记

自公告之日起,停止批准含有高毒、剧毒农药产品的分装登记。对已批准分装登记的产品,其农药临时登记证到期不再办理续展登记。

三、撤销部分高毒农药在部分作物上的登记

自2002年6月1日起,撤销下列高毒农药(包括混剂)在部分作物上的登记:氧乐果在甘蓝上,甲基异柳磷在果树上,涕灭威在苹果树上,克百威在柑橘树上,甲拌磷在柑橘树上,特丁硫磷在甘蔗上。

所有涉及以上撤销登记产品的农药生产企业,须在本公告发布之日起3个月之内,将撤销登记产品的农药登记证(或农药临时登记证)交回农业部农药检定所;如果撤销登记产品还取得了在其它作物上的登记,应携带新设计的标签和农药登记证(或农药临时登记证),向农业部农药检定所更换新的农药登记证(或农药临时登记证)。

各省、自治区、直辖市农业行政主管部门和所属的农药检定机构要将农药登记管理的有关事项尽快通知到辖区内农药生产企业,并将执行过程中的情况和问题,及时报送我部种植业管理司和农药检定所。

中华人民共和国农业部

二〇〇二年四月二十三日

中华人民共和国农业部公告　第 199 号

为从源头上解决农产品尤其是蔬菜、水果、茶叶的农药残留超标问题，我部在对甲胺磷等 5 种高毒有机磷农药加强登记管理的基础上，又停止受理一批高毒、剧毒农药的登记申请，撤销一批高毒农药在一些作物上的登记。现公布国家明令禁止使用的农药和不得在蔬菜、果树、茶叶、中草药材上使用的高毒农药品种清单。

一、国家明令禁止使用的农药

六六六（HCH），滴滴涕（DDT），毒杀芬（camphechlor），二溴氯丙烷（dibromochloropane），杀虫脒（chlordimeform），二溴乙烷（EDB），除草醚（nitrofen），艾氏剂（aldrin），狄氏剂（dieldrin），汞制剂（mercury compounds），砷（arsena）、铅（acetate）类，敌枯双，氟乙酰胺（fluoroacetamide），甘氟（gliftor），毒鼠强（tetramine），氟乙酸钠（sodium fluoroacetate），毒鼠硅（silatrane）。

二、在蔬菜、果树、茶叶、中草药材上不得使用和限制使用的农药

甲胺磷（methamidophos），甲基对硫磷（parathion-methyl），对硫磷（parathion），久效磷（monocrotophos），磷胺（phosphamidon），甲拌磷（phorate），甲基异柳磷（isofenphos-methyl），特丁硫磷（terbufos），甲基硫环磷（phosfolanmethyl），治螟磷（sulfotep），内吸磷（demeton），克百威（carbofuran），涕灭威（aldicarb），灭线磷（ethoprophos），硫环磷（phosfolan），蝇毒磷（coumaphos），地虫硫磷（fonofos），氯唑磷（isazofos），苯线磷（fenamiphos）19 种高毒农药不得用于蔬菜、果树、茶叶、中草药材上。三氯杀螨醇（dicofol），氰戊菊酯（fenvalerate）不得用于茶树上。任何农药产品都不得超出农药登记批准的使用范围使用。

各级农业部门要加大对高毒农药的监管力度，按照《农药管理条例》的有关规定，对违法生产、经营国家明令禁止使用的农药的行为，以及违法在果树、蔬菜、茶叶、中草药材上使用不得使用或限用农药的行为，予以严厉打击。各地要做好宣传教育工作，引导农药生产者、经营者和使用者生产、推广和使用安全、高效、经济的农药，促进农药品种结构调整步伐，促进无公害农产品生产发展。

中华人民共和国农业部

二〇〇二年五月二十四日

中华人民共和国农业部公告　第 274 号

为加强农药管理，逐步削减高毒农药的使用，保护人民生命安全和健康，增强我国农产品的市场竞争力，经全国农药登记评审委员会审议，我部决定撤销甲胺磷等 5 种高毒农药混配制剂登记，撤销丁酰肼在花生上的登记，强化杀鼠剂管理。现将有关事项公告如下：

一、撤销甲胺磷等 5 种高毒有机磷农药混配制剂登记。自 2003 年 12 月 31 日起，撤销所有含甲胺磷、对硫磷、甲基对硫磷、久效磷和磷胺 5 种高毒有机磷农药的混配制剂的登记（具体名单由农业部农药检定所公布）。自公告之日起，不再批准含以上 5 种高毒有机磷农药的混配制剂和临时登记有效期超过 4 年的单剂的续展登记。自 2004 年 6 月 30 日起，不得在市场上销售含以上 5 种高毒有机磷农药的混配制剂。

二、撤销丁酰肼在花生上的登记。自公告之日起，撤销丁酰肼（比久）在花生上的登记，不得在花生上使用含丁酰肼（比久）的农药产品。相关农药生产企业在 2003 年 6 月 1 日前到农业部农药检定所换取农药临时登记证。

三、自 2003 年 6 月 1 日起，停止批准杀鼠剂分装登记，已批准的杀鼠剂分装登记不再批准续展登记。

中华人民共和国农业部
二〇〇三年四月三十日

中华人民共和国农业部公告　第 322 号

为提高我国农药应用水平，保护人民生命安全和健康，保护环境，增强农产品的市场竞争力，促进农药工业结构调整和产业升级，经全国农药登记评审委员会审议，我部决定分三个阶段削减甲胺磷、对硫磷、甲基对硫磷、久效磷和磷胺 5 种高毒有机磷农药（以下简称甲胺磷等 5 种高毒有机磷农药）的使用，自 2007 年 1 月 1 日起，全面禁止甲胺磷等 5 种高毒有机磷农药在农业上使用。现将有关事项公告如下：

一、自 2004 年 1 月 1 日起，撤销所有含甲胺磷等 5 种高毒有机磷农药的复配产品的登记证（具体名单另行公布）。自 2004 年 6 月 30 日起，禁止在国内销售和使用含有甲胺磷等 5 种高毒有机磷农药的复配产品。

二、自 2005 年 1 月 1 日起，除原药生产企业外，撤销其他企业含有甲胺磷等 5 种高毒有机磷农药的制剂产品的登记证（具体名单另行公布）。同时将原药生产企业保留的甲胺磷等 5 种高毒有机磷农药的制剂产品的作用范围缩减为：棉花、水稻、玉米和小麦 4 种作物。

三、自 2007 年 1 月 1 日起，撤销含有甲胺磷等 5 种高毒有机磷农药的制剂产品的登记证（具体名单另行公布），全面禁止甲胺磷等 5 种高毒有机磷农药在农业上使用，只保留部分生产能力用于出口。

中华人民共和国农业部
二〇〇三年十二月三十日

中华人民共和国农业部公告 第 494 号

对含甲磺隆、氯磺隆和胺苯磺隆等除草剂产品实行管理

为从源头上解决甲磺隆等磺酰脲类长残效除草剂对后茬作物产生药害事故的问题，保障农业生产安全，保护广大农民利益，根据《农药管理条例》的有关规定，结合我国实际情况，经全国农药登记评审委员会审议，我部决定对含甲磺隆、氯磺隆和胺苯磺隆等除草剂产品实行以下管理措施：

一、自 2005 年 6 月 1 日起，停止受理和批准含甲磺隆、氯磺隆和胺苯磺隆等农药产品的田间药效试验申请。自 2006 年 6 月 1 日起，停止受理和批准新增含甲磺隆、氯磺隆和胺苯磺隆等农药产品（包括原药、单剂和复配制剂）的登记。

二、已登记的甲磺隆、氯磺隆和胺苯磺隆原药生产企业，要提高产品质量。对杂质含量超标的，要限期改进生产工艺。在规定期限内不能达标的，要撤销其农药登记证。

三、严格限定含有甲磺隆、氯磺隆产品的使用区域、作物和剂量。含甲磺隆、氯磺隆产品的农药登记证和产品标签应注明"仅限于长江流域及其以南地区的酸性土壤（pH＜7）稻麦轮作区小麦田使用"。产品的推荐用药量以甲磺隆、氯磺隆有效成分计不得超过 7.5 克/公顷（0.5 克/亩）。

四、规范含甲磺隆、氯磺隆和胺苯磺隆等农药产品的标签内容。其标签内容应符合《农药产品标签通则》和《磺酰脲类除草剂合理使用准则》等规定，要在显著位置醒目详细说明产品限定使用区域、后茬不能种植的作物等安全注意事项。自 2006 年 1 月 1 日起，市场上含甲磺隆、氯磺隆和胺苯磺隆等农药产品的标签应符合以上要求，否则按不合格标签查处。

各级农业行政主管部门要加强对玉米、油菜、大豆、棉花和水稻等作物除草剂产品使用的监督管理，防止发生重大药害事故。要加大对含甲磺隆、氯磺隆和胺苯磺隆等农药的监管力度，重点检查产品是否登记、产品标签是否符合要求，依法严厉打击将甲磺隆、氯磺隆掺入其它除草剂产品的非法行为。要做好技术指导、宣传和培训工作，引导农民合理使用除草剂。

特此公告

中华人民共和国农业部
二〇〇五年四月二十八日

农业部、工业和信息化部、环境保护部、国家工商行政管理总局、国家质量监督检验检疫总局联合公告 第 1586 号

为保障农产品质量安全、人畜安全和环境安全，经国务院批准，决定对高毒农

药采取进一步禁限用管理措施。现将有关事项公告如下：

一、自本公告发布之日起，停止受理苯线磷、地虫硫磷、甲基硫环磷、磷化钙、磷化镁、磷化锌、硫化磷、蝇毒磷、治螟磷、特丁硫磷、杀扑磷、甲拌磷、甲基异柳磷、克百威、灭多威、灭线磷、涕灭威、磷化铝、氧乐果、水胺硫磷、溴甲烷、硫丹等22种农药新增田间试验申请、登记申请及生产许可申请；停止批准含有上述农药的新增登记证和农药生产许可证（生产批准文件）。

二、自本公告发布之日起，撤销氧乐果、水胺硫磷在柑橘树，灭多威在柑橘树、苹果树、茶树、十字花科蔬菜，硫线磷在柑橘树、黄瓜，硫丹在苹果树、茶树，溴甲烷在草莓、黄瓜上的登记。本公告发布前已生产产品的标签可以不再更改，但不得继续在已撤销登记的作物上使用。

三、自2011年10月31日起，撤销（撤回）苯线磷、地虫硫磷、甲基硫环磷、磷化钙、磷化镁、磷化锌、硫线磷、蝇毒磷、治螟磷、特丁硫磷等10种农药的登记证、生产许可证（生产批准文件），停止生产；自2013年10月31日起，停止销售和使用。

农业部

工业和信息化部

环境保护部

国家工商行政管理总局

国家质量监督检验检疫总局

二〇一一年六月十五日

农业部、工业和信息化部、国家质量监督检验检疫总局公告　第1745号

为维护人民生命健康安全，确保百草枯安全生产和使用，经研究，决定对百草枯采取限制性管理措施。现将有关事项公告如下：

一、自本公告发布之日起，停止核准百草枯新增母药生产、制剂加工厂点，停止受理母药和水剂（包括百草枯复配水剂，下同）新增田间试验申请、登记申请及生产许可（包括生产许可证和生产批准文件，下同）申请，停止批准新增百草枯母药和水剂产品的登记和生产许可。

二、自2014年7月1日起，撤销百草枯水剂登记和生产许可、停止生产，保留母药生产企业水剂出口境外使用登记、允许专供出口生产，2016年7月1日停止水剂在国内销售和使用。

三、重新核准标签，变更农药登记证和农药生产批准文件。标签在原有内容基础上增加急救电话等内容，醒目标注警示语。农药登记证和农药生产批准文件在原有内容基础上增加母药生产企业名称等内容。百草枯生产企业应当及时向有关部门

申请重新核准标签、变更农药登记证和农药生产批准文件。自2013年1月1日起，未变更的农药登记证和农药生产批准文件不再保留，未使用重新核准标签的产品不得上市，已在市场上流通的原标签产品可以销售至2013年12月31日。

四、各生产企业要严格按照标准生产百草枯产品，添加足量催吐剂、臭味剂、着色剂，确保产品质量。

五、生产企业应当加强百草枯的使用指导及中毒救治等售后服务，鼓励使用小口径包装瓶，鼓励随产品配送必要的医用活性炭等产品。

农业部

工业和信息化部

国家质量监督检验检疫总局

二〇一二年四月二十四日

中华人民共和国农业部公告　第2032号

为保障农业生产安全、农产品质量安全和生态环境安全，维护人民生命安全和健康，根据《农药管理条例》的有关规定，经全国农药登记评审委员会审议，决定对氯磺隆、胺苯磺隆、甲磺隆、福美胂、福美甲胂、毒死蜱和三唑磷等7种农药采取进一步禁限用管理措施。现将有关事项公告如下：

一、自2013年12月31日起，撤销氯磺隆（包括原药、单剂和复配制剂，下同）的农药登记证，自2015年12月31日起，禁止氯磺隆在国内销售和使用。

二、自2013年12月31日起，撤销胺苯磺隆单剂产品登记证，自2015年12月31日起，禁止胺苯磺隆单剂产品在国内销售和使用；自2015年7月1日起撤销胺苯磺隆原药和复配制剂产品登记证，自2017年7月1日起，禁止胺苯磺隆复配制剂产品在国内销售和使用。

三、自2013年12月31日起，撤销甲磺隆单剂产品登记证，自2015年12月31日起，禁止甲磺隆单剂产品在国内销售和使用；自2015年7月1日起撤销甲磺隆原药和复配制剂产品登记证，自2017年7月1日起，禁止甲磺隆复配制剂产品在国内销售和使用；保留甲磺隆的出口境外使用登记，企业可在2015年7月1日前，申请将现有登记变更为出口境外使用登记。

四、自本公告发布之日，停止受理福美胂和福美甲胂的农药登记申请，停止批准福美胂和福美甲胂的新增农药登记证；自2013年12月31日起，撤销福美胂和福美甲胂的农药登记证，自2015年12月31日起，禁止福美胂和福美甲胂在国内销售和使用。

五、自本公告发布之日起，停止受理毒死蜱和三唑磷在蔬菜上的登记申请，停止批准毒死蜱和三唑磷在蔬菜上的新增登记；自2014年12月31日起，撤销毒死蜱和三唑磷在蔬菜上的登记，自 2016 年 12 月 31 日起，禁止毒死蜱和三唑磷在蔬菜上使用。

农业部
二〇一三年十二月九日

中华人民共和国农业部公告　第 2289 号

为保障农产品质量安全和生态环境安全，根据《中华人民共和国食品安全法》和《农药管理条例》相关规定，在公开征求意见的基础上，我部决定对杀扑磷等 3 种农药采取以下管理措施，现公告如下：

一、自 2015 年 10 月 1 日起，撤销杀扑磷在柑橘树上的登记，禁止杀扑磷在柑橘树上使用。

二、自 2015 年 10 月 1 日起，将溴甲烷、氯化苦的登记使用范围和施用方法变更为土壤熏蒸，撤销除土壤熏蒸外的其他登记。溴甲烷、氯化苦应在专业技术人员指导下使用。

农业部
二〇一五年八月二十二日

中华人民共和国农业部公告　第 2445 号

为保障农产品质量安全、生态环境安全和人民生命安全，根据《中华人民共和国食品安全法》《农药管理条例》有关规定，经全国农药登记评审委员会审议，在公开征求意见的基础上，我部决定对 2,4-滴丁酯、百草枯、三氯杀螨醇、氟苯虫酰胺、克百威、甲拌磷、甲基异柳磷、磷化铝等 8 种农药采取以下管理措施，现公告如下：

一、自本公告发布之日起，不再受理、批准 2,4-滴丁酯（包括原药、母药、单剂、复配制剂，下同）的田间试验和登记申请；不再受理、批准 2,4-滴丁酯境内使用的续展登记申请。保留原药生产企业 2,4-滴丁酯产品的境外使用登记，原药生产企业可在续展登记时申请将现有登记变更为仅供出口境外使用登记。

二、自本公告发布之日起，不再受理、批准百草枯的田间试验、登记申请，不再受理、批准百草枯境内使用的续展登记申请。保留母药生产企业产品的出口境外使用登记，母药生产企业可在续展登记时申请将现有登记变更为仅供出口境外使用登记。

三、自本公告发布之日起，撤销三氯杀螨醇的农药登记；自 2018 年 10 月 1 日起，全面禁止三氯杀螨醇销售、使用。

四、自本公告发布之日起，撤销氟苯虫酰胺在水稻作物上使用的农药登记；自

2018 年 10 月 1 日起，禁止氟苯虫酰胺在水稻作物上使用。

五、自本公告发布之日起，撤销克百威、甲拌磷、甲基异柳磷在甘蔗作物上使用的农药登记；自 2018 年 10 月 1 日起，禁止克百威、甲拌磷、甲基异柳磷在甘蔗作物上使用。

六、自本公告发布之日起，生产磷化铝农药产品应当采用内外双层包装。外包装应具有良好密闭性，防水防潮防气体外泄。内包装应具有通透性，便于直接熏蒸使用。内、外包装均应标注高毒标识及"人畜居住场所禁止使用"等注意事项。自 2018 年 10 月 1 日起，禁止销售、使用其他包装的磷化铝产品。

农业部

二〇一六年九月七日

中华人民共和国农业部公告　第 2552 号

根据《中华人民共和国食品安全法》《农药管理条例》有关规定和履行《关于持久性有机污染物的斯德哥尔摩公约》《关于消耗臭氧层物质的蒙特利尔议定书（哥本哈根修正案）》的相关要求，经广泛征求意见和全国农药登记评审委员会评审，我部决定对硫丹、溴甲烷、乙酰甲胺磷、丁硫克百威、乐果等 5 种农药采取以下管理措施：

一、自 2018 年 7 月 1 日起，撤销含硫丹产品的农药登记证；自 2019 年 3 月 26 日起，禁止含硫丹产品在农业上使用。

二、自 2019 年 1 月 1 日起，将含溴甲烷产品的农药登记使用范围变更为"检疫熏蒸处理"，禁止含溴甲烷产品在农业上使用。

三、自 2017 年 8 月 1 日起，撤销乙酰甲胺磷、丁硫克百威、乐果（包括含上述 3 种农药有效成分的单剂、复配制剂，下同）用于蔬菜、瓜果、茶叶、菌类和中草药材作物的农药登记，不再受理、批准乙酰甲胺磷、丁硫克百威、乐果用于蔬菜、瓜果、茶叶、菌类和中草药材作物的农药登记申请；自 2019 年 8 月 1 日起，禁止乙酰甲胺磷、丁硫克百威、乐果在蔬菜、瓜果、茶叶、菌类和中草药材作物上使用。

农业部

二〇一七年七月十四日

中华人民共和国农业部公告　第 2567 号

为了加强对限制使用农药的监督管理，保障农产品质量安全和人畜安全，保护农业生产和生态环境，根据《中华人民共和国食品安全法》和《农药管理条例》相关规定，我部制定了《限制使用农药名录（2017版）》，现予公布，并就有关事项公告如下：

一、列入本名录的农药，标签应标注"限制使用"字样，并注明使用的特别限制和特殊要求；用于食用农产品的，标签还应当标注安全间隔期。

二、本名录中前22种农药实行定点经营，其他农药实行定点经营的时间由农业部另行规定。

三、农业部已经发布的限制使用农药公告，继续执行。

四、本公告自2017年10月1日起施行。

农业部

二〇一七年八月三十一日

限制使用农药名录（2017版）

序号	有效成分名称	备注
1	甲拌磷	
2	甲基异柳磷	
3	克百威	
4	磷化铝	
5	硫丹	
6	氯化苦	
7	灭多威	
8	灭线磷	
9	水胺硫磷	
10	涕灭威	
11	溴甲烷	实行定点经营
12	氧乐果	
13	百草枯	
14	2,4-滴丁酯	
15	C型肉毒梭菌毒素	
16	D型肉毒梭菌毒素	
17	氟鼠灵	
18	敌鼠钠盐	
19	杀鼠灵	
20	杀鼠醚	
21	溴敌隆	
22	溴鼠灵	

序号	有效成分名称	备注
23	丁硫克百威	
24	丁酰肼	
25	毒死蜱	
26	氟苯虫酰胺	
27	氟虫腈	
28	乐果	
29	氰戊菊酯	
30	三氯杀螨醇	
31	三唑磷	
32	乙酰甲胺磷	

参 考 文 献

[1]屠豫钦. 农药科学使用指南. 北京：金盾出版社，2005.

[2]孙家隆. 农药化学合成基础. 北京：化学工业出版社，2008.

[3]徐汉虹. 植物化学保护学. 北京：中国农业出版社，2007.

[4]唐振华等. 新型二酰胺类杀虫剂对鱼尼丁受体作用的分子机理. 昆虫学报，2008，51(6)：646-651.

索引 农药中文通用名称索引